高等院校电脑美术教材

Illustrator CC 基础教程

于红梅　编著

U0352187

清华大学出版社

北　京

内 容 简 介

本书以学以致用为写作出发点，系统并详细地讲解了 Illustrator CC 绘图软件的使用方法和操作技巧。

全书共分 15 章，有 10 章基础内容，包括初识 Illustrator CC、Illustrator 的基本操作、基本绘图和变形工具、图形的混合与变形、符号工具与图表工具、文本的创建与编辑、效果和滤镜、外观、图形样式和图层、Web 图形设计、打印输出。另外，还有 5 章案例讲解，包括常用文字效果、制作产品包装、企业 VI 设计、制作手机宣传海报、产品设计。

本书结构清晰、内容翔实，特别适合应用型本科院校、示范性高职高专院校以及计算机培训学校作为相关课程的教材。另外，由于实例多且具有行业代表性，是平面设计方面不可多得的参考资料，因此，也可供平面设计从业人员与学员参考。

本书配套的 DVD 多媒体教学资源包中包含多媒体视频教学课程，以及本书全部实例的相关素材文件及结果文件。

图书在版编目(CIP)数据

Illustrator CC 基础教程/于红梅编著. --北京：清华大学出版社，2014
(高等院校电脑美术教材)
ISBN 978-7-302-37094-9

Ⅰ. ①I… Ⅱ. ①于… Ⅲ. ①图形软件—高等学校—教材 Ⅳ. ①TP391.41

中国版本图书馆 CIP 数据核字(2014)第 145983 号

责任编辑：张彦青
封面设计：杨玉兰
责任校对：李玉萍
责任印制：刘海龙

出版发行：清华大学出版社
  网 址：http://www.tup.com.cn，http://www.wqbook.com
  地 址：北京清华大学学研大厦 A 座 邮 编：100084
  社 总 机：010-62770175 邮 购：010-62786544
  投稿与读者服务：010-62776969，c-service@tup.tsinghua.edu.cn
  质 量 反 馈：010-62772015，zhiliang@tup.tsinghua.edu.cn
  课 件 下 载：http://www.tup.com.cn，010-62791865
印 刷 者：清华大学印刷厂
装 订 者：三河市吉祥印务有限公司
经 销：全国新华书店
开 本：185mm×260mm 印 张：27 字 数：653 千字
版 次：2014 年 8 月第 1 版 印 次：2014 年 8 月第 1 次印刷
印 数：1～3500
定 价：58.00 元

产品编号：058376-01

前　　言

1. Adobe Illustrator CC 中文版简介

Adobe Illustrator 是一款专业图形设计工具，它提供丰富的像素描绘功能以及顺畅灵活的矢量图编辑功能，作为一款非常好的图片处理工具，Adobe Illustrator 广泛应用于印刷出版、专业插画、多媒体图像处理和互联网页面的制作等方面，也可以为线稿提供较高的精度和控制，适合一般小型设计到大型的复杂项目。Adobe Illustrator CC 是业界标准矢量绘图环境，可在媒体间进行设计。Adobe Illustrator CC 通过形状、色彩、效果及印刷样式，展现您的创意想法。即使处理大型复杂的档案，也能保持速度及稳定，并且可在 Adobe 创意应用程式间有效率地移动设计。为了使读者能够更好地学习它，我们对本书进行了用心的编排，希望通过基础知识与实例相结合的方式，让读者以最有效的方式来尽快掌握 Adobe Illustrator CC。

2. 本书内容介绍

本书以循序渐进的方式，全面介绍了 Adobe Illustrator CC 中文版的基本操作和功能，详细说明了各种工具的使用。本书实例丰富、步骤清晰，与实践结合非常密切。具体内容介绍如下。

第 1 章　对最新版本的 Illustrator CC 进行简单的介绍，包括 Illustrator 的发展历程、Illustrator 在设计流程和印刷设计中的作用、Illustrator 的安装与卸载、图形编辑基本概念以及图形的文件格式等基础知识。通过本章的学习，读者可以对 Illustrator 有初步的认识。

第 2 章　介绍 Illustrator CC 的基础知识，包括原稿的获取与管理、文档的基本操作、图形的基本操作、辅助工具的使用以及对象的选择与编辑。通过本章的学习，读者会对 Illustrator CC 的基础操作有初步的了解，为后面章节的学习奠定良好的基础。

第 3 章　介绍 Illustrator CC 基本绘图工具、为图形添加描边与填充、画笔、应用色板、变形工具以及变形工具的应用等相关内容，使用这些基本绘图工具和变形工具能够绘制各式各样的图形，通过这些图形能够构造出梦幻般的设计作品。

第 4 章　介绍使用命令调整图形排列秩序、编辑图形混合效果、创建复合形状、路径与修剪图形、运用变换面板变换图形以及封套扭曲等内容。通过本章的学习，读者将了解如何创建复合图形、编辑图形路径等基础知识。

第 5 章　介绍符号、图表工具以及修改图表数据及类型等基础知识。通过使用符号工具和图表工具，可以绘制各种符号和创建多种图表，能够明显地提高工作效率。

第 6 章　介绍文本的设置与段落格式的设置。通过本章的学习，读者可以熟悉如何使用 Illustrator 的文字工具，对文字进行编辑与处理。

第 7 章　介绍 Illustrator 中的各种滤镜。滤镜不但可以为图像的外观添加一些特殊效果，还可以模拟素描、水彩和油画等绘画效果。通过为某个对象、组或图层添加滤镜，能够创造出酷炫的图像作品。

第 8 章　一个优秀的作品一般包含许多图层，为了能更好地管理这些图层，需要使用

【外观】面板和【图层】面板。通过本章的学习，读者能够对外观、图形样式和图层等内容有更深入的认识。

第 9 章　介绍 Web 图形的概念、优化图像以及切片和图像映射等内容。通过本章的学习，读者可以了解在 Illustrator 中设计的 Web 图形能够存储于 HTML 页面中并通过浏览器显示出来。

第 10 章　介绍在 Illustrator 中的打印设置、设置打印机以及输出文件等基础知识。通过本章的学习，读者可以将精心设计的作品根据具体的需要打印输出。

第 11 章　介绍如何制作常用文字效果，其中包括标签文字、炫彩缤纷的文字、艺术字效果等。通过本章的学习，读者可以将文字更加形象生动地展示出来。

第 12 章　介绍如何在 Illustrator 中制作产品包装，其中讲解了 Logo、包装宣传标志、包装盒等制作方法。

第 13 章　介绍企业 VI 的制作，其中包括企业 Logo、名片、档案袋等。通过本章的学习，读者可以对企业 VI 设计有个简单的认识。

第 14 章　介绍怎样在 Illustrator 中通过使用椭圆工具、矩形工具和文字工具制作一张手机宣传海报。

第 15 章　介绍如何利用 Illustrator 绘制酒瓶效果，本例通过钢笔工具绘制酒瓶的外形，然后利用网格工具为其填充颜色，从而实现逼真的效果。

使用 Illustrator CC 制作的 5 个大型综合案例，将很多的技术点融合在一起综合运用。通过 5 个案例的制作，读者可更全面、更熟练地掌握一些技术点，更重要的是学会一种创作思路，使自己根据要求制作出不同的作品。

本书主要有以下几大优点。

- 内容全面。几乎覆盖了 Adobe Illustrator CC 中文版所有选项和命令。
- 语言通俗易懂，讲解清晰，前后呼应。以最小的篇幅、最通俗易懂的语言来讲述每一项功能和每一个实例。
- 实例丰富，技术含量高，与实践紧密结合。每一个实例都倾注了作者多年的实践经验，每一个功能都经过实践验证。
- 版面美观，图例清晰，并具有针对性。每一个图例都经过作者精心策划和编辑。
  只要仔细阅读本书，就会发现从中能够学到很多知识和技巧。

一本书的出版可以说凝结了许多人的心血、凝聚了许多人的汗水和思想。在这里衷心感谢在本书出版过程中给予我帮助的老师，以及为这本书付出辛勤劳动的出版社的编辑们。

本书主要由于红梅编写，参与编写的还有刘蒙蒙、刘鹏磊、张紫欣、徐文秀、任大为、高甲斌、白文才、张炜、李少勇、李茹、孟智青、周立超、赵鹏达、王玉、张云、李娜、贾玉印、刘杰、罗冰、陈月娟、陈月霞、刘希林、黄健、黄永生、田冰、徐昊，北方电脑学校的刘德生、宋明、刘景君老师，德州职业技术学院的张锋、相世强两位老师，在此一并表示感谢。本书不仅适合图文设计方面的初学者阅读学习，还是平面设计、广告设计、包装设计等相关行业从业人员理想的参考书，也可以作为大中专院校和培训机构平面设计、广告设计等相关专业的教材。当然，本书在编写的过程中，由于时间仓促，错误和疏漏在所难免，希望广大读者批评指正。

3. 本书约定

本书以 Windows 7 为操作平台来介绍，为便于阅读理解，本书作如下约定。

- 本书中出现的中文菜单和命令将用"【】"括起来，以区分其他中文信息。
- 用"+"号连接的两个或三个键，表示组合键，在操作时表示同时按下这两个或三个键。例如，Ctrl+V 是指在按下 Ctrl 键的同时，按下 V 字母键；Ctrl+Alt+F10 是指在按下 Ctrl 键和 Alt 键的同时，按下功能键 F10。
- 在没有特殊指定时，单击、双击和拖动是指用鼠标左键单击、双击和拖动；右击是指用鼠标右键单击。

目 录

第 1 章　Illustrator CC 概述

Adobe Illustrator 是一种应用于出版、多媒体和在线图像的工业标准矢量插画的软件。作为一款非常好的图片处理工具，Adobe Illustrator 广泛应用于印刷出版、专业插画、多媒体图像处理和互联网页面的制作等，也可以为线稿提供较高的精度和控制，适合一般小型设计到大型的复杂项目。

1.1　Illustrator 的用途和历程

随着 Illustrator 版本的不断升级，越来越多的人都是用 Illustrator 设计作品，本节将介绍 Illustrator 的用途和历程。

1.1.1　Illustrator 的用途

设计类行业是近十年来逐步发展起来的新兴复合型行业，涉及面非常广泛，发展极为迅速。它涵盖的职业范畴包括：商业环境艺术设计、商业展示设计、商业广告设包装结构与装潢设计、服装设计、工业产品设计、商业插画、标志设计、企业 CI 设计、网页设计、城市规划、园林设计、影视公司、网络游戏公司，等等。

设计类的工作稳定性很高，在建筑业高度发展，同时在环境艺术设计、商业展示设计、装潢设计、商业广告设计等领域极其兴旺，大量职位虚位以待。设计类中非常重要的一个软件就是 Illustrator。在设计过程中，Illustrator 起了非常重要的作用，想要成为一名优秀的平面设计师，Illustrator 是必须熟练掌握的一款软件。

1.1.2　Illustrator 发展历程

Adobe Illustrator 是 Adobe 系统公司推出的基于矢量的图形制作软件。最初是 1986 年为苹果公司麦金塔电脑设计开发的，1987 年 1 月发布，在此之前它只是 Adobe 内部的字体开发和 PostScript 编辑软件。

1987 年，Adobe 公司推出了 Adobe Illustrator 1.1 版本，其特征是包含一张录像带，内容是 Adobe 创始人约翰·沃尔诺克对软件特征的宣传。

1988 年，发布 Adobe Illustrator 1.9.5 日文版 ，这个时期的 Illustrator 给人的印象只是一个描图的工具。画面显示也不是很好。不过，令人欣喜的是它能提供好的曲线工具。

1988 年，在 Windows 平台上推出了 Adobe Illustrator 2.0 版本。Illustrator 真正起步应该说是在 1988 年，Mac 上推出的 Illustrator 88 版本。该版本是 Illustrator 的第一个视窗系统版本，但很不成功。

1989 年，在 Mac 上升级到 Adobe Illustrator 3.0 版本，并在 1991 年移植到了 UNIX 平台上。

1990 年，发布 Adobe Illustrator 3.2 日文版，从这个版本开始文字终于可以转化为曲线了，它被广泛普及于 Logo 设计。

1992 年，发布 Adobe Illustrator 4.0 版本，该版本也是最早的日文移植版本。该版本中 Illustrator 第一次支持预览模式，由于该版本使用了 Dan Clark 的 Anti-alias(抗锯齿显示)显示引擎，使得原本一直是锯齿的矢量图形在图形显示上有了质的飞跃。同时又在界面上做了重大的改革，风格和 Photoshop 极为相似，所以对 Adobe 的老用户来说相当容易上手。

1992 年，发布 Adobe Illustrator 5.0 版本，该版本在西文的 TrueType 文字下可以曲线化，在日文汉字下却不行，后期添加了 Adobe Dimensions 2.0J 特性弥补了这一缺陷，可以通过它来转曲。

1993 年，发布 Adobe Illustrator 5.0 日文版，Macintosh 附带系统盘内的日文 TrueType 字体实现转曲功能。

1994 年，发布 Adobe Illustrator 5.5，加强了文字编辑的功能，显示出 Adobe Illustrator 的强大魅力。

1996 年，发布 Adobe Illustrator 6.0，该版本在路径编辑上作了一些改变，主要是为了与 Photoshop 统一，但导致了一些用户的不满，一直拒绝升级，Illustrator 同时也开始支持 TrueType 字体，从而引发了 PostScript Type 1 和 TrueType 之间的"字体大战"。

1997 年，推出 Adobe Illustrator 7.0，同时在 Mac 和 Windows 平台推出，使其在麦金塔和视窗两个平台上实现了相同功能，设计师们开始向 Illustrator 靠拢，新功能有"变形面板""对齐面板""形状工具"等，并有完善的 PostScript 页面描述语言，使得页面中的文字和图形的质量再次得到了飞跃式的提升，更凭借着它和 Photoshop 良好的互换性，赢得了很好的声誉，唯一遗憾的是该版本对中文的支持极差。

1998 年，发布 Adobe Illustrator 8.0，该版本的新功能有【动态混合】、【笔刷】、【渐变网络】等，这个版本运行稳定，时隔多年仍有广大用户在使用。

2000 年，发布 Adobe Illustrator 9.0。

2001 年，发布 Adobe Illustrator 10.0，是 Mac OS 9 上能运行的最高版本，主要新功能有【封套】(envelope)、【符号】(Symble)、【切片】等。【切片】功能的增加，使得可以将图形分割成小 GIF、JPEG 文件，明显是出于对网络图像的支持。

2002 年，发布 Adobe Illustrator CS。

2003 年，发布 Adobe Illustrator CS2。

2007 年，发布 Adobe Illustrator CS3，新版本新增功能有【动态色彩面板】和与 Flash 的整合等。另外，新增加裁剪、橡皮擦工具。

2008 年 9 月，发布 Adobe Illustrator CS4，新版本新增斑点画笔工具、渐变透明效果、椭圆渐变，支持多个画板、显示渐变、面板内外观编辑、色盲人士工作区，多页输出、分色预览、出血支持以及用于 Web、视频和移动的多个画板。

2010 年，发布 Adobe Illustrator CS5，软件可以在透视中实现精准的绘图、创建宽度可变的描边、使用逼真的画笔上色，充分利用与新的 Adobe CS Live 在线服务的集成。

2012 年，发行 Adobe Illustrator CS6，软件包括新的 Adobe Mercury Performance System，该系统可执行打开、保存和导出大文件以及预览、复杂设计等任务。

2013 年，发布 Illustrator CC。Adobe Illustrator CC 主要的改变包括：触控文字工具、以影像为笔刷、字体搜寻、同步设定、多个档案位置、CSS 摘取、同步色彩、区域和点状文字转换、用笔刷自动制作角位的样式和创作时自由转换。

1.2　Illustrator 的应用领域

Illustrator 广泛应用于广告平面设计、CI 策划、网页设计、插图创作、产品包装设计、商标设计等领域。下面简单介绍 Illustrator 在这几个方面的应用。

1. 广告平面设计

在广告平面设计中，Illustrator 起着非常重要的作用，无论是我们正在阅读的图书封面，还是大街上看到的招贴贴、海报，这些具有丰富图像的平面印刷品，都需要 Illustrator 的参与，如图 1.1 所示。

2. CI 策划

Illustrator 在 CI 设计领域应用广泛。CI，也称 CIS，是英文 Corporate Identity System 的缩写，目前一般译为"企业视觉形象识别系统"。CI 设计，即有关企业视觉形象识别的设计，包括企业名称、标志、标准字体、色彩、象征图案、标语、吉祥物等方面的设计。运用 Illustrator 设计出的作品能够满足高品质的 CI 设计要求，如图 1.2 所示。

图 1.1　海报　　　　　　　　　　　　　　图 1.2　企业标志

3. 网页设计

随着互联网技术的发展，各种企业和机构在网络上的竞争也日趋激烈。为了吸引眼球，企业和机构都在想方设法利用网站的形象来包装自己，以使自己在同行业的竞争中脱颖而出。Illustrator 在网页设计中主要辅助设计 Logo、网标，以及视觉上的排版，如图 1.3 所示。

4. 插图创作

在现代设计领域中，插图设计可以说是最具有表现意味的，插图是运用图案的表现形式，本着审美与实用相统一的原则，尽量使线条，形态清晰明快，制作方便。绘画插图多少带有作者主观意识，它具有自由表现的个性，无论是幻想的、夸张的、幽默的、情绪化的还是象征化的情绪，都能自由表现、处理，使用 Illustrator 可以运用分割、直线与色彩的反复创造出平面与单纯化效果，如图 1.4 所示。

图 1.3　卡通食品网站　　　　　　　　　　图 1.4　爱护牙齿插图

5. 产品包装设计

产品包装设计即指选用合适的包装材料，针对产品本身的特性以及受众的喜好等相关因素，运用巧妙的工艺制作手段，为产品进行的容器结构造型和包装的美化装饰设计。在出版、图像处理上有很强的精度和控制能力，图像转换中可以转换成可编辑的矢量图案，使设计师在应用的过程中得心应手。颜色取样上非常精确，这就给整个设计中，客户对于色差的高要求，能够轻易满足，如图 1.5 所示。

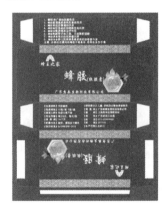

图 1.5　产品包装

1.3　Illustrator 在设计流程中的重要作用

Illustrator 没有 Photoshop 那么强大的图片处理功能，也不能像 InDesign 那样快速无误地排版多页面出版物，它是一个矢量绘图软件，主要用于制作标志、包装设计和插画等。了解 Photoshop、Illustrator 和 InDesign 3 个软件的不同功能有助于设计师合理运用软件，完成设计工作。

通过下面的流程图，设计师能直观地看到 3 个软件的不同作用，以及它们共同协作完成产品的制作流程，如图 1.6 所示。

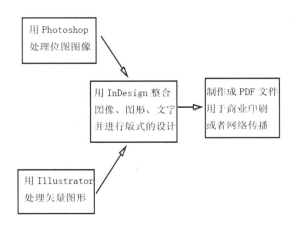

图 1.6　设计流程图

1.4　Illustrator 在印刷设计中的运用

使用 Illustrator 为企业绘制标志、为排版提供矢量图形是设计师必备的技能之一。Illustrator 常用来处理以下工作。

1. 绘制街道图

Illustrator 的【钢笔工具】和【描边】面板能让设计师轻松地完成路径绘制以及地图中各路线的描边效果。使用自定义符号可节省时间并显著减少文件大小，如图 1.7 所示。

2. 海报

利用画笔、文字变形和图案编辑能制作出漂亮的海报，如图 1.8 所示。

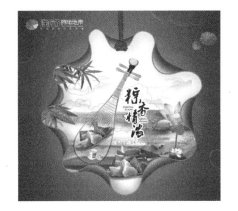

图 1.7　街道路线图　　　　　　　　　　　　图 1.8　海报

3. 名片

通过 Illustrator 的绘图功能、文字变形和图案编辑制作名片，如图 1.9 所示。

4. 网站

用 Illustrator 的绘图功能绘制网站需要的各个元素，然后存储为 Web 所用格式，如图 1.10 所示。

图 1.9　名片　　　　　　　　　　　　　图 1.10　网站

1.5　软件的安装与卸载

在安装与使用 Illustrator CC 之前，首先要了解一下 Illustrator CC 对系统配置的基本要求。Illustrator CC 简体中文版对配置的最低要如下。

(1) 处理器：Intel Pentium 4 或 AMD Athlon 64。

(2) 操作系统：Windows XP(带有 Service Pack 3)或者 Windows Vista(带有 Service Pack 1)或 Windows 7、Windows 8。

(3) 内存：1GB 以上。

(4) 硬盘：2GB 可用硬盘空间用于安装；安装过程中需要额外的可用空间(无法安装在基于闪存的可移动存储设备上)。

(5) 显卡：1024×768 屏幕(推荐 1280×800)，16 位。

1.5.1　Illustrator CC 的安装

Illustrator CC 的安装步骤如下。

(1) 将 Illustrator CC 的安装光盘放入光盘驱动器，系统会自动运行 Illustrator CC 的安装程序。首先屏幕中会弹出一个安装初始化界面，如图 1.11 所示，这个过程大约需要几分钟的时间。

(2) Illustrator CC 的安装程序会自动弹出一个欢迎安装界面，单击【安装】按钮，如图 1.12 所示。

(3) 随后弹出 Illustrator CC 授权协议窗口，单击 Illustrator CC 授权协议窗口右下角的【接受】按钮，如图 1.13 所示。

(4) 在该对话框中的序列号空格中填入序列号进行安装，如果用户没有序列号，也可以在安装界面单击【试用】按钮，并选择语言，然后单击【下一步】按钮，如图 1.14 所示。

图 1.11　初始化程序

图 1.12　欢迎安装界面

图 1.13　接受软件许可协议

图 1.14　填写序列号

(5) 此时会从弹出 Illustrator CC 的安装路径，安装过程需要创建一个文件夹，用来存放 Illustrator CC 的全部内容。如果用户希望将 Illustrator CC 安装到默认的文件夹中，则直接单击【安装】按钮即可，如果想要更改安装路径，则可以单击【位置】右边的【更改】按钮，选择需要安装的位置，然后单击【确定】按钮，如图 1.15 所示。

(6) 用户选择好安装的路径之后，单击【安装】按钮，开始安装 Illustrator CC 软件。如图 1.16 所示。

图 1.15　安装路径

图 1.16　安装进程

(7) Illustrator CC 安装完成后，会显示一个安装完成窗口，如图 1.17 所示。

(8) 单击【完成】按钮，完成 Illustrator CC 的安装。软件安装结束后，Illustrator CC 会自动在 Windows 程序组中添加一个 Illustrator CC 的快捷方式，如图 1.18 所示。

图 1.17　安装完成界面　　　　　　图 1.18　Illustrator CC 快捷方式

1.5.2　Illustrator CC 的卸载

下面介绍一种卸载 Illustrator CC 的方法，步骤如下。

(1) 单击【开始】按钮，在弹出的菜单中选择【控制面板】命令，打开【控制面板】对话框，在该对话框中单击【卸载程序】选项，如图 1.19 所示。

(2) 打开【程序和功能】对话框，在该对话框中选择 Adobe Illustrator CC 选项，单击【卸载】按钮，也可以在 Adobe Illustrator CC 选项上右击，在弹出的快捷菜单中选择【卸载】命令，如图 1.20 所示。

图 1.19　单击【卸载程序】选项　　　　图 1.20　选择【卸载】命令

(3) 选择命令后，弹出【卸载选项】对话框，在该对话框中单击【卸载】按钮，如图 1.21 所示。

(4) 单击【卸载】按钮后弹出【卸载】对话框，出现卸载进度条，如图 1.22 所示。

(5) 卸载完成后弹出【卸载完成】对话框，在该对话框中单击【关闭】按钮即可完成

Adobe Illustrator CC 软件的卸载，如图 1.23 所示。

图 1.21 【卸载选项】对话框

图 1.22 【卸载】对话框

图 1.23 【卸载完成】对话框

1.5.3 Illustrator CC 的启动和退出

双击桌面上的 Illustrator CC 快捷方式，就可以进入 Illustrator CC 的工作界面，如图 1.24 所示，这样程序就启动完成了。

退出程序可以单击 Illustrator CS5 工作界面右上角的【关闭】按钮 ，也可以选择菜单栏中的【文件】|【退出】命令，如图 1.25 所示。

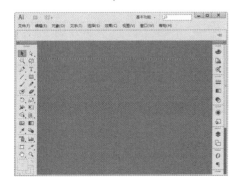

图 1.24 Illustrator CC 的工作界面

图 1.25 选择【退出】命令

1.6 工作区概览

熟悉 Illustrator 的操作界面、工具箱、面板是深入学习后面知识的重要基础。本节主要讲解工作区概览，让大家快速掌握 Illustrator 的工作环境。

Illustrator CC 的自定义工作区，可以使设计师随心所欲地进行调整以符合自己的工作习惯。它与 Photoshop CS6 有着相似的界面，可以让设计师更快地掌握界面操作，避免产生对软件的生疏感。本小节将简单介绍操作界面、工具箱以及面板的不同作用。

在默认情况下，Illustrator 工作区域包含菜单栏、控制面板、画板、工具箱、状态栏和面板，如图 1.26 所示。

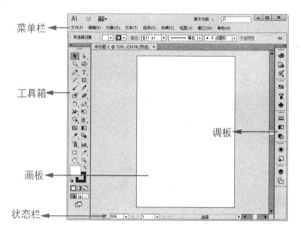

图 1.26 Illustrator CC 的工作区

- 菜单栏：包含用于执行任务的命令。单击菜单栏的各种命令，是实现 Illustrator 主要功能的最基本的操作方式。Illustrator CC 中文版的菜单栏中包括【文件】、【编辑】、【对象】、【文字】、【选择】、【滤镜】、【效果】、【视图】、【窗口】和【帮助】等几大类功能各异的菜单。单击菜单栏中的各个命令会出现相应的下拉菜单。
- 画板：可以绘制和设计图稿。
- 工具箱：用于绘制和编辑图稿的工具。
- 面板：可帮助监控和修改图稿和菜单。
- 状态栏：显示当前缩放级别和关于下列主题之一的信息，包括当前使用的工具、日期和时间、可用的还原和重做次数、文档颜色配置文件或被管理文件的状态。

使用控制面板可以快捷访问与选择对象相关的选项。在默认情况下，控制面板停放在工作区域顶部。

Illustrator CC 把最常用的工具都放置在工具箱中，将功能近似的工具以展开的方式归类组合在一起，使操作更加灵活方便。把光标放在工具箱内的工具上停留几秒会显示工具的快捷键。熟记这些快捷键会减少光标在工具箱和文档窗口间来回移动的次数，帮助设计师提高工作效率。

工具图标右下角的小三角形表示有隐藏工具。单击右下角有小三角形的工具图标并按住左键不放，隐藏的工具便会弹出来，如图 1.27 所示。

面板可显示为 3 种视图模式，可以形象地称之为折叠视图、简化视图和普通视图，反复双击选项卡可完成 3 种视图的切换，如图 1.28 所示。

图 1.27　隐藏的工具　　　　　　　　图 1.28　折叠视图、简化视图和普通视图

用鼠标向外拖曳选项卡可以将多个组合的面板分为单独的面板，如图 1.29 所示。

将一个面板拖曳到另一个面板底部，当出现黑色粗线框时释放鼠标，可以将两个或多个面板首尾相连，如图 1.30 所示。

单击面板右侧的黑色三角按钮，可以打开隐藏菜单，如图 1.31 所示。

图 1.29　单独面板　　　　　图 1.30　首尾相连面板　　　　　图 1.31　打开隐藏菜单

1.7　图形编辑的基本概念

计算机中的图形和图像是以数字的方式记录、处理和存储的。按照用途可以将它们分为两大类：一类是位图图像；另一类是矢量图形。Illustrator 是典型的矢量图形软件，但它也可以处理位图。下面就向大家介绍一下位图与矢量图的特点和区别。

1.7.1　位图与矢量图

位图在技术上被称为栅格图像，它最基本的单位是像素。像素呈方块状，因此，位图是由许许多多的小方块组成的。如果想要观察像素，可以使用 （缩放工具）在位图上连续单击，将位图放大至最大的缩放级别。位图图像的特点是可以表现色彩的变化和颜色的细微过渡，从而产生逼真的效果，并且可以很容易地在不同软件之间交换使用。使用数码相机拍摄的照片、通过扫描仪扫描的图片等都属于位图，如图 1.32 所示，最典型的位图处理软件就是 Photoshop。

在保存位图图像时，系统需要记录每一个像素的位置和颜色值，因此位图所占用的存储空间比较大。另外，由于受到分辨率的制约，位图图像包含固定的像素数量，在对其进行旋转或者缩放时，很容易产生锯齿，图 1.33 所示为位图与局部放大后所看到的图像边缘的锯齿变化。

图 1.32　位图

图 1.33　位图与局部放大后的位图

提 示

分辨率是指每单位长度内所包含的像素数量，一般常以"像素/英寸"为单位。单位长度内像素数量越多，分辨率越高，图像的输出品质也就越好。

矢量图是由被称为矢量的数学对象定义的直线和曲线构成的，它最基本的单位是锚点和路径。我们平常所见到和使用的矢量图像作品是由矢量软件创建的，如图 1.34 所示。典型的矢量软件除了 Illustrator 之外，还有 CorelDRAW、AutoCAD 等。

矢量图形与分辨率无关，它最大的优点是占用的存储空间较小，并且可以任意旋转和缩放却不会影响图像的清晰度。对于将在各种输出媒体中所使用的不同大小的图稿，例如 Logo、图标等，矢量图形是最佳选择。矢量图形的缺点是无法表示如照片等位图图像所能够呈现的丰富的颜色变化，以及细腻的色调过渡效果。图 1.35 所示为矢量图局部放大后所显示出的清晰线条效果。

图 1.34　矢量图

图 1.35　局部放大后的矢量图

Illustrator CC 主要功能就是对矢量图形进行制作和编辑，而且能够对位图进行处理，也支持矢量图与位图之间的相互转换。

> **提示**
>
> 由于计算机的显示器只能在网格中显示图像，因此，我们在屏幕上看到的矢量图形和位图图像均显示为像素。

1.7.2　像素与分辨率

分辨率是度量位图图像内数据量多少的一个参数，如每英寸像素数(ppi)或每英寸点数(dpi)，也可以表示图形的长度和宽度，如 1024×768 等。分辨率越高，图像越清晰，表现细节更丰富，但包含的数据越多，文件也就越大。分辨率的种类很多，其含义也各不相同，其中有一类就是设备分辨率。在比图像本身的分辨低的输出设备上显示或打印位图图像时也会降低其外观品质。因为，位图有分辨率的问题，所以放大时就不可避免地会出现边缘锯齿和马赛克的问题。

矢量图形是与分辨率无关的，这意味着它们可以显示在各种分辨率的输出设备上，而丝毫不影响品质。但实际操作中，为显示或打印矢量图形，往往要将矢量图形转换为位图，这时分辨率将影响显示或打印矢量图形的清晰度。低分辨率图像通常采用 72 dpi，也就是意味着最终用途为显示器显示或低标准印刷。高分辨率图像的最终用途为彩色印刷，所以其分辨率至少应达到 250 dpi，若是高质量印刷，应该考虑达到 300 dpi 以上。

1.7.3　图形的文件格式

在 Illustrator CC 中可以将设计的图稿存储为 6 种文件格式：AI、PDF、EPS、AIT、SVGZ、SVG。因为这些格式都可以保留所有 Illustrator 数据。

> **提示**
>
> 如果将在 Illustrator 中设计的图稿保存为 PDF 和 SVG 格式，必须选择【保留 Illustrator 编辑功能】选项，才能保留所有 Illustrator 数据。

1. AI 格式

在菜单栏中选择【文件】|【存储为】菜单命令，弹出【存储为】对话框，如图 1.36 所示。选择存储文件的位置并输入文件名，在【保存类型】下拉列表中选择 Abode Illustrator(*.AI)选项，单击【保存】按钮，弹出【Illustrator 选项】对话框，如图 1.37 所示。

将图稿保存为 AI 格式时，可以在【Illustrator 选项】对话框中设置如下选项。

- 【版本】：在该下拉列表框中可以选择所希望文件兼容的 Illustrator 版本。旧版格式不支持当前版本 Illustrator 中的所有功能。所以，如果在该下拉列表框中选择了当前版本以外的版本时，某些存储选项不可用，并且可能会更改部分数据。

图 1.36 【存储为】对话框

图 1.37 【Illustrator 选项】对话框

　　当在【版本】下拉列表框中选择了比当前 Illustrator 版本更低的版本时，在该下拉列表右侧会出现警告标志，在【Illustrator 选项】对话框底部的【警告】框中显示相应的警告信息。

- 【子集化嵌入字体，若使用的字符百分比小于】：指定何时根据文档中使用字体的字符数量嵌入完整字体。
- 【创建 PDF 兼容文件】：勾选此选项，可以在 Illustrator 文件中存储文档的 PDF 演示，并可以使保存的 Illustrator 文件与其他 Adobe 软件兼容。
- 【包含链接文件】：如果在 Illustrator 文档中有链接的外部文件，该选项可选。勾选此选项，则嵌入与图稿链接的文件。
- 【嵌入 ICC 配置文件】：勾选此选项，保存的文件中色彩受文档的管理。
- 【使用压缩】：勾选此选项，在 Illustrator 文件中压缩 PDF 数据，但是将会增加存储文档的时间。
- 【透明度】：选择【保留路径】选项。将放弃透明度效果并将透明图稿重置为100%不透明度模式。选择【保留外观和叠印】选项，将保留与透明对象不相互影响的叠印，与透明对象相互影响的叠印将被拼合。

2．PDF 格式

　　在菜单栏中选择【文件】|【存储为】命令，弹出【存储为】对话框。选择存储文件的位置并输入文件名，在【保存类型】下拉列表框中选择 Abode PDF (*.PDF)选项，单击【保存】按钮，弹出【存储 Adobe PDF】对话框，如图 1.38 所示。

　　在【存储 Adobe PDF】对话框中左边的列表中，列出了存储为 Adobe PDF 的各个选项，下面简单介绍【存储 Adobe PDF】对话框中 Adobe PDF 选项的类别，各类别中的详细设置介绍，读者可以参考 Illustrator CC 联机帮助。

- 【常规】：指定文件的 PDF 版本，以及文件的基本选项。
- 【压缩】：指定图稿是否需要进行压缩和缩减像素取样，可以使用哪些方法以及相关的设置。

- 【标记和出血】：指定印刷标记和出血及辅助信息。
- 【输出】：控制颜色和 PDF/X 输出目的配置文件存储在 PDF 件中的方式。
- 【高级】：控制字体、压印和透明度存储在 PDF 文件中的方式。
- 【安全性】：向 PDF 文件添加安全性设置。
- 【小结】：提示当前 PDF 设置的小结。

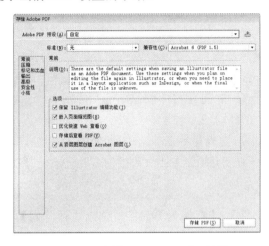

图 1.38　【存储 Adobe PDF】对话框

3．EPS 格式

在菜单栏中选择【文件】|【存储为】命令，弹出【存储为】对话框。选择存储文件的位置并输入文件名，在【保存类型】下拉列表框中选择 Illustrator EPS (*.EPS)选项，单击【保存】按钮，弹出【EPS 选项】对话框，如图 1.39 所示。

将图稿保存为 EPS 格式时，可以在【EPS 选项】对话框中设置如下选项。

- 【版本】：与保存为 AI 格式的 Illustrator 选项对话框中的【版本】功能相同。

提　示

几乎所有页面版式、文字处理和图形应用程序都直接导入或置入的封装 PostScript(EPS)文件。EPS 格式保留了许多使用 Illustrator 创建的图像元素，这意味着可以重新打开 EPS文件并作为 Illustrator 文件编辑。因为 EPS 文件基于 PostScript 语言，所以它们可以包含矢量和位图图像。

- 【格式】：设置存储在文件中的预览图像的格式。预览图像的作用是在不能直接显示 EPS 图稿的应用程序中显示预览图像。如果不希望创建预览图像，可以在【格式】下拉列表框中选择【无】选项。默认情况下为【TIFF(8 位颜色)】格式。
- 【透明度】：设置文档中如何处理透明对象和叠印。
- 【为其他应用程序嵌入字体】：勾选该复选框，如果文件置入到另一个应用程序(例如 Adobe InDesign)，将显示和打印原始字体。但是，如果文件在没有安装该字体的计算机上的 Illustrator 中打开，字体将被替换。

- 【包含链接文件】：与保存为 AI 格式的【Illustrator 选项】对话框中的【包含链接文件】作用相同。

- 【包含文档缩略图】：勾选此选项，可以创建图稿的缩略图。创建的图稿缩略图显示在 Illustrator【打开】和【置入】对话框中。

- 【兼容渐变和渐变网格打印】：旧的打印机和 PostScript 设备可以通过将渐变对象转换为 JPEG 格式来打印渐变和渐变网格。

- Adobe PostScript：在 Adobe PostScript 下拉列表框中选择用于存储图稿的 PostScript 级别【PostScript 语言级别 2】表示彩色以及黑白矢量和位图图像，并为矢量和位图图像选择基于 RGB.CMYK 和 CIE 的颜色模型。

图 1.39 　【EPS 选项】对话框

4．SVG 格式

在菜单栏中选择【文件】|【存储为】命令，弹出【存储为】对话框。选择存储文件的位置并输入文件名。在【保存类型】下拉列表框中选择 SVG(*.SVG)选项或 SVG 压缩(*.SVGZ)选项，单击【保存】按钮，弹出【SVG 选项】对话框，如图 1.40 所示。

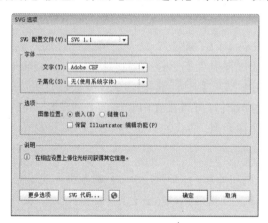

图 1.40 　【SVG 选项】对话框

将图稿保存为 SVG 格式时，可以在【SVG 选项】对话框中设置如下选项。

- 【SVG 配置文件】：在该下拉列表框中可以选择相应的 SVG 配置文件，默认选项是 SVG 1.1。

提示

SVG 格式是一种可生成高质量交互式 Web 图形的矢量格式。SVG 格式有两种版本 SVG 和 SVG 压缩(SVGZ)。SVGZ 可以将文件大小减小 50%~80%。但是不能使用文本编辑器编辑 SVGZ 文件。如果将图稿保存为 SVG 格式，网格对象将被栅格化。此外，没有 Alpha 通道的图像将转换为 JPEG 格式，具有 Alpha 通道的图像将转换为 PNG 格式。

- 在【SVG 配置文件】下拉列表框中可以选择相应的 SVG 配置文件。
  - ◆ SVG1.0 和 SVG1.1 是适合在台式计算机上查看的 SVG 文件。
  - ◆ SVG1.1 是 SVG 规格的完整版本，SVG1.1 包含 SVG Tiny 1.1、SVG Tiny 1.1+和 SVG Basic 1.1。
  - ◆ SVG Tiny 1.1 和 SVG Tiny 1.1 +是适合在小型设备(例如手机)上查看的 SVG 文件。但是，并不是所有手机都支持 SVG Tiny 和 SVG。
  - ◆ SVG Tiny1.1 不支持渐变、透明度、剪切、蒙版、符号或 SVG 滤镜效果。SVG Tiny1.1+ 包括显示渐变和透明度的功能，但不支持剪切、蒙版、符号或 SVG 滤镜效果。
  - ◆ SVG Basic1.1 适合在中型设备，(如手提设备)中查看的 SVG 文件。但是，并不是所有手提设备都支持 SVG Basic 配置文件。SVG Basic 不支持非矩形剪切和一些 SVG 滤镜效果。
- 【文字】：在该下拉列表框中可以选择相应的文字类型，默认选项是 Adobe CEF。

  在【文字】下拉列表框中还有其他一些选项，简单介绍如下。
  - ◆ Adobe CEF 选项：使用字体提示以更好地渲染小字体。Adobe SVG 查看器支持此字体类型，但其他 SVG 查看器不支持。
  - ◆ SVG 选项：不使用字体提示。所有 SVG 查看器均支持此字体类型。
  - ◆ 【转换为轮廓】选项：将文字转换为矢量路径。使用此选项保留文字在所有 SVG 查看器中的视觉外观。
- 【子集化】：控制在导出的 SVG 文件中嵌入哪些特定字体的字符。如果可以依赖安装在最终用户系统上的必需字体，可以在【子集化】下拉列表框中选择【无】选项。选择【仅使用的字形】选项，仅包括当前图稿中文本的字形。其他值(通用英文、通用英文和使用的字形、通用罗马字、通用罗马字和使用的字形、所有字形)在 SVG 文件的文本内容为动态时将发挥作用。
- 【图像位置】：确定栅格图像直接嵌入到文件或链接到从原始 Illustrator 文件导出的 JPEG 或 PNG 图像。嵌入图像将增大文件大小，但可以确保栅格化图像将始终可用。
- 【保留 Illustrator 编辑功能】：通过在 SVG 文件中嵌入 AI 文件，保留特定于 Illustrator 的数据。如果需要在 Illustrator 中重新打开和编辑 SVG 文件，可以选中此选项。

1.7.4　颜色模式

颜色模式决定了用于显示和打印所处理的图稿的颜色方法。颜色模式基于颜色模型，因此，选择某种特定的颜色模式，就等于选用了某种特定的颜色模型。常用的颜色模式有 RGB 模式、CMYK 模式和灰度模式等。

颜色模型用数值描述了在数字图像中看到和用到的各种颜色。因此，在处理图像的颜色时，实际上是在调整文件中的数值。在【拾色器】对话框中包含了 RGB、CMYK 和 HSB 三种颜色模型，如图 1.41 所示。

在 RGB 模式下，每种 RGB 成分都可以使用从 0(黑色)~255(白色)的值。当三种成分值相等时，可以产生灰色，如图 1.42 所示。当所有成分值均为 255 时，可以得到纯白色，如图 1.43 所示。当所有成分值均为 0 时，可以得到纯黑色，如图 1.44 所示。

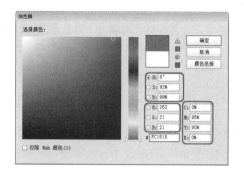

图 1.41　三种颜色模型

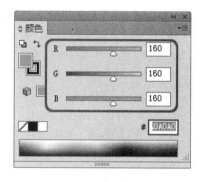

图 1.42　灰色

图 1.43　纯白色

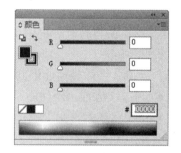

图 1.44　纯黑色

在 CMYK 模式下，每种油墨可使用从 0~100%的值。低油墨百分比更接近白色，如图 1.45 所示。高油墨百分比更接近黑色，如图 1.46 所示。CMYK 模式是一种印刷模式，如果文件要用于印刷，应使用此模式。

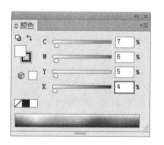

图 1.45　低油墨百分比

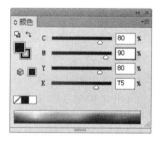

图 1.46　高油墨百分比

思考与练习

1. 简述位图与矢量图的区别。
2. Illustrator CC 工作区由哪几个部分组成？

第2章　Illustrator 的基本操作

为了顺利完成工作，在使用 Illustrator 之前，首先要了解 Illustrator 的基本操作。本章将介绍原稿的获取与管理、文档的基本操作、图形的基本操作、辅助工具的使用，以及对象的选择与编辑等。

2.1　原稿的获取与筛选

良好的开端是成功的一半，在用 Illustrator 进行平面设计之前首先要准备好文字和图片素材。通过不同方式获得的原稿品质各有不同，它会很大程度地影响后面的设计制作环节。本章主要介绍目前平面设计工作中常见的原稿来源。

2.1.1　文字的获取与筛选

文字是排版中最重要的环节之一，所以对文字的前期处理要规范，随便排入文字会出现各种各样令人烦恼的问题。因此，设计师在开始设计制作之前，应把获取的文字进行筛选。

1. Word 的文字

Word 文字素材可通过置入、复制粘贴和拖曳 3 种方法应用到 Illustrator CC 中。

置入文本的具体操作步骤如下。

(1) 选择菜单栏中的【文件】|【置入】命令，弹出【置入】对话框，在打开的对话框中选择随书附带光盘中的 "CDROM\素材\Cha02\女娲.doc" 文件，如图 2.1 所示。

(2) 单击【置入】按钮，弹出【Microsoft Word 选项】对话框，勾选【移去文本格式】复选框，可将 Word 文档中应用的格式去除，如图 2.2 所示。

图2.1　【置入】对话框

图2.2　勾选【移去文本格式】复选框

(3) 单击【确定】按钮，在画板中单击，即可完成 Word 文字的置入操作，如图 2.3

所示。

复制粘贴的具体操作步骤如下。

(1) 打开随书附带光盘中的 "CDROM\素材\Cha02\女娲.doc" 文件，如图 2.4 所示。

图2.3　置入文字后的效果　　　　　　　图2.4　打开素材文件

(2) 按住鼠标左键并拖曳选择一段文字，再按快捷键 Ctrl+C 将选中的文字进行复制，如图 2.5 所示。

(3) 回到 Illustrator 软件中，在空白页面处按快捷键 Ctrl+V，则完成粘贴 Word 文档的操作，如图 2.6 所示。

图2.5　对文字进行复制　　　　　　　图2.6　在Illustrator软件中进行粘贴

提示

　　复制粘贴 Word 文档可将图像嵌入到 Illustrator 中，而置入 Word 文档时，则无法在置入的过程中同时将图像置入到 Illustrator 中。

拖曳的具体操作步骤如下。

(1) 选择随书附带光盘中的 "CDROM\素材\Cha02\女娲.doc" 文件，按住鼠标左键不放，将文档拖曳到任务栏中的 Illustrator 按钮，直到弹出 Illustrator 窗口，再将拖曳着的文档放到空白页面中，然后释放鼠标，弹出【Microsoft Word 选项】对话框，如图 2.7 所示。

(2) 单击【确定】按钮，在画板中单击，即可完成拖曳文档的操作，如图 2.8 所示。

图 2.7　拖曳后弹出【Microsoft Word 选项】对话框

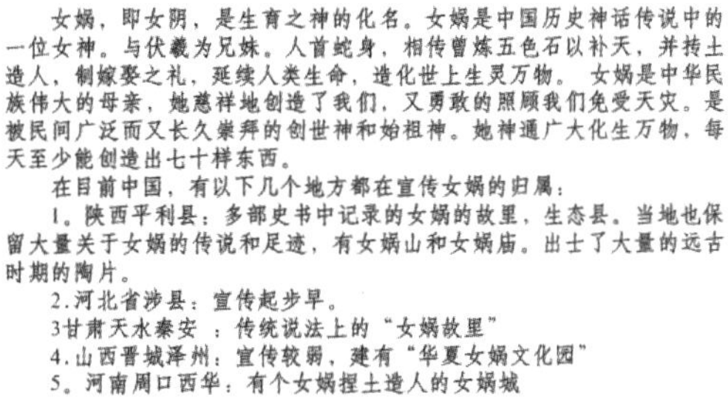

女娲，即女阴，是生育之神的化名。女娲是中国历史神话传说中的一位女神。与伏羲为兄妹。人首蛇身，相传曾炼五色石以补天，并抟土造人、制嫁娶之礼，延续人类生命，造化世上生灵万物。女娲是中华民族伟大的母亲，她慈祥地创造了我们，又勇敢的照顾我们免受天灾。是被民间广泛而又长久崇拜的创世神和始祖神。她神通广大化生万物，每天至少能创造出七十样东西。
　　在目前中国，有以下几个地方都在宣传女娲的归属：
　　1.陕西平利县：多部史书中记录的女娲的故里，生态县。当地也保留大量关于女娲的传说和足迹，有女娲山和女娲庙。出土了大量的远古时期的陶片。
　　2.河北省涉县：宣传起步早。
　　3甘肃天水秦安 ：传统说法上的"女娲故里"
　　4.山西晋城泽州：宣传较弱，建有"华夏女娲文化园"
　　5.河南周口西华：有个女娲捏土造人的女娲城

图 2.8　完成拖曳的新文档

提 示

拖曳至 Illustrator 中，Illustrator 会自动生成一个新文档。

2. 网页的文字

设计师经常会在网站上搜索设计需要的资料，把搜集到的资料直接复制到 Word 中。通常会发现 Word 在复制的过程中速度非常慢，出现这种情况是因为从网页复制到 Word 的过程中会带有超链接、图片和文字样式。建议设计师把复制的网页文字粘贴到纯文本中，纯文本可以将带有超链接、图片和文字样式过滤掉。

3. 纯文本

纯文本相当于文字的过滤器，可以清除文字的样式，避免了文字丢失、带警告字体的情况。建议设计师在置入文字时使用纯文本文字。

2.1.2　图片的获取与筛选

图片的来源如图 2.9 所示。

Word 会对置入的图片进行压缩，以减小文件量，设计师可以把 Word 文件另存为 Web 网页格式，则可从保存的文件夹中挑选清晰的图片。

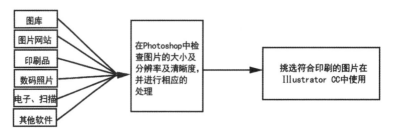

图 2.9 流程图

(1) 打开随书附带光盘中的"CDROM\素材\Cha02\黑巧克力.doc"文件，如图 2.10 所示。

(2) 在 Word 中，选择菜单栏中的【文件】|【另存为】命令，弹出【另存为】对话框，在【保存类型】下拉列表框中选择【网页(*.htm；*.html)】，如图 2.11 所示。

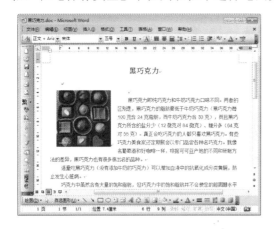

图2.10 打开素材文件

图2.11 设置保存类型

(3) 单击【保存】按钮，弹出 Microsoft Office Word 对话框，单击【继续】按钮，如图 2.12 所示。即可完成保存网页格式的操作。打开保存路径，可看到"黑巧克力. Files"文件夹，双击打开文件，然后单击【更改您的视图】右侧的下三角按钮 ，在弹出的下拉菜单中选择【详细信息】选项，如图 2.13 所示。

图2.12 Microsoft Office Word对话框

图2.13 更改视图

(4) 比较详细信息列表中图像容量的大小，最大的则为较清晰的图片，如图 2.14 所示。

图 2.14　比较图像大小

2.2　原稿与制作文件的管理

在进行一项设计工作前对搜集的素材分类管理，会让设计师在工作中快速找到需要的素材，提高工作效率。Illustrator 对图像可采取链接和嵌入两种形式。链接图像，可防止文件过大，但修改图像时需要回到图像处理软件中修改，而且链接的图像不可进行滤镜和效果的操作。嵌入图像，文件较大，修改完图像后还需重新嵌入图像，可进行滤镜和效果的操作。

一个多页出版物需要几个设计师进行分工协作时，对于图像的命名很重要。当多个文档合并为一个文档，在整理链接图像时重命名的图像很容易被覆盖，因此，在为图像起名字时应该按页码及用图顺序，如第一页的第一张图像命名为"1-01"，如图 2.15 所示。

图 2.15　查看图像

Illustrator 文件的分类管理，如图 2.16 所示。

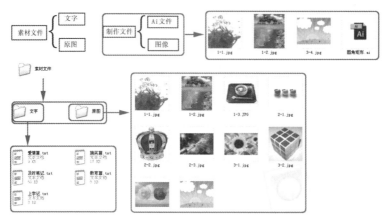

图 2.16 文件分类方式

2.3 创建合格的文件

创建一个符合印刷要求的 Illustrator 文件,需要设计师注意成品尺寸、出血和裁切线的设置。本小节通过实例操作讲解在实际运用中如何对书刊封面文档进行正确的创建。

2.3.1 书脊的尺寸要计算准确

设计师在做书刊封面时,一定要对书的厚度计算准确,这关系到书脊的正确尺寸。如果书脊尺寸计算不准确,则在设计当中书脊与书封颜色不同时,容易造成书封上出现多余的书脊颜色,或者书脊上出现多余的书封颜色,如图 2.17 所示。为避免此情况出现,建议设计师在设计书封和书脊时尽量使用相同的颜色。

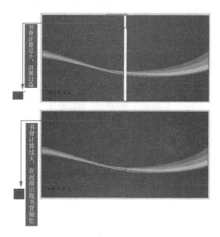

图 2.17 计算书脊尺寸

2.3.2 勒口尺寸设计要合理

封面在制作勒口时不宜过大,过大会造成印刷成本提高;也不宜过小,过小会使勒口失去保护书籍的作用。

制作书刊封面有以下两种方法。

- 【组合】：在 Photoshop 中处理图像，然后将书封、书脊和勒口组合成为一张图，再将其置入到 Illustrator CC 中与文字组合。

- 【拆分】：在 Photoshop 中处理图像，然后将书封、书脊和勒口分别拆成独立的部分，再将其分别置入到 Illustrator CC 中拼合成一张图，然后再与文字组合。该方法的好处是便于修改。下面详细讲解该方法的操作步骤。

(1) 在 Illustrator CC 中选择【文件】|【新建】菜单命令，打开【新建文档】对话框。在本例中设置封面大小为 230mm×285mm、封底为 230mm×285mm、书脊厚度为 10mm、勒口宽度为 65mm，把这些部分相加，因此，页面大小为 535mm×285mm，【取向】为【横向】，【颜色模式】为【CMYK 颜色】，如图 2.18 所示。

(2) 为新建的页面打上裁切标记，方便印后工作人员根据裁切标记裁切和折叠封面。按快捷键 Ctrl+R，打开标尺，首先设置封面的出血，在标尺中拖曳一条垂直参考线，并在菜单栏中选择【窗口】|【变换】命令，打开【变换】面板，在 X 文本框中输入"–3"，如图 2.19 所示。

图 2.18　【新建文档】对话框

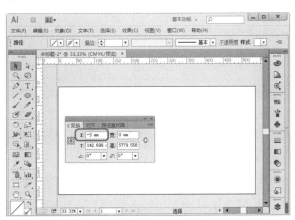

图 2.19　创建参考线

(3) 按照步骤(2)的方法，分别再拖曳一条垂直参考线、两条水平参考线，参数如图 2.20 所示。

(4) 按照步骤(2)的方法，分别拖曳 4 条参考线，将整张页面分为 5 部分：与封底相邻的勒口、封底、书脊、封面和与封面相邻的勒口，参数如图 2.21 所示。

(5) 在菜单栏中选择【编辑】|【首选项】|【参考线和网格】命令，弹出【首选项】对话框，如图 2.22 所示。

(6) 在【参考线】选项组中将【颜色】设置为【黑色】，将【样式】设置为【直线】，单击【确定】按钮，在页面中参考线变成黑色的虚线，如图 2.23 所示。

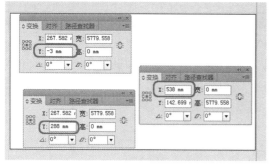

图2.20 创建其他参考线

图2.21 创建其他参考线

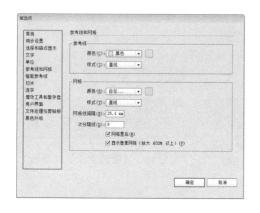

图2.22 【首选项】对话框

图2.23 变成黑色虚线

> **提 示**
>
> 　　在 Photoshop 中制作封底、封面和书脊时应该注意出血的计算，将封面与其相邻的勒口一起制作，在 Illustrator CC 中要与书脊拼合，因此只需在右边加出血而左边不需要，上下都要加出血，尺寸为283mm×291mm。封底与封面相同，只需在左边加出血。书脊拼合在中间，因此左右两边不需要出血。

　　置入图像之前，将裁切标记所在的图层命名为"裁切标记"，双击图层，弹出【图层选项】对话框，在【名称】文本框中输入"裁切标记"，如图2.24所示。

> **提 示**
>
> 　　出血是指为了印刷品最后的切割而在设计时预留的尺寸，通常在印刷品的每边都多留3mm，也就是设计作品要在实际尺寸基础上长宽各加6mm。

　　(7) 单击【确定】按钮，则完成修改图层名称的操作。在【图层】面板中新建一个图层，并将图层2命名为"图像"。然后将制作好的封底、勒口和封面放在 Illustrator CC 中相应的位置上，如图2.25所示。

　　(8) 再新建一个图层用于放置文字，图层命名为"文字"，输入文字，如图2.26所示，创建书刊封面的操作就完成了。

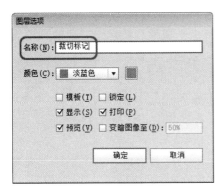

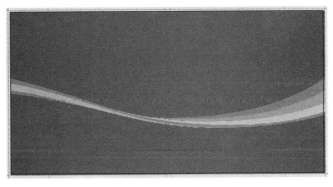

图2.24 【图层选项】对话框　　　　　　图2.25 置入图片

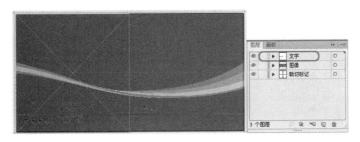

图 2.26 输入文字

2.4 文档的基本操作

在 Illustrator CC 的【文件】菜单中包含有【新建】、【从模板新建】等用于创建文档的各种命令。下面就向大家介绍如何使用这些命令来创建新文档。

2.4.1 新建 Illustrator 文档

在菜单栏中选择【文件】|【新建】命令(或按 Ctrl+N 组合键),弹出【新建文档】对话框,如图 2.27 所示。在该对话栏中可以设置文件的名称、大小和颜色模式等选项,设置完成后单击【确定】按钮,即可新建一个空白文件。

- 【名称】:在该文本框中可以输入文件的名称,也可以使用默认的文件名称。创建文件后,文件名称会显示在文档窗口的标题栏中。在保存文件时,文档的名称也会自动显示在存储文件的对话框中。

图 2.27 【新建文档】对话框

- 【配置文件/大小】:在该下拉列表框中可以选择创建不同输出类型的文档配置文件,每一个配置文件都预先设置了大小、颜色模式、单位、方向、透明度以及分辨率等参数。选择 Web 选项,可以创建 Web 优化文件，如图 2.28 所示。选择【移动设备】选项，可以为特定移动设备创建预设的文件。选择【视频和胶片】选项，可以创建特定于视频和特定于胶片的预设的裁剪区域大小文件。选择【基本 RGB】选项，可以使用默认的文档大小画板，并提供各种其他大小以便于择优选择，如图 2.29 所示。如果准备将文档发送给多种类型的媒体，应该选择该选项。在【新建文档配置文件】下拉列表框中选择一个配置文件后，可以在【大小】下拉列表框中选择各种预设的打印大小。

- 【画板数量】：用户可以通过该选项设置画板的数量。
- 【宽度/高度/单位/取向】：可以输入文档的宽度、高度和单位，以创建自定义大小的文档。单击【取向】选项中的按钮，可以切换文档的方向。
- 【高级】：单击【高级】选项前面的按钮图标可以显示扩展的选项，包括【颜色模式】、【栅格效果】和【预览模式】。在【颜色模式】选项中可以为文档指定颜色模式，在【栅格效果】选项中可以为文档的栅格效果指定分辨率，在【预览模式】选项中可以为文档设置默认的预览模式。
- 【模板】：单击该按钮，弹出【从模板新建】对话框，在该对话框中选择一个模板，从该模板创建文档。

图2.28　选择Web配置文件

图2.29　选择【基本RGB】选项

2.4.2　保存 Illustrator 文档

新建文件或者对文件进行了处理后，需要及时将文件保存，以免因断电或者死机等造成所制作的文件丢失。在 Illustrator CC 中可以使用不同的命令保存文件，包括【存储】、【存储为】、【存储为模板】等。下面就向大家介绍 Illustrator CC 中保存文件的命令。

1．【存储】命令

在菜单栏中选择【文件】|【存储】命令(或按 Ctrl+S 组合键)，即可将文件以原有格式进行存储。如果当前保存的文件是新建的文档，则在菜单栏中选择【文件】|【存储】命令时，会弹出【存储为】对话框。

2.【存储为】命令

在菜单栏中选择【文件】|【存储为】命令，弹出【存储为】对话框，如图 2.30 所示。可以将当前文件保存为其他名称和格式，或者将其存储到其他位置，设置好选项后，单击【保存】按钮，即可存储文件。

- 【文件名】：在该文本框中输入保存文件的名称，默认情况下显示为当前文件的名称，在此处可以修改文件的名称。
- 【保存类型】：在该选项的下拉列表框中可以选择文件保存的格式，包括 AI、PDF、EPS、AIT、SVG 和 SVGZ 等。

3.【存储副本】命令

图 2.30　【储存为】对话框

在菜单栏中选择【文件】|【存储副本】命令，可以基于当前文件保存一个同样的副本，副本文件名称的后面会添加"复制"两个字。例如，当你不想保存对当前文件所做出的修改时，则可以通过该命令创建文件的副本，再将当前文件关闭即可。

4.【存储为模板】命令

在菜单栏中选择【文件】|【存储为模板】命令，可以将当前文件保存为一个模板文件。在菜单栏中选择该命令时将弹出【存储为】对话框，在对话框中选择文件的保存位置，输入文件名，然后单击【保存】按钮，即可保存文件。Illustrator 会将文件存储为 AIT 格式。

5.【存储为 Web 所用格式】命令

在菜单栏中选择【文件】|【存储为 Web 所用格式】命令，弹出【存储为 Web 所用格式】对话框，如图 2.31 所示，可以创建一个能在 Microsoft Office 应用程序中使用的 PNG、JPEG、GIF 文件。在该对话框中可以设置【颜色】、【透明度】、【文件大小】等，然后单击【存储】按钮，弹出【将优化结果存储为】对话框，在该对话框中可以设置文件的保存位置，输入文件名，单击【保存】按钮，即可保存文件。

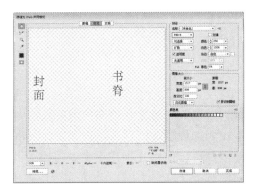

图 2.31　【存储为 Web 所用格式】对话框

2.4.3 打开 Illustrator 文档

在菜单栏中选择【文件】|【打开】命令(或按 Ctrl+O 组合键),在【打开】对话框中,选中一个文件后,可以在文件类型下拉列表框中选择一种特定的文件格式,默认状态下为【所有格式】,选中文件类型后,单击【打开】按钮,即可将该文件打开,如图 2.32 所示。

图 2.32 【打开】对话框

提示

在【文件】|【最近打开的文档】下拉菜单中包含了用户最近在Illustrator CC 中打开的10 个文件,单击一个文件的名称,即可快速打开该文件。

2.4.4 置入和导出文档

【置入】命令是导入文件的主要方式,该命令提供了有关文件的格式、置入选项和颜色的最高级别的支持。在置入文件后,可以使用【链接】面板来识别、选择、监控和更新文件。

在菜单栏中选择【文件】|【置入】命令,弹出【置入】对话框,如图 2.33 所示。在该对话框中选择所需要置入的文件或图像,单击【置入】按钮,可将其置入到 Illustrator 中。

- 【文件名】:选择置入的文件后,可以在该文本框中显示文件的名称。
- 【文件类型】:在该下拉列表框中可以选择需要置入的文件的类型,默认为【所有格式】。
- 【链接】:勾选该复选框后,置入的图稿同源文件保持链接关系。此时如果源文件的存储位置发生变化,或者被删除了,则置入的图稿会从 Illustrator 文件中发生变换或消失。取消勾选时,可以将图稿嵌入到文档中。
- 【模板】:勾选该复选框后,置入的文件将成为模板文件。
- 【替换】:如果当前文档中已经包含了一个置入的对象,并且处于选中状态,勾选【替换】复选框,新置入的对象会替换掉当前文档中被选中的对象。
- 【显示导入选项】:勾选该复选框后,在置入文件时将会弹出相应的对话框。

在 Illustrator 中创建的文件可以使用【导出】命令导出为其他软件的文件格式,以便被其他软件使用。在菜单栏中选择【文件】|【导出】命令,弹出【导出】对话框,选择文件的保存位置并输入文件名称,在【保存类型】下拉列表框中可以选择导出文件的格式,

如图 2.34 所示，然后单击【保存】按钮，即可导出文件。

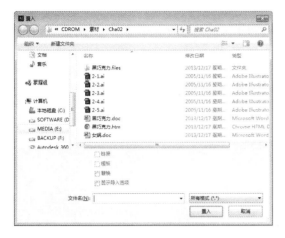 

图2.33　【置入】对话框　　　　　　　　　　图2.34　【导出】对话框

2.4.5　关闭 Illustrator 文档

在菜单栏中选择【文件】|【关闭】命令(或按 Ctrl+W 组合键)，或者单击文档窗口右上角的【关闭】按钮，即可关闭当前文件。如果需要退出 Illustrator CC 程序，则可以在菜单栏中选择【文件】|【退出】命令，或者单击程序窗口右上角的【关闭】按钮，即可退出 Illustrator CC 程序。如果有文件没有保存，将会弹出提示对话框，提示用户是否保存文件。

2.5　图形窗口的显示操作

在 Illustrator 中编辑图稿的过程中，经常需要放大或缩小窗口的显示比例，以便更好地观察和处理对象。Illustrator 提供了缩放工具图标【导航器】面板和各种缩放命令，根据需要用户可以选择其中的一种查看图稿的方式。

2.5.1　图稿的缩放

在 Illustrator 中的【视图】菜单中提供了多个用于调整视图显示比例的命令，包括【放大】、【缩小】、【画板适合窗口大小】、【全部适合窗口大小】和【实际大小】等。

- 【放大/缩小】：【放大】命令和【缩小】命令与【缩放工具】的作用相同。在菜单栏中选择【视图】|【放大】命令或按快捷键 Ctrl++，可以放大窗口的显示比例。在菜单栏中选择【视图】|【缩小】命令或按快捷键 Ctrl+-，则缩小窗口的显示比例。当窗口达到了最大或最小放大率时，这两个命令将显示为灰色。
- 【画板适合窗口大小】：在菜单栏中选择【视图】|【画板适合窗口大小】命令或按快捷键 Ctrl+0，可以自动调整视图，以适合文档窗口的大小。
- 【全部适合窗口大小】：在菜单栏中选择【视图】|【全部适合窗口大小】命令或

按快捷键 Alt+Ctrl+0，可以自动调整视图，以适合文档窗口的大小。

- 【实际大小】：在菜单栏中选择【视图】|【实际大小】命令或按快捷键 Ctrl+1，将以 100%的比例显示文件，也可以双击工具箱中的【缩放工具】图标来进行此操作。

在操作界面中打开一个图像素材，如图 2.35 所示。单击工具箱中的【缩放工具】，将光标移至视图上，光标显示为形状，单击即可整体放大对象的显示比例，如图 2.36 所示。

图2.35　打开素材文件　　　　　　　　　图2.36　放大后的效果

使用【缩放工具】，还可以查看某一范围内的对象，在图像上按住鼠标左键不放并拖曳鼠标，拖曳出一个矩形框，如图 2.37 所示。释放鼠标左键，即可将矩形框中的对象放大至整个窗口，如图 2.38 所示。

图2.37　选择放大的矩形范围　　　　　　图2.38　放大矩形范围中的图形

在编辑图稿的过程中，如果图像较大，或者因窗口的显示比例被放大而不能在画面中完全显示图稿，则可以使用【抓手工具】移动画面，以便查看对象的不同区域。选择【抓手工具】后，在画面中单击并移动鼠标即可移动画面，如图 2.39 所示。

如果需要缩小窗口的显示比例，可以单击工具箱中的【缩放工具】，再按住 Alt键，单击即可缩小图像，如图 2.40 所示。

图2.39　使用【抓手工具】移动视图画面

图2.40　缩小图像

提 示

在 Illustrator 中放大窗口的显示比例后，按住空格键，即可快速换到【抓手工具】，按住空格键不放并拖曳鼠标即可以移动视图画面。

2.5.2　切换屏幕模式

Illustrator CC 允许切换不同的屏幕模式，从而改变工作区域中工具箱和面板的显示状态。单击工具箱底部的【更改屏幕模式】按钮，弹出下拉菜单，在下拉菜单中选择合适的屏幕模式，如图 2.41 所示。

- 【正常屏幕横式】：默认的屏幕模式。在这种模式下，窗口中会显示菜单栏、标题栏、滚动条和其他屏幕元素，如图 2.42 所示。

图2.41　更改屏幕模式菜单

图2.42　正常屏幕模式

- 【带有菜单栏的全屏模式】：显示带有菜单栏，但没有标题栏或滚动条的全屏窗口，如图 2.43 所示。
- 【全屏模式】：显示没有标题栏、菜单栏和滚动条的全屏窗口，如图 2.44 所示。

图2.43　带有菜单栏的全屏模式

图2.44　全屏模式

提示

　　按 F 键可以在各个屏幕模式之间进行切换。另外，不论在哪一种模式下，按 Tab 键都可以将 Illustrator 中的工具箱、面板和控制面板隐藏，再次按 Tab 键则可以将它们显示。

2.5.3　新建与编辑视图

　　在绘制与编辑图形的过程中，有时会经常缩放对象的某一部分内容，如果使用【缩放工具】[图] 来操作，就会造成许多重复性的工作。Illustrator CC 允许将当前文档的视图状态存储，在需要使用这一视图时，便可以将它调出。这样可以有效地避免频繁使用【缩放工具】[图] 缩放窗口而带来的麻烦。

　　在菜单栏中选择【视图】|【新建视图】命令，弹出【新建视图】对话框，在【名称】文本框中可以输入视图的名称，如图 2.45 所示，单击【确定】按钮，便可以存储当前的视图状态。新建的视图会随文件一同保存。需要调用存储的视图状态时，只需要在【视图】菜单底部单击该视图的名称即可，如图 2.46 所示。

图2.45　【新建视图】对话框

图2.46　选择【新建视图1】命令

提示

　　在 Illustrator CC 中每个文档最多可以新建和存储 25 个视图。

如果需要重命名或删除已经保存的视图，可以在菜单栏中选择【视图】|【编辑视图】命令，弹出【编辑视图】对话框，效果如图 2.47 所示。在【编辑视图】对话框中选中需要修改或删除的视图，在【名称】文本框中可以对该视图的名称进行重命名，在【编辑视图】对话框中单击【删除】按钮，即可删除该视图。

2.5.4　查看图稿

使用【导航器】面板可以快速缩放窗口的显示比例，也可以移动画面。在菜单栏中选择【窗口】|【导航器】命令，打开【导航器】面板，如图 2.48 所示。面板中的红色框为预览区域，红色框内的区域代表了文档窗口中正在查看的区域。

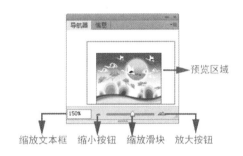

图2.47　【编辑视图】对话框　　　　　　图2.48　【导航器】面板

在【导航器】面板中，我们可以通过以下方法查看对象。

● 通过滑块缩放：拖曳缩放滑块可放大或缩小窗口的显示比例。

● 通过按钮缩放：单击【放大】按钮，可以放大窗口的显示比例；单击【缩小】按钮，可以缩小对象的显示比例。

● 【通过数值缩放】：在【导航器】面板的【缩放】文本框中显示了文档窗口的显示比例，在文本框中输入数值可以改变窗口的显示比例，如图 2.49 所示。

● 【移动画面】：放大窗口的显示比例后，将光标移至预览区域，光标会显示为形状，单击并拖曳鼠标可以移动预览区域，预览区域中的对象将位于文档的中心，移动后的效果如图 2.50 所示。

图2.49　改变窗口显示比例　　　　　　图2.50　移动画面

2.6　图形的显示模式

图形的显示模式主要包括轮廓模式、预览模式和像素预览模式。下面分别对其进行相应的介绍。

2.6.1　轮廓模式与预览模式

在 Illustrator CC 中，对象有两种显示模式，即轮廓模式和预览模式。在默认情况下，对象显示为彩色的预览模式，此时可以查看对象的实际效果，包括颜色、渐变、图案和样式等，如图 2.51 所示。

在处理复杂的图像时，在预览模式下操作会令屏幕的刷新速度变得很慢。可以在菜单栏中选择【视图】|【轮廓】命令或按 Ctrl+Y 组合键，以轮廓模式查看设计图稿。在轮廓模式下，只显示对象的轮廓框，效果如图 2.52 所示。

图2.51　预览模式

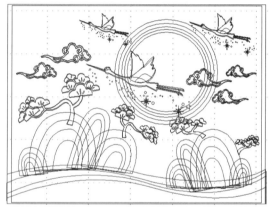

图2.52　【轮廓】模式

> **提　示**
>
> 在菜单栏中选择【视图】|【轮廓】命令时，文档中所用的对象都显示为轮廓模式，而实际操作中往往只需要切换某对象的显示模式。在这种情况下，可以通过【图层】面板来进行切换。

2.6.2　使用【像素预览】显示模式

大多数 Adobe Illustrator 的作品都是矢量格式。为了用位图格式(如 GIF、JPEG 或 PNG 格式)保存矢量图形，必须先将它栅格化。也就是说，把矢量图形转换为像素，还有自动应用消除锯齿。在矢量物件被栅格化时，边缘会产生锯齿，消除锯齿功能可以平滑那些锯齿边缘，但这可能会产生纤细的线条和模糊的文字。为了控制消除锯齿的程度和范围，在将作品保存为适合网络传输的格式之前，先栅格化图像，【像素预览模式】可以使你看到 Illustrator 是如何将矢量图像转换为像素的。

(1) 在 Illustrator 中，选择【文件】|【打开】菜单命令，在弹出的【打开】对话框中选择一个矢量图素材，将其打开，如图 2.53 所示。

(2) 在工具箱中单击【选择工具】 ，选中矢量图形后，选择【视图】|【像素预览】菜单命令，Illustrator 将以像素显示矢量图像。放大图像的某些部分，直到能够清晰地看到线条、文字和被栅格化的其他物件，如图 2.54 所示。

图2.53　打开素材　　　　　　　　　图2.54　像素模式下的图形

像素预览格式显示了对象被栅格化以后的样子。如果需要将矢量作品保存为位图格式的话，如 GIF、JPEG 或 PNG，用户可以在像素预览模式，而实际情况是在矢量的情况下修改作品。

2.7　图形的清除和恢复

本节主要学习图形的处理，其处理的方法有图像的复制、粘贴、清除以及文件的还原与恢复，学会这些方法就会让你在以后的作图中可以随意地删除以及恢复一个图形。

2.7.1　图像的复制、粘贴与清除

下面介绍图像的复制、粘贴与清除。

(1) 选择对象后，在菜单栏中选择【编辑】|【复制】命令，则可以将对象复制到剪贴板中，画板中的对象保持不变。

(2) 在菜单栏中选择【编辑】|【剪切】命令，则可以将对象从画面中剪切到剪贴板中。

(3) 复制或剪切对象后，在菜单栏中选择【编辑】|【粘贴】命令，则可以将对象粘贴到文档窗口中，对象会自动位于文档窗口的中央。

> **提　示**
>
> 在菜单栏中选择【剪切】或【复制】命令后，在 Photoshop 中执行【编辑】|【粘贴】命令，可以将剪贴板中的图稿粘贴到 Photoshop 文件中。

(4) 复制对象后，可以在菜单栏中选择【编辑】|【贴在前面】或【编辑】|【贴在后面】命令，将对象粘贴到指定的位置。

(5) 如果当前没有选择任何对象，则执行【贴在前面】命令时，粘贴的对象将位于被复制对象的上面，并且与该对象重合；如果在执行【贴在前面】命令前选择了一个对象，

则执行该命令时，粘贴的对象与被复制的对象仍处于相同的位置，但它位于被选择对象的上面。

(6) 【贴在后面】菜单命令与【贴在前面】菜单命令的效果相反。执行【贴在后面】命令时，如果没有选择任何对象，粘贴的对象将位于被复制对象的下面；如果在执行该命令前选择了对象，则粘贴的对象位于被选择对象的下面。

(7) 如果需要删除对象，可以选中需要删除的对象，在菜单栏中选择【编辑】|【清除】命令，或者按 Delete 键，即可将选中的对象删除。

2.7.2 还原与恢复文件

在使用 Illustrator CC 绘制图稿的过程中，难免会出现错误，这时可以在菜单栏中选择【编辑】|【还原】命令(或按 Ctrl+Z 组合键)。使用【还原】命令来更正错误，即使执行了【文件】|【存储】菜单命令，也可以进行还原操作，但是如果关闭了文件又重新打开，则无法再还原。当【还原】命令显示为灰色时，表示【还原】命令不可用，也就是操作无法还原。

> **提 示**
>
> 在 Illustrator CC 中的还原操作是不限次数的，只受内存大小的限制。

还原之后，还可以在菜单栏中选择【编辑】|【重做】命令(或按 Shift+Ctrl+Z 组合键)，撤销还原，恢复到还原操作之前的状态。而如果在菜单栏中选择【文件】|【恢复】命令(或按 F12 键)，则可以将文件恢复到上一次存储的版本。需要注意的是这时再在菜单栏中选择【文件】|【恢复】命令，将无法还原。

2.8 辅助工具的使用

在 Illustrator CC 中标尺、参考线和网格等都属于辅助工具，它们不能编辑对象，但却可以帮助用户更好地完成编辑任务。下面将向读者详细地介绍 Illustrator CC 中各种辅助工具的使用方法和技巧。

2.8.1 标尺与零点

标尺可以帮助设计者在画板中精确地放置和度量对象。启用标尺后，当移动光标时，标尺内的标尺会显示光标的精确位置。

(1) 在操作界面中打开一个图像素材，如图 2.55 所示。在默认情况下，标尺是隐藏的，在菜单栏中选择【视图】|【显示标尺】命令或按 Ctrl+R 组合键，标尺会显示在画板的顶部和左侧，如图 2.56 所示。

(2) 在标尺上显示 0 的位置为标尺原点即零点，默认标尺原点位于画板的左下角。如果更改标尺原点，请将指针移到左上角(标尺在此处相交)，然后将指针拖到所需的新标尺原点处。如果要确定新的原点位置，可以将光标放在窗口的左上角，然后按住鼠标左键不放并拖曳鼠标，画面中会显示出一个十字线，如图 2.57 所示。释放鼠标左键，该处便成为原点的新位置，如图 2.58 所示。

图2.55　打开素材文件

图2.56　显示标尺

图2.57　拖曳原点

图2.58　原点新位置

（3）如果需要将原点恢复为默认的位置，可以在标尺左上角位置处双击，即可将标尺原点恢复到默认位置。

（4）如果需要隐藏标尺，可以在菜单栏中选择【视图】|【隐藏标尺】命令或按 Ctrl+R 组合键。

提　示

在标尺上右击，在弹出的快捷菜单中可以选择不同的度量单位。

2.8.2　参考线

在绘制图形或制作卡片时，拖曳出的参考线可以辅助设计师完成精确的绘制。

（1）打开素材文件，如图 2.59 所示。在菜单栏中选择【视图】|【显示标尺】命令，显示出标尺，如图 2.60 所示。

（2）将光标移至顶部的水平标尺上，按住鼠标左键不放并向下拖曳鼠标，可以拖曳出水平参考线，拖曳至合适的位置释放鼠标左键，如图 2.61 所示。使用同样的方法，在左边的垂直标尺上拖曳出垂直参考线，如图 2.62 所示。

图2.59 打开素材文件

图2.60 显示标尺

图2.61 拖曳出水平参考线

图2.62 拖曳出垂直参考线

提 示

如果在拖曳参考线时按住 Shift 键，则可以使拖曳出的参考线与标尺上的刻度对齐。

(3) 创建参考线后，在菜单栏中选择【视图】|【参考线】|【锁定参考线】命令，可以锁定参考线。锁定参考线是为了防止参考线被意外地移动。如果要取消锁定，则可以再次执行该命令。

(4) 如果需要移动参考线，可以先取消参考线的锁定，然后将光标移至需要移动的参考线上，光标会显示为图标形状，按住鼠标左键并拖曳即可移动参考线。

(5) 如果需要删除参考线，可以单击选中需要删除的参考线，按 Delete 键，即可将选中的参考线删除。如果需要删除所有参考线，可以在菜单栏中选择【视图】|【参考线】|【清除参考线】命令。

2.8.3 网格

网格显示在画板的后面，不会被打印出来，但可以帮助对象对齐。

(1) 在操作界面中打开一个图像素材，如图 2.63 所示。在菜单栏中选择【视图】|【显示网格】命令，可以在图稿的后面显示出网格，如图 2.64 所示。

提 示

在使用【度量工具】📏测量任意两点之间的距离时，如果按住 Shift 键，可以将工具限制为水平或垂直或45°的倍数。

图2.63　打开素材

图2.64　显示网格

(2) 如果需要隐藏网格，可以在菜单栏中选择【视图】|【隐藏网格】命令，显示和隐藏网格的快捷键为 Ctrl+"。

(3) 在菜单栏中选择【视图】|【显示透明度网格】命令，可以显示透明度网格，如图 2.65 所示。

> **提　示**
>
> 透明度网格可以帮助设计者查看图稿中包含的透明区域。了解是否存在透明区域以及透明区域的透明程度是非常重要的，因为在打印和存储透明图稿时，必须另外设置一些选项才能保留透明区域。例如，将对象的【不透明度】设置为 60%时，在透明网格上显示的效果如图 2.66 所示。

图2.65　显示透明度网格

图2.66　设置透明度

(4) 如果需要隐藏透明度网格，可以在菜单栏中选择【视图】|【隐藏透明度网格】命令，可以将透明度网格隐藏。

> **提　示**
>
> 显示在网格后，可以在菜单栏中选择【视图】|【对齐网格】命令，则移动对象时，对象就会自动对齐网格了。

2.9 选 择 对 象

在 Illustrator CC 中可以选择对象框架或框架中的内容，如图形与文本。下面将详细介绍选择工具、直接选择工具、编组选择工具、套索工具及魔棒工具的使用方法与技巧。

2.9.1 选择工具

【选择工具】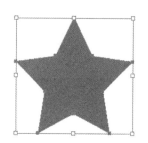是最常用的工具，可以选择、移动或调整整个对象。在默认状态下处于激活状态，按 V 键可以选取该工具，可以执行下列操作之一。

单击对象可以选取单个对象并激活其定界框，选中对象后，对象处于选中状态，出现 8 个白色控制手柄，可以对其作整体变形，如缩放等，如图 2.67 所示。

- 按 Shift 键，单击对象可选取多个对象并激活其定界框。在屏幕上单击拖曳出矩形框可以圈选多个对象并激活其定界框。
- 按 Ctrl 键，依次单击将选取不同前后次序中的对象。
- 按 Alt 键的同时，单击并拖动对象可复制对象，如图 2.68 所示。
- 若多个对象重叠在一起，按 Ctrl+Alt+]组合键，可以选择当前对象的下一个对象，按 Ctrl+Alt+[组合键，可以选择当前对象的上一个对象。

图2.67 缩放对象

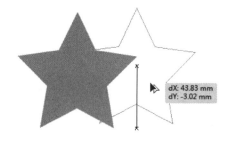

dX: 43.83 mm
dY: -3.02 mm

图2.68 复制对象

2.9.2 直接选择工具

使用【直接选择工具】可以选择对象上的锚点，按 A 键，选择【直接选择工具】，可以执行下列操作。

- 单击对象可以选择锚点或群组中的对象，如图 2.69 所示。
- 选中对象时，将激活该对象中的锚点，按 Shift 键，可以选中多个锚点或对象。选中锚点后，可以改变锚点的位置或类型。
- 选取锚点后，按 Delete 键，可以删除锚点。
- 选取锚点后，拖曳鼠标或按 ↓ 键，可以移动单个或多个锚点。

图 2.69 选择锚点

2.9.3　编组选择工具

【编组选择工具】 可用来选择组内的对象或组对象，包括选取混合对象、图表对象等。要使用【编组选择工具】 选取对象，可以执行下列操作之一。

- 在群组中的某个对象或组对象上单击可以选择该对象或该组对象。
- 按 Shift 键，可以选中群组中的多个对象，如图 2.70 所示。
- 在选中组对象时，在某个对象或组对象上单击可以选择下一层中的对象或组对象。

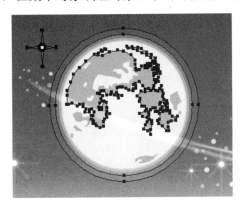

图 2.70　选择群组中的多个对象

2.9.4　套索工具

【套索工具】 可以圈选不规则范围内的多个对象，也可以同时选择多个锚点或路径。选取【套索工具】 ，可以执行下列操作之一。

- 拖曳绘制出不规则形状，将圈选不规则范围内的多个对象，如图 2.71 所示。
- 在群组中的某个对象或组对象上单击可以选择该对象或组对象。
- 在选取对象上圈选，可圈选对象中的锚点或路径，如图 2.72 所示。

图2.71　圈选对象

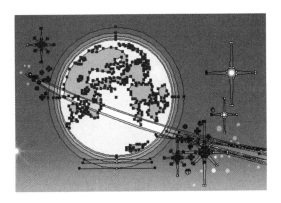

图2.72　圈选效果

2.9.5 魔棒工具

按 Y 键，选择【魔棒工具】，可用它来选择具有相似属性的对象，相似属性如填充、轮廓、不透明度等。双击【魔棒工具】，打开魔棒面板，设置好容差值，若勾选【填充】复选框，则选择相似属性将包含填充属性。按 Y 键，选择【魔棒工具】，在要选择对象上单击将选取图稿中具有相似属性的对象，如图 2.73 所示。

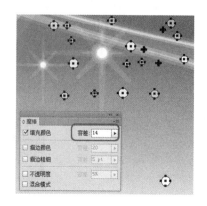

图 2.73 选择对象效果

2.9.6 使用命令选择对象

除了使用选择工具选取对象外，还可以使用菜单命令选取对象。要使用菜单命令选取对象，可以执行下列操作之一。

- 若选取重叠的某一对象，在菜单栏中选择【选择】|【下方的下一个对象】命令或按 Alt+Ctrl+[组合键，将选择下一个对象。
- 若选取重叠的某一对象，在菜单栏中选择【选择】|【上方的下一个对象】命令或按 Alt+Ctrl+]组合键，将选择上一个对象。
- 若在菜单栏中选择【选择】|【全部】命令或按 Ctrl+A 组合键，将选择所有的对象。
- 若在菜单栏中选择【选择】|【相同】命令，则在打开的下级菜单中可以选择【混合模式】、【填充和描边】、【填充颜色】、【描边颜色】等命令，该命令可选取具有相同属性的对象。

2.10 对象编组

可以将多个对象编组，编组对象可以作为一个单元被处理。可以对其移动或变换，这些将影响对象各自的位置或属性。例如，可以将图稿中的某些对象编成一组，以便将其作为一个单元进行移动和缩放。

编组对象被连续地堆叠在图稿的同一图层上，因此，编组可能会改变对象的图层分布及其在网层中的堆叠顺序。若选择位于不同图层中的对象编组，则其所在图层中的最靠前图层，即是这些对象将被编入的图层。编组对象可以嵌套，也就是说编组对象中可以包含组对象。使用【选择工具】、【直接选择工具】可以选择嵌套编组层次结构中的不同级别的对象。编组在【图层】面板中显示为【编组】项目，可以使用【图层】面板在编组中移入或移出项目，如图 2.74 所示。

图 2.74 打开的编组对象

2.10.1　对象编组

要选择多个对象编组，可以选择【对象】|【编组】命令或按 Ctrl+G 组合键，如图 2.75 所示，将选取的对象进行编组。

图 2.75　选择【编组】命令

提 示

若编组时选择的是对象的一部分，如一个锚点，将选取编组的整个对象。

2.10.2　取消对象编组

若要取消编组对象，可以在菜单栏中选择【对象】|【取消编组】命令或按 Shift+Ctrl+G 组合键，如图 2.76 所示。

图 2.76　选择【取消编组】命令

提 示

若不能确定某个对象是否属于编组，可以先选择该对象，查看【对象】|【取消编组】命令是否可用，如果可用，表示该对象已被编组。

2.11　对象对齐和分布

在 Illustrator CC 中，增强了对象分布与对齐功能，新增了分布间距功能，可以使用对齐面板，对选择的多个对象进行对齐或分布，如图 2.77 所示。

2.11.1　对齐对象

要对选取的对象进行对齐操作，可以在对齐面板中执行下列操作之一。

- 要将选取的多个对象右对齐，可以单击 按钮。
- 要将选取的多个对象左对齐，可以单击 按钮。
- 要将选取的多个对象水平居中对齐，可以单击 按钮。
- 要将选取的多个对象顶对齐，可以单击 按钮。
- 要将选取的多个对象底对齐，可以单击 按钮。
- 要将选取的多个对象垂直居中对齐，可以单击 按钮。

图 2.77　对象分布与对齐

提　示

要对齐对象上的锚点，可使用【直接选择工具】 选择相应的锚点；要相对于所选对象之一对齐或分布，请再次单击该对象，此次单击时无须按住 Shift 键。然后单击所需类型的对齐按钮或分布按钮。在【画板】列表中，若选择【对齐到画板】选项，将以画板作为对齐参考点，否则将以剪裁区域作为参考点。

2.11.2　分布对象

要对选取的对象进行分布操作，可以执行下列操作之一。

- 要将选取的多个对象按水平左分布，可以单击 按钮。
- 要将选取的多个对象按水平右分布，可以单击 按钮。
- 要将选取的多个对象垂直居中分布，可以单击 按钮。
- 要将选取的多个对象按垂直顶分布，可以单击 按钮。
- 要将选取的多个对象按垂直底分布，可以单击 按钮。
- 要将选取的多个对象水平居中分布，可以单击 按钮。

提　示

使用分布选项时，若指定了一个负值的间距，则表示对象沿着水平轴向左移动，或者沿着垂直轴向上移动。正值表示对象沿着水平轴向右移动，或者沿着垂直轴向下移动。指定正值表示增加对象间的间距，指定负值表示减少对象间的间距。

2.11.3　分布间距

在 Illustrator CC 中，进行对象分布与对齐时，可以设置分布间距，若选中 按钮，将垂直分布间距；若选 按钮，将水平分布间距。可在对象间创建指定的间距值，若勾选【自动】复选框，将自动分布间距值，否则可手动设置分布间距值，如图 2.78 所示。

图 2.78　对象水平与垂直分布间距

2.12　上机练习——绘制按钮

下面通过绘制按钮实例来进一步了解 Illustrator 的基本操作，绘制完成后的效果如图 2.79 所示。

(1) 启动 Illustrator 软件后，在菜单栏中选择【文件】|【新建】命令，弹出【新建文档】对话框，将【宽度】、【高度】分别设置为 133mm、130mm，如图 2.80 所示。

(2) 单击【确定】按钮，即可新建文档，在工具箱中选择【椭圆工具】 ，将【描边】设置为【无】，按住 Shift 键绘制正圆，绘制完成后的效果如图 2.81 所示。

(3) 确定绘制的正圆处于选择状态，在菜单栏中选择【窗口】|【渐变】命令，弹出【渐变】面板，将【类型】设置为【径向】，双击左侧的渐变滑块，在弹出的面板中单击右上角的 按钮，在弹出的下拉列表中选择 CMYK，如图 2.82 所示。

图 2.79　绘制的按钮效果

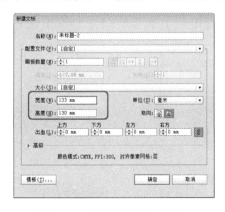

图2.80　【新建文档】对话框

图2.81　绘制正圆

(4) 在该面板中将 CMYK 设置为 0、100、0、0，返回到【渐变】面板中，然后双击右侧的渐变滑块，在弹出的面板中使用同样的方法将 CMYK 设置为 0、20、0、0，返回到【渐变】面板中选择上方的渐变滑块，然后在【位置】右侧的文本框中输入数值 71%，如图 2.83 所示。

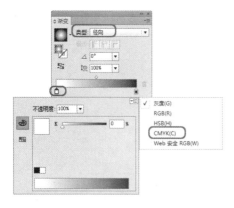

图2.82　选择CMYK命令　　　　　　　　图2.83　【渐变】面板

（5）即可为绘制的圆形填充径向渐变，填充完成后的效果如图 2.84 所示。

（6）在工具箱中选择【钢笔工具】　，在工具箱中将【填色】设置为【白色】，将【描边】设置为【无】，然后在画板中绘制如图 2.85 所示的图形。

图2.84　填充渐变后的效果　　　　　　图2.85　使用【钢笔工具】绘制图形

（7）确定绘制的图形处于选择状态，打开【渐变】面板，将【类型】设置为【线性】，然后将【角度】设置为 57°，如图 2.86 所示。

（8）双击左侧的渐变滑块，在弹出的面板中将 CMYK 设置为 0、25、0、0，返回到【渐变】面板中，将【不透明度】设置为 5%，如图 2.87 所示。

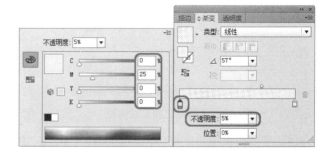

图2.86　设置渐变类型及角度　　　　　图2.87　设置渐变颜色及不透明度

（9）双击右侧的渐变滑块，在弹出的面板中将 CMYK 设置为 0、40、0、0，返回到

【渐变】面板中，将【不透明度】设置为 75%，如图 2.88 所示。

(10) 设置完渐变后图形的效果如图 2.89 所示。

图2.88　【渐变】面板

图2.89　设置完成后的效果

(11) 使用同样的方法绘制如图 2.90 所示的路径。

(12) 打开【渐变】面板，将【类型】设置为【线性】，将【角度】设置为-111°，双击左侧的渐变滑块，在弹出的面板中将 CMYK 设置为 0、25、0、0，将【不透明度】设置为 5%，如图 2.91 所示。

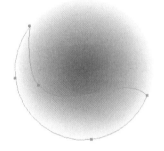

图2.90　绘制的路径

图2.91　【渐变】面板

(13) 双击右侧的渐变滑块，在弹出的面板中将 CMYK 设置为 0、0、0、0，将【不透明度】设置为 100%。选择上方的渐变滑块，在【位置】右侧的文本框中输入数值 45%，如图 2.92 所示。

(14) 填充完渐变后的效果如图 2.93 所示。

图2.92　设置渐变滑块位置

图2.93　设置完成后的效果

(15) 在工具箱中选择【椭圆工具】，将【填色】设置为【白色】，将【描边】设置为【无】，然后在画板中绘制椭圆，如图 2.94 所示。

(16) 在菜单栏中选择【窗口】|【透明度】命令，打开【透明度】面板，在该面板中将【不透明度】设置为 20%，如图 2.95 所示。

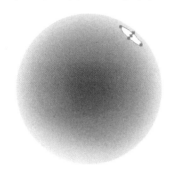

图2.94　绘制椭圆　　　　　　　　　　　　图2.95　设置不透明度

(17) 在工具箱中选择【椭圆工具】，将【描边】设置为【无】，【填色】为任意颜色，在画板中绘制椭圆，确定绘制的椭圆处于选择状态，打开【渐变】面板，将【类型】设置为【径向】，双击左侧的渐变滑块，在弹出的面板中将 CMYK 设置为 0、65、0、0，将其【不透明度】设置为 100%，如图 2.96 所示。

(18) 双击右侧的渐变滑块，在弹出的面板中将 CMYK 设置为 0、25、0、20，将【不透明度】设置为 100%，然后选择上方的渐变滑块，将【位置】设置为 46%，如图 2.97 所示。

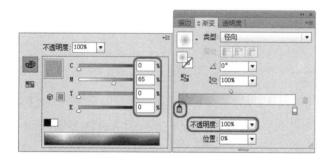

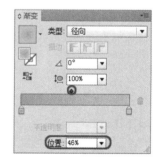

图2.96　设置颜色　　　　　　　　　　　　图2.97　设置渐变滑块位置

(19) 确定绘制的椭圆处于被选择状态，在菜单栏中选择【效果】|【风格化】|【羽化】命令，弹出【羽化】面板，将【半径】设置为 8mm，如图 2.98 所示。

(20) 单击【确定】按钮，即可为椭圆添加【羽化】特效，选择绘制的椭圆，右击，在弹出的快捷菜单中选择【排列】|【置于底层】命令，如图 2.99 所示。

(21) 在工具箱中选择【选择工具】，调整椭圆的位置和大小，调整完成后的效果如图 2.100 所示。

(22) 在工具箱中选择【文字工具】，在画板中输入文本 SUBMIT，选中文本，在菜单栏中选择【窗口】|【字符】命令，将字体系列设置为【华文中宋】，将字体大小设置为 34pt，将字符的字距设置为 93，如图 2.101 所示。

图2.98　【羽化】对话框

图2.99　选择【置于底层】命令

图2.100　调整完成后的效果

图2.101　【字符】面板

(23) 将其【填色】设置为【白色】，在菜单栏中选择【窗口】|【透明度】命令，打开【透明度】面板，将【不透明度】设置为 40%，如图 2.102 所示。

(24) 在工具箱中选择【选择工具】，选择输入的文本，调整文本的位置，调整完成后的效果如图 2.103 所示。

图2.102　设置不透明度

图2.103　设置完成后的效果

(25) 在菜单栏中选择【文件】|【导出】命令，弹出【导出】对话框，将【文件名】设置为【绘制按钮】，将【保存类型】设置为 TIFF，如图 2.104 所示。

(26) 单击【导出】按钮，弹出【TIFF 选项】对话框，保持默认设置，单击【确定】按钮，即可将图片导出。导出完成后将场景进行保存

图 2.104　【导出】对话框

思考与练习

1. Word 文字素材可通过几种方法应用到 Illustrator CC 中？分别对其进行相应的介绍？

2. 图形的显示模式包括几种？分别是什么？

第3章　基本绘图和变形工具

使用 Illustrator 中的基本绘图工具和变形工具能够绘制各式各样的图形，通过这些图形能够构造出梦幻般的设计作品。本章将介绍基本绘图工具、为图形添加描边与填充、画笔、应用色板、变形工具以及即时变形工具的应用等相关内容。

3.1　基本绘图工具

在 Illustrator CC 的工具箱中，为大家提供了两组绘制基本图形的工具，如图 3.1、图 3.2 所示。

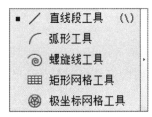

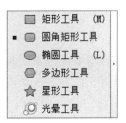

图 3.1　第一组绘图工具　　　　　　图 3.2　第二组绘图工具

第一组中包括【直线段工具】、【弧线工具】、【螺旋线工具】、【矩形网格工具】和【极坐标网格工具】。

第二组中包括【矩形工具】、【圆角矩形工具】、【椭圆工具】、【多边形工具】、【星形工具】和【光晕工具】。

设计师可是使用这些工具来绘制各种规则图形，所绘制的图形可以通过【变形工具】进行旋转、缩放等变形操作。

3.1.1　直线段工具

【直线段工具】的使用非常简单，我们可以用它直接绘制各种方向的直线。

在工具箱中选择【直线段工具】，在画板空白处当指针变为 状态时，单击，确定直线段的起点，拖曳线段至终止位置时释放鼠标，即可绘制一条直线段，如图 3.3 所示。

> **提示**
> 在确认完起点后，如果觉得起点不是很适合，我们可以拖曳鼠标(未松开)的同时，按住空格键，直线便可随鼠标的拖曳移动位置。

拖曳鼠标可绘制直线段，按住 Shift 键可以绘制出 0°、45°或者 90°方向的直线，如图 3.4～图 3.6 所示。

图 3.3　绘制直线段　　　　　　　　　　　图 3.4　绘制 0°直线段

图 3.5　绘制 45°直线段　　　　　　　　　图 3.6　绘制 90°直线段

绘制精确方向和长度的直线，其具体操作步骤如下。

(1) 在工具箱中选择【直线段工具】 。

(2) 在画板空白处单击确认直线段的起点，弹出【直线段工具选项】对话框，如图 3.7 所示。该对话框中的各项说明如下。

- 【长度】选项可用来设定直线的长度，【角度】选项可用来设定直线和水平轴的夹角。

- 【线段填充】：勾选该复选框后，可为绘制的直线段填充颜色(可在工具栏中设置填充颜色)。完成的图形如图 3.8 所示。

图 3.7　【直线段工具选项】对话框

图 3.8　创建的图形

3.1.2　弧线工具

【弧线工具】 用来绘制各种曲率和长短的弧线。

在工具箱中选择【弧线工具】 ，在画板中可以看到指针变为 。在起点处单击并拖曳鼠标，拖曳至适当的长度后释放鼠标，可以看到绘制了一条弧线，如图 3.9 所示。

图 3.9　绘制弧线

拖曳鼠标的同时，执行如下操作，可达到不同的效果。

- 按住 Shift 键，可得到 X 轴、Y 轴长度相等的弧线。

- 按↑或↓键可增加或减少弧线的曲率半径；按 C 键可改变弧线类型，即开放路径和闭合路径间的切换；按 F 键可改变弧线的方向；按 X 键可令弧线在【凹】和【凸】曲线之间切换；按住空格键，可随鼠标移动弧线的位置。

绘制精确方向和长度的弧线，其具体操作步骤如下。

(1) 在工具箱中选择【弧线工具】⌐。

(2) 在画板空白处单击确认弧线的起点，弹出【弧线段工具选项】对话框，如图 3.10 所示。

- 【X 轴长度】、【Y 轴长度】：指形成弧线基于 X 轴、Y 轴的长度，可以通过右侧的图标选择基准点的位置。
- 【类型】：分别为开放和闭合；执行开放，所绘制的弧线为开放式的。相反，如果选择闭合选项，所绘制的弧线为封闭式的。
- 【基线轴】：分别为 X 轴和 Y 轴，单击后面的选项按钮，可设置弧线的轴向。
- 【斜率】：可设置绘制的弧线的弧度大小。
- 【弧线填色】：设置其弧线的填充色。

(3) 在此我们设置【X 轴长度】为 100mm，【Y 轴长度】为 70mm，【类型】为【闭合】，【基线轴】设置为【Y 轴】，【斜率】设置为 60，如图 3.11 所示。

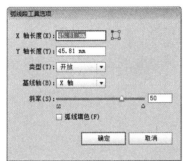

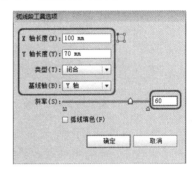

图 3.10　【弧线段工具选项】对话框　　　图 3.11　【弧线段工具选项】对话框

(4) 单击【确定】按钮，画板上就出现了如图 3.12 所示的弧线了。

3.1.3　螺旋线工具

【螺旋线工具】◎用来绘制各种螺旋线。

(1) 在工具箱中选择【螺旋线工具】◎，在画板空白处可以看到指针变为 。在螺旋线起点处单击并拖曳鼠标，如图 3.13 所示。

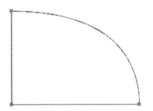

图 3.12　创建的封闭式的弧线

(2) 拖曳出所需的螺旋线后释放鼠标，螺旋线就绘制完成了。

接下来，我们将利用一个实例来讲解螺旋线的精确操作方法及步骤。其具体操作步骤介绍如下。

(1) 置入一张素材图片，在工具栏中选择【螺旋线工具】◎，如图 3.14 所示。

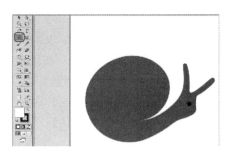

图 3.13　绘制螺旋线　　　　　　　　　　图 3.14　选择【螺旋线工具】

(2) 在画板中单击，在弹出的螺旋线对话框中设置其半径值为 29mm，【衰减】设置为 70%，段数设置为 10，选择如图 3.15 所示的样式。

(3) 单击【确定】按钮，即可绘制一条螺旋线，然后我们使用【移动工具】 将创建的螺旋线移动至合适的位置，完成后的效果 3.16 所示。

图 3.15　【螺旋线】对话框　　　　　　　图 3.16　完成后的效果

【螺旋线】对话框中的相关参数介绍如下。

- 【半径】：表示中心到外侧最后一点的距离。
- 【衰减】：用来控制螺旋线之间相差的比例，百分比越小，螺旋线之间的差距就越小。
- 【段数】：可以调节螺旋内路径片断的数量。
- 【样式】：可选择顺时针或逆时针螺旋线形。

3.1.4　矩形网格工具

【矩形网格工具】 用于制作矩形内部的网格。

(1) 在工具箱中选择【矩形网格工具】 ，在画板空白处可以看到指针变为 ，在画板上单击，确认矩形网格的起点，并拖曳鼠标，如图 3.17 所示。

(2) 释放鼠标后即可看到绘制的矩形网格，如图 3.18 所示。

创建精确矩形网格的具体操作步骤如下。

(1) 在工具箱中选择【矩形网格工具】 ，在画板中单击，打开【矩形网格工具选项】对话框，在【默认大小】选项组下将其【宽度】、【高度】均设置为 180mm，在【水平分隔线】选项组下将【数量】设置为 7，同样将【垂直分隔线】选项组下的【数量】设置为 7，勾选【填色网格】复选框，如图 3.19 所示。

(2) 单击【确定】按钮，即可创建一个矩形网格，如图 3.20 所示。

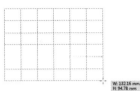

图 3.17　拖曳鼠标

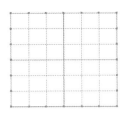

图 3.18　创建矩形网格

图 3.19　【矩形网格工具选项】对话框

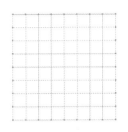

图 3.20　创建的矩形网格

【矩形网格工具选项】对话框中的相关参数介绍如下。

- 【宽度】、【高度】指矩形网格的宽度和高度。
- 【水平分隔线】：用户可以在该选项组中设置水平分隔线的参数。
  - 【数量】：表示矩形网格内横线的数量，即行数。
  - 【倾斜】：指行的位置，数值为 0 时，线与线距离均等；数值大于 0 时，网格向上的行间距逐渐变窄；数值小于 0 时，网格向下的行间距逐渐变窄。
- 【垂直分隔线】：用户可以在该选项组中设置垂直分隔线的参数。
  - 【数量】：指矩形网格内竖线的数量，即列数。
  - 【倾斜】：表示列的位置，数值为 0 时，线与线距离均等；数值大于 0 时，网格向右的列间距逐渐变窄；数值小于 0 时，网格向左的列间距逐渐变窄。

(3) 确认创建的矩形网格处于选择的状态下，在菜单栏中选择【窗口】|【路径查找器】命令，打开【路径查找器】面板，单击【分割】按钮，如图 3.21 所示。

(4) 在图形上右击，在弹出的快捷菜单中选择【取消编组】命令，如图 3.22 所示。

(5) 选择【选择工具】，在每个小矩形上单击，可以看到矩形网格中每个小矩形都成为独立的图形，可以被【选择工具】选中，如图 3.23 所示。

(6) 使用【选择工具】选中第二行的小矩形，在工具箱中将其填充颜色设置为黑色，如图 3.24 所示。

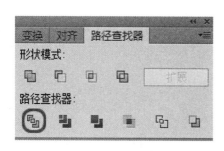

图 3.21 【路径查找器】面板

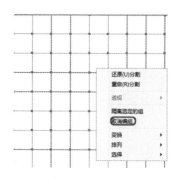

图 3.22 选择【取消编组】命令

(7) 使用同样的方法，隔一个网格填充一个黑色，完成后的最终效果如图 3.25 所示。

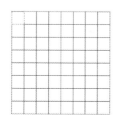

图 3.23 选择单个网格

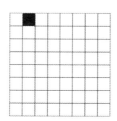

图 3.24 填充颜色

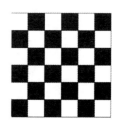

图 3.25 完成后的效果

3.1.5 极坐标网格工具

【极坐标网格工具】 ⊛ 可以用来绘制同心圆和确定参数的放射线段。

(1) 在工具箱中选择【极坐标网格工具】 ⊛，在画板空白处单击，确认极坐标的起点，如图 3.26 所示。

(2) 释放鼠标后就可以看到绘制的极坐标网格，如图 3.27 所示。

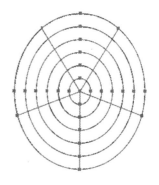

图 3.27 创建的极坐标网格

W: 1.58 mm
H: 3.06 mm

图 3.26 确认极坐标网格起点

绘制精确极坐标网格的具体操作步骤如下。

(1) 在工具箱中选择【极坐标网格工具】 ⊛。

(2) 在画板空白处单击，弹出【极坐标网格工具选项】对话框，如图 3.28 所示。该对话框中的相关参数介绍如下。

- 【宽度】、【高度】指极坐标网格的水平直径和垂直直径。
- 【同心圆分隔线】：用户可以在该选项组中设置同心圆的参数。
  - 【数量】：表示极坐标网格内圆的数量。
  - 【倾斜】：指圆形之间的位置径向距离，数值为 0 时，线与线距离均等；数值大于 0 时，网格向外的间距逐渐变窄；数值小于 0 时，网格向内的间距逐渐变窄。
- 【径向分隔线】：用户可以在该选项组中设置径向射线的参数。
  - 【数量】：指极坐标网格内放线的数量。
  - 【倾斜】：表示放射线的分布，数值为 0 时，线与线距离均等；数值大于 0 时，网格顺时针方向逐渐变窄；数值小于 0 时，网格逆时针方向逐渐变窄。
- 【从椭圆形创建复合路径】：勾选该复选框，颜色模式中的填色和描边会应用到圆形和放射线的位置上，如同执行复合命令，圆和圆重叠的部分会被挖空，多个同心圆环构成一个极坐标网络。
- 【填色网格】：勾选该复选框，填色和描边只应用到网格部分，即颜色只应用到线上。

(3) 将【宽度】设置为 150，将【高度】设置为 150，在【径向分隔线】文本框中输入 3。

(4) 单击【确定】按钮，画板上即可创建一个极坐标网格，如图 3.29 所示。

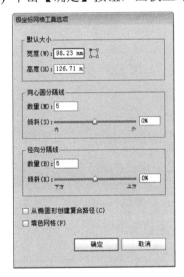

图 3.28　【极坐标网格工具选项】对话框

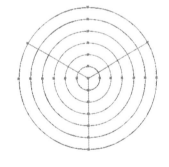

图 3.29　创建的极坐标网格工具

3.1.6　矩形工具

【矩形工具】的作用是绘制矩形或正方形。

(1) 在工具箱中选择【矩形工具】，在画板内按住鼠标左键沿对角线的方向向外拖曳，如图 3.30 所示。

(2) 直至理想的大小为止再释放鼠标，如图 3.31 所示，矩形就绘制完成了。拖曳鼠标的距离、方向不同，所绘制的矩形也各不相同。

图 3.30　拖曳矩形　　　　　　　　　图 3.31　创建的矩形

绘制精确尺寸的矩形，其具体操作步骤如下。

(1) 在工具箱中选择【矩形工具】 ▣。

(2) 在画板中单击，即鼠标的落点是要绘制矩形的左上角端点，弹出【矩形】对话框，将【宽度】和【高度】均设置为 230mm，如图 3.32 所示。

(3) 单击【确定】按钮，可以看到画板中出现了设置好尺寸的矩形，如图 3.33 所示。

图 3.32　【矩形】对话框

图 3.33　创建的矩形

3.1.7　圆角矩形工具

【圆角矩形工具】 ▣ 用来绘制圆角的矩形，与绘制矩形的方法基本相同。

(1) 在工具箱中选择【圆角矩形工具】 ▣，在画板中按住鼠标左键沿对角线的方向向外拖曳，如图 3.34 所示。

(2) 直至理想的大小为止再释放鼠标，圆角矩形就绘制完成了，如图 3.35 所示。依据拖曳鼠标的距离、方向不同，所绘制的圆角矩形也就各不相同。

图 3.34　拖曳圆角矩形　　　　　　　图 3.35　创建的圆角矩形

提　示

拖曳同时按←键或→键，可以设置是否绘制圆角矩形；按住 Shift 键拖曳鼠标，可以绘制圆角正方形；按住 Alt 键拖曳鼠标可以绘制以鼠标落点为中心点向四周延伸的圆角矩形；同时按住 Shift 键和 Alt 键拖曳鼠标，可以绘制以鼠标落点为中心点向四周延伸的圆角正方形。同理，按住 Alt 键单击，以对话框方式制作的圆角矩形，鼠标的落点即为所绘制圆角矩形的中心点。

绘制精确尺寸的圆角矩形，其具体操作步骤如下。

(1) 在工具箱中选择【圆角矩形工具】 ◎。

(2) 在画板中单击，即鼠标的落点是要绘制圆角矩形的左上角端点，弹出【圆角矩形】对话框，如图 3.36 所示。

该对话框中相关参数介绍如下。

- 【宽度】和【高度】：在文本框中输入所需的数值，即可按照定义的大小绘制。

- 【圆角半径】文本框输入的半径数值越大，得到的圆角矩形弧度越大；反之输入的半径数值越小，得到的圆角矩形弧度越小，输入的数值为零时，得到的是矩形。

(3) 将【宽度】设置为 200mm，将【高度】设置为 230mm，在【圆角半径】文本框中输入 10mm，单击【确定】按钮，可以看到画板中出现了设置好尺寸的圆角矩形，如图 3.37 所示。

图 3.36　【圆角矩形】对话框

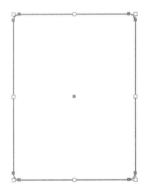

图 3.37　创建的圆角矩形

3.1.8　椭圆工具

【椭圆工具】 ◎ 用来绘制椭圆形和圆形，与绘制矩形和圆角矩形的方法相同。

(1) 在工具箱中选择【椭圆工具】 ◎ ，在画板内按住鼠标左键沿对角线的方向向外拖曳，如图 3.38 所示。

(2) 直至适当的大小为止再释放鼠标，椭圆就绘制完成了，如图 3.39 所示。根据拖曳鼠标的距离、方向不同，所绘制的椭圆也各不相同。

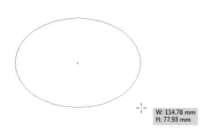

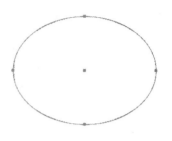

W: 114.78 mm
H: 77.93 mm

图 3.38　拖曳椭圆　　　　　　　　　　　图 3.39　绘制的椭圆

提　示

　　按住 Shift 键拖曳鼠标，可以绘制圆形；按住 Alt 键拖曳鼠标，可以绘制以鼠标落点为中心点向四周延伸的圆形；同时按住 Shift 键和 Alt 键拖曳鼠标，可以绘制以鼠标落点为中心点向四周延伸的椭圆。同理，按住 Alt 键单击，以对话框方式制作的椭圆，鼠标的落点即为所绘制椭圆的中心点。

　　绘制精确尺寸的椭圆，其具体操作步骤如下。

　　(1) 在工具箱中选择【椭圆工具】 。

　　(2) 在画板中单击，即鼠标的落点是要绘制椭圆的左上角端点，弹出【椭圆】对话框，将【宽度】设置为 150mm，将【高度】设置为 200mm，如图 3.40 所示。

　　(3) 单击【确定】按钮，可以看到画板中出现了设置好尺寸的椭圆，如图 3.41 所示。

图 3.40　【椭圆】对话框　　　　　　　　图 3.41　创建的椭圆

3.1.9　多边形工具

　　【多边形工具】 是用来绘制任意边数的多边形。

　　(1) 在工具箱中选择【多边形工具】 ，在画板内单击并按住鼠标左键向外拖曳，如图 3.42 所示。

　　(2) 直至理想的大小为止再释放鼠标，多边形就绘制完成了，如图 3.43 所示。

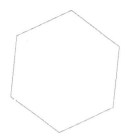

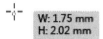

W: 1.75 mm
H: 2.02 mm

図 3.42　拖曳多边形　　　　　　　図 3.43　创建的多边形

绘制精确的多边形，其具体操作步骤如下。

(1) 在工具箱中选择【多边形工具】■。

(2) 在画板中单击，即鼠标的落点是要绘制多边形的中心点，弹出【多边形】对话框，如图 3.44 所示。

● 　【边数】：可以设置绘制多边形的边数。边数越多，生成的多边形越接近于圆形。

● 　【半径】：可以设置绘制多边形的半径。

(3) 在【半径】文本框中输入 120mm，在【边数】文本框中输入 8。

(4) 单击【确定】按钮，画板上就出现如图 3.45 所示的八边形。

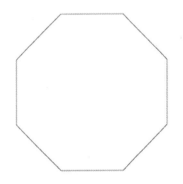

图 3.44　【多边形】对话框　　　　　図 3.45　创建的多边形

3.1.10　星形工具

【星形工具】■用来绘制各种星形，与【多边形工具】■的使用方法相同。

(1) 在工具箱中选择【星形工具】■，在画板中单击并按住鼠标左键向外拖曳，如图 3.46 所示。

(2) 直至适当的大小为止再释放鼠标，星形就绘制完成了，如图 3.47 所示。

绘制精确尺寸的星形，结合前面讲到的椭圆工具创建一个满天繁星的图片。

(1) 打开一张图片，在工具栏中选择【椭圆工具】■，并将其填充颜色设置为黄色，在画板中单击，在弹出的对话框中将【宽度】与【高度】均设置为 55mm，如图 3.48 所示。

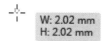

图 3.46　拖曳星形　　　　　　　　　　图 3.47　创建的星形

(2) 单击【确定】按钮，即可创建一个正圆，并将其调整至合适的位置，如图 3.49 所示。

图 3.48　【椭圆】对话框　　　　　　　　图 3.49　创建的正圆

(3) 使用同样的方法，再次创建一个 50mm×50mm 的正圆，并将其调整至合适的位置，完成后的效果如图 3.50 所示。

(4) 按住 Shift 键的同时选择两个正圆，按 Ctrl+Shift+F9 组合键，打开【路径查找器】面板，在【形状模式】选项组下选中【减去顶层】图标，完成后的效果如图 3.51 所示。

图 3.50　创建的圆形　　　　　　　　　图 3.51　选中【减去顶层】图标

(5) 在工具栏中选择【星形工具】，将其描边设置为橘红色，描边大小设置为 2pt，在画板中单击，在弹出的对话框中将【半径 1】设置为 10mm，将【半径 2】设置为 5mm，将【角点数】设置为 5，如图 3.52 所示。

(6) 单击【确定】按钮，即可在画板中创建一个星形，如图 3.53 所示。

图 3.52　【星形】对话框

图 3.53　创建的星形

(7) 使用同样的方法，创建不同大小的星形，完成后的效果如图 3.54 所示。最后我们将创建完成的图形导出为 TIFF 格式的。

【星形】对话框中的相关参数介绍如下。

- 【半径 1】：可以定义所绘制的星形内侧点(凹处)到星形中心的距离。
- 【半径 2】：可以定义所绘制的星形外侧点(顶端)到星形中心的距离。
- 【角点数】：可以定义所绘制星形图形的角点数。

图 3.54　完成后的效果

提 示

【半径1】与【半径2】的数值相等时，所绘制的图形为多边形，且边数为【角点数】的两倍。

3.1.11　光晕工具

使用【光晕工具】可以创建带有光环的阳光灯。

在工具箱中选择【光晕工具】，当指针变为时，在画板中按住鼠标左键向外拖曳，即鼠标的落点为闪光的中心点，拖曳的长度就是放射光的半径，然后释放鼠标，再在画板中第二次单击并进行拖曳，以确定闪光的长度和方向，如图 3.55 所示。

绘制精确的光晕效果，其具体操作步骤如下。

(1) 在工具箱中选择【光晕工具】。

(2) 在画板中单击，即鼠标的落点是要绘制光晕的中心点，弹出【光晕工具选项】对话框，如图 3.56 所示。

【光晕工具选项】对话框中的相关参数介绍如下。

图 3.55　创建的光晕

- 【居中】选项组
  - ◆ 【直径】：指发光中心圆的半径。
  - ◆ 【不透明度】：用来设置中心圆的不透明程度。
  - ◆ 【亮度】：设置中心圆的亮度。
- 【光晕】选项组
  - ◆ 【增大】：表示光晕散发的程度。
  - ◆ 【模糊度】：指余光的模糊程度。
- 【射线】选项组
  - ◆ 【数量】与【最长】：用于设置多个光环中最大的光环的大小。
  - ◆ 【模糊度】：设置光线的模糊程度。
- 【环形】选项组
  - ◆ 【路径】：设置光环的轨迹长度。
  - ◆ 【数量】：设置第二次单击时产生的光环。
  - ◆ 【最大】：设置多个光环中最大的光环的大小。
  - ◆ 【方向】：用来设定光环的方向。

(3) 在该对话框中进行相应的设置，单击【确定】按钮，画板上就出现设置好的发光效果，如图 3.57 所示。

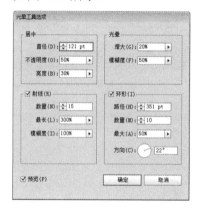

图 3.56　【光晕工具选项】对话框

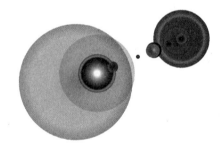

图 3.57　创建的光晕

3.2　为图形添加描边与填充

在 Illustrator CC 中，提供了大量的应用颜色与渐变工具，包括工具箱、色板面板、颜色面板、拾色器和吸管工具等，可以方便地将颜色与渐变应用于绘制的对象与文字内。描边则将颜色应用于轮廓，填充将颜色、渐变等应用于填充对象。

3.2.1　使用【拾色器】对话框选择颜色

使用【拾色器】对话框，可以以数字方式指定颜色，也可以通过设置 RGB、Lab 或 CMYK 颜色模型来定义颜色。在工具箱、颜色面板或色板面板中，双击【填色】□或【描边】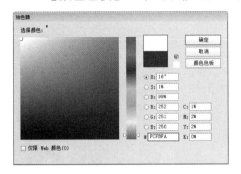，打开【拾色器】对话框，如图 3.58 所示。要定义颜色，请执行下列操作之一。

- 在 RGB 色彩条中，可以单击或拖曳其右方的滑块选择颜色。
- 在 HSB、RGB、CMYK 右侧的文本框中输入相应的颜色的值，即可选择需要的颜色。
- #：根据所选择的颜色分量文本框。
- 【颜色色板】：单击该按钮后，将会打开【颜色色板】界面，如图 3.59 所示。

图 3.58　【拾色器】对话框

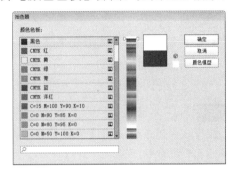

图 3.59　使用【颜色色板】

3.2.2　应用最近使用的颜色

工具箱下方的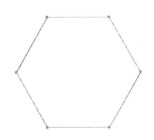显示最近应用过的颜色或渐变色块，这时可以直接单击工具箱，应用该颜色或渐变，要应用最近使用的颜色，可以执行下列操作。

(1) 选择要着色的对象或文本，如图 3.60 所示(该对象并无提供，可自行设计)。

(2) 在工具箱中，根据要着色的文本或对象部分，单击【填色】或【描边】。

(3) 执行下列操作之一便可得到不同的效果，在次我们选择的是单击【颜色】按钮，效果如图 3.61 所示。

- 单击【颜色】按钮，将应用最近在色板或颜色面板中选择的纯色。
- 单击【渐变】按钮，将应用最近在色板或颜色面板中的渐变。
- 单击【无】按钮，将移去对该对象的填色或描边效果。

图 3.60　选择着色的对象

图 3.61　使用最近颜色填充后的效果

提　示

选取文本框架或文本时，在工具箱、颜色面板或色板面板中，若选中【文字工具】，此时将颜色应用于文本；若选中按钮，则格式针对容器，此时将颜色应用于文本框架。

3.2.3 通过拖动应用颜色

应用颜色或渐变的简单方法是将其颜色源拖动到对象或面板中，该操作不必首先选择对象就可将颜色或渐变应用于对象，通过拖动应用颜色为其填充颜色。

可以执行下列操作之一，拖动颜色或渐变到下列对象上应用颜色或渐变。

- 要对路径进行填色、描边或渐变，可将填色、描边或渐变拖动到路径上，再释放鼠标。
- 将填色、描边或渐变拖动到色板面板中，可以将其创建为色板。
- 将色板面板中的一个或多个色板拖动到另一个 Illustrator 文档窗口中，系统将把这些色板添加到该文档的【色板】面板中。

> **提 示**
>
> 应用颜色时最好使用【色板】面板，但也可以使用颜色面板以应用或混合颜色，可以随时将颜色面板中的颜色添加到【色板】面板中。

3.2.4 应用渐变填充对象

渐变是两种或多种颜色混合或同一颜色的两个色调间的逐渐混合。使用的输出设备将影响渐变的分色方式。渐变可以包括纸色、印刷色、专色或使用任何颜色模式的混合油墨颜色。渐变是通过渐变条中的一系列色标定义的，色标为渐变中心的一点，也就是以色标为中心，向相反的方向延伸，而延伸的点就是两个颜色的交叉点，即这个颜色过渡到另一种颜色上。

默认情况下，渐变以两种颜色开始，中点在 50%处。可以将【色板】面板或【库】面板中的渐变应用于对象，也可以使用渐变面板创建命名渐变，并将其应用于当前选取的对象。

> **提 示**
>
> 若所选对象使用的是已命名渐变，则使用渐变面板编辑渐变时将只能更改该对象的颜色。

若要编辑已命名渐变，可在【色板】面板中双击该色板。若要对选取对象应用来命名渐变，可以执行下列操作。

(1) 在色板中单击【填色】按钮□或【描边】按钮▣，也可以选取工具箱中的【填色】按钮□或【描边】按钮▣。在色板面板中选取一种色彩，将其应用于对象，应用过程中还可以设置对象的色调。

(2) 在渐变面板中，在渐变色条下方单击可增加渐变滑块，在渐变色条上方单击可增加渐变滑块。

选取渐变滑块，可以执行下列操作之一。

- 在【色板】面板中拖动一个色板将其置于渐变滑块上。
- 按 Alt 键，拖动渐变滑块可以对其进行复制。
- 选中渐变滑块后，在颜色面板中设置一种颜色。

(3) 若选取渐变色条上方的渐变滑块，可以设置渐变颜色的转换点位置。

(4) 在【类型】列表中，若选择【线性】选项，将创建线性渐变色；若选择【径向】选项，将创建径向渐变。

(5) 在【角度】文本框中可以设置要调整的渐变角度；若单击 按钮，将反转渐变的方向。

3.2.5　使用渐变工具调整渐变

对选择的对象应用渐变填充后，可以使用【渐变工具】 在填充完渐变的对象上单击，然后对其进行调整，如图 3.62 所示。为填充区重新上色，可以更改渐变的方向、渐变的起始点和结束点，还可以跨多个对象应用渐变。使用渐变羽化工具可以沿拖动的方向柔化渐变，如图 3.63 所示。

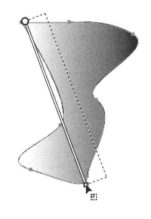

图 3.62　绘制渐变线

图 3.63　添加渐变颜色

要使用渐变工具调整渐变，可以执行下列操作。

(1) 在工具箱中选择【填色】 或【描边】 。

(2) 选取【渐变工具】 ，将其移动到要定义渐变起始点的位置处单击，沿要应用渐变的方向拖过鼠标。若按住 Shift 键，可将渐变效果约束为 45°的倍数的方向。

在要定义渐变端点的位置处释放鼠标。

> **提 示**
>
> 若要跨过多个对象应用渐变，可以先选取多个对象，再应用渐变。

3.2.6　使用网格工具产生渐变

使用【网格工具】 可以产生对象的网格填充效果。网格工具可以方便地处理复杂形状图形中的细微颜色变化，适于控制水果、花瓣、叶等复杂形状的色彩的过渡，从而制作出逼真的效果。

要产生对象网格，可以执行下列操作之一。

● 选择要创建网格的对象，选择【对象】|【创建渐变网格】菜单命令，打开如

图 3.64 所示的【创建渐变网格】对话框，设置网格的行数和列数；在【外观】下拉列表中，可以选择高光的方向为无高光，在中心创建高光或在对象边缘创建高光 3 种方式；在【高光】数值框中，输入白色高光的百分比。

- 选择【网格工具】 在对象需要创建或增加网格点处单击，将增加网格点与通过该点的网格线。继续单击可增加其他网格点，按 Shift 键并单击可添加网格点而不改变当前的填充颜色。
- 用【直接选择工具】 选取一个或多个网格点后，拖曳鼠标或按下↑、↓、←或→键，可以移动单个、多个或全部网格节点。
- 用【直接选择工具】 选取一个或多个网格点后，按 Delete 键可删除网格点和网格线。
- 用【直接选择工具】 选取网格节点后，可通过方向线调整网格线的曲率。
- 要编辑网格渐变颜色，可以执行下列操作之一。
- 用【直接选择工具】 选取一个或多个网格点后，可在颜色面板中选取一种颜色作为网格点的颜色，也可以在色板面板中选取，如图 3.65 所示。
- 可以在颜色面板或色板面板中选取一种色彩，将其拖曳到网格内将改变该网格的颜色。若将其拖曳到网格节点上，将改变节点周围的网格颜色。

图 3.64　【创建渐变网格】对话框

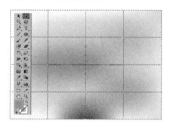

图 3.65　利用网格工具产生的渐变

3.3　画　　笔

【画笔工具】 用于绘制徒手画、书法线条路径图稿与路径图稿中，它不仅可以使路径外观具有不同的风格，还可以模拟多种多样的绘图效果。

3.3.1　画笔种类

在 Illustrator CC 中，有 4 种画笔，即书法画笔、散布画笔、图案画笔和艺术画笔。书法画笔将创建描边类似于使用钢笔带拐角的尖绘制的描边或沿路径中心绘制的描边；散布画笔可以将一个对象，如一片树叶的许多副本颜色其路径分布各处，艺术画笔可以沿路径长度均匀地拉伸画笔的形状或对象形状；图案画笔可以绘制一种图案，该图案由沿路径排列的各个拼贴组成(图案画笔最多可以包括 5 种拼贴，即图案的边线、内角、外角、起点和终点)。

3.3.2 画笔面板与使用画笔

打开【画笔】面板，我们可以方便地对画笔进行多种操作，包括显示当前编辑文档的画笔、新建、应用和删除画笔等，利用画笔面板还可以选取画笔库中的画笔，如图 3.66 所示。按快捷键 F5，可以显示或隐藏【画笔】面板。创建并存储在画笔面板中的画笔将与当前文档相关联，每个 Illustrator 文档可以包含一组不同的画笔。

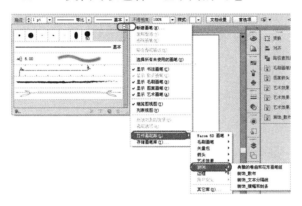

图 3.66 画笔菜单

在【画笔】面板中，可以执行下列操作之一。

- 若单击【画笔库菜单】按钮 ，在打开的快捷菜单中选取命令，可以选择画笔库中的画笔，从画笔库中选择的画笔，都将自动添加到【画笔】面板中。
- 若单击【新建画笔】按钮 ，打开【新建画笔】对话框，如图 3.67 所示。选取要创建的画笔类型：如新建书法画笔，单击【确定】按钮，打开【书法画笔选项】对话框，如图 3.68 所示，可以按照设置新建画笔。
- 选取画笔后，若单击【删除画笔】按钮 ，可以删除画笔。
- 若单击【移去画笔描边】按钮 ，将移去当前路径中的画笔描边。
- 若选取用画笔描边的路径，单击【删除画笔】按钮 ，打开对应的画笔选项对话框，可重新编辑画笔选项。
- 单击【画笔】面板右上方的 按钮，在打开的快捷菜单中选择【存储画笔库】命令，可将当前文档中的画笔存储到画笔库中，方便以后随时调用。

图 3.67 【新建画笔】对话框

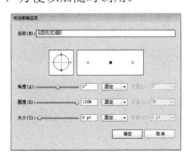

图 3.68 【书法画笔选项】对话框

3.3.3 书法画笔

书法画笔是一种可变化粗细和角度的画笔，它可以模拟书法效果，如图 3.69 所示。选取一种书法画笔作为描边路径后，单击【所选对象的选项】按钮，打开如图 3.70 所示的【描边选项(书法画笔)】对话框，若勾选【预览】复选框，可以预览到设置选项后的效果。

- 【角度】：在该对话框中设置旋转的角度，在右侧列表中可以选取控制画笔角度的变化方式，如固定、随机等，在右方的变量框中设置可变化的值。
- 【圆度】：在该对话框中设置画笔的圆度，在右侧列表中可以选取控制画笔圆度的变化方式，如固定、随机等，在右方的变量框中设置可变化的值。
- 【大小】：在该对话框中设置画笔的直径，在右侧列表中可以选取控制画笔直径的变化方式，如固定、随机等，在右方的变量框中设置可变化的值。

图 3.69　使用书法画笔

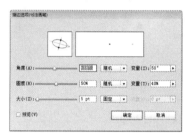

图 3.70　【描边选项(书法画笔)】对话框

3.3.4 散点画笔

散点画笔是一种将矢量图形沿路径分布效果的画笔，如图 3.71 所示。选取一种散点画笔的描边路径后，单击【所选对象的选项】按钮，打开如图 3.72 所示的【描边选项(散点画笔)】对话框，若勾选【预览】复选框，可以预览到设置选项后的效果。

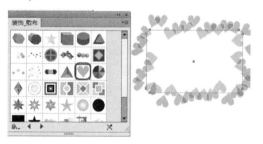

图 3.71　使用散点画笔

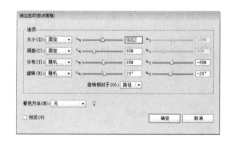

图 3.72　【描边选项(散点画笔)】对话框

- 【大小】：在该对话框中设置画笔绘出的矢量图形的最大与最小值，在右侧列表中可以选取矢量图形大小的变化方式，如固定、随机等。
- 【间距】：在该对话框中设置矢量图形的间距，在右侧列表中可以选取控制矢量图形的间距的变化方式，如固定、随机等。
- 【分布】：该对话框中设置矢量图形的分布值，在右侧列表中可以选取控制矢量图形分布的方式，如固定、随机等。

● 【旋转】：该对话框中设置画笔绘出的矢量图形旋转的最大值与最小值，在右侧列表中可以选取控制画笔形状的变化方式，如固定、随机等。

3.3.5 图案画笔

图案画笔是一种将图案沿路径重复拼贴的画笔，如图 3.73 所示。选取一种图案画笔作为描边路径后，单击【所选对象的选项】按钮 ▣，打开如图 3.74 所示的【描边选项(图案画笔)】对话框，若勾选【预览】复选框，可以预览到设置选项后的效果。

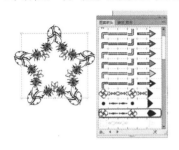

图 3.73 使用图案填充画笔

图 3.74 【描边选项(图案画笔)】对话框

● 在【大小】选项区域的【缩放】框中设置图案的缩放百分比值；在【间距】数值框中输入图案间距。

● 在【翻转】选项区域中，若勾选【横向翻转】复选框，图案将水平翻转；若勾选【纵向翻转】复选框，图案将垂直翻转。

● 在【适合】选项区域中，若选中【伸展以适合】单选按钮，将延长或缩短图案，若选中【添加间距以适合】单选按钮，将在图案间添加空白，若选中【近似路径】单选按钮，将把图案向路径内侧或外侧移动，以保持均匀地拼贴。

● 在【着色方法】下拉列表框中，可以选取着色方式为无、淡色、淡色和暗色或色相转换。

3.3.6 艺术画笔

艺术画笔是一种可以模拟水彩、画笔等艺术效果的画笔，使用艺术画笔可绘制头发、眉毛等，如图 3.75 所示。选取一种图案画笔作为描边路径后，单击【所选对象的选项】按钮 ▣，打开如图 3.76 所示的【描边选项(艺术面笔)】对话框，若勾选【预览】复选框，可以预览到设置选项后的效果。

图 3.75 使用艺术画笔

图 3.76 【描边选项(艺术面笔)】对话框

- 在【大小】选项组中可以设置描边宽度的百分比值，如果勾选【等比】复选框，在缩放图稿时将保留比例。
- 在【翻转】选项组中，若勾选【横向翻转】复选框，图案将水平翻转，若勾选【纵向翻转】复选框，图案将垂直翻转。
- 在【着色方法】列表中，可以选取着色方式为无、淡色、淡色和暗色或色相转换。

3.3.7　修改笔刷

双击【画笔】面板中需要修改的【画笔】笔刷，即可打开相应的画笔选项对话框，在此我们修改的是其默认画笔炭笔——羽毛，如图 3.77 所示。在该对话框中我们可以改变笔刷的【宽度】、【画笔缩放选项】、【方向】、【着色】和【选项】等，设置完成后单击【确定】按钮即可。

如果在页面中有使用此笔刷的路径，会弹出一个提示对话框，如图 3.78 所示。若单击【应用于描边】按钮，可以将修改后的笔刷应用于路径中；若单击【保留描边】按钮，所修改的笔刷对其路径描边没有任何改变。

图 3.77　【艺术画笔选项】对话框

图 3.78　提示对话框

3.3.8　删除笔刷

我们可以将用不到的【笔刷】进行删除，其具体操作步骤如下。

(1) 单击【画笔】面板右侧的 按钮，在弹出的下拉菜单中选择【选择所有未使用的画笔】命令，如图 3.79 所示。

(2) 执行该命令后，为选用的画笔将会被选择，单击【画笔】面板右下角的【删除画笔】按钮 ，如图 3.80 所示。弹出提示对话框，如图 3.81 所示，在该对话框中单击【是】按钮，就可将未使用的画笔删除。

> **提示**
>
> 按住 Shift 键，可以在【画笔】面板中连续选择几个画笔；也可以在按住 Ctrl 键的同时单击画笔，将其逐一选中，选中后，然后单击【画笔】面板右下角的【删除画笔】按钮 ，即可将选中的画笔进行删除。

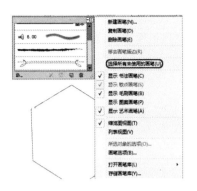

图 3.79　选择【选择所有未使用的画笔】命令

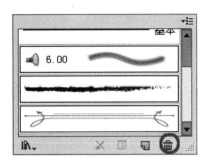

图 3.80　【画笔】面板

(3) 如果将正在使用的【笔刷】删除，删除时，会弹出一个警告对话框。

选择【扩展描边】选项，会将用到此画笔的路径转变为画笔的原始图形路径状态，如图 3.82 所示。

选择【删除描边】选项，将以边框显得图案将以边框线的颜色代替路径中此画笔的绘制效果，如图 3.83 所示。选择【取消】选项，则该操作不成立。

图 3.81　提示对话框

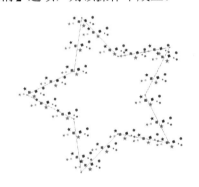

图 3.82　画笔的原始图形路径状态

图 3.83　以边框线的颜色代替路径

3.3.9　移去画笔

使用画笔工具时，在默认状态下，软件会自动将画笔面板中的画笔效果添加到绘制的路径上，若不需要使用【画笔】面板中的任何效果，可以在画板中选择对象，单击【画笔】面板右上角的■按钮，在弹出的下拉列表中选择【移去画笔描边】命令，可将路径上的画笔效果移除，相当于间接性的删除。

3.4 应 用 色 板

色板可以将颜色、渐变或调色板快速应用于文字或图形对象。色板类似于样式，对色板所做的任何更改都将影响应用该色板的所有对象。使用色板无须定位或调节每个单独的

对象，从而使得修改颜色方案变得更加容易。创建的色板只与当前文档相关联，每个文档可以在其色板面板中存储一组不同的色板。并且，使用色板可以清晰地识别专色。

3.4.1 创建或编辑色板

【色板】包括专色或印刷色、混合油墨、RGB 或 LAB 颜色、渐变或色调。

- 【颜色】色板：用以标识专色、印刷色等颜色类型，LAB、RGB、CMYK 颜色模式与对应的颜色值。
- 【渐变】色板：面板中的图标，用以指示径向渐变或线性渐变，可根据自己的需求设置渐变的颜色与数值以及渐变类型。

在 Illustrator 中置入包含专色的图形时，这些颜色将会作为色板自动添加到【色板】面板中。可以将这些色板应用到文档对象中，但不能重新定义或删除这些色板。

要创建新的【颜色】色板，可以执行下列操作之一。

操作一：

(1) 单击【色板】面板右上方的 按钮，在弹出的下拉菜单中选择【新建色板】命令。即可打开【新建色板】对话框，如图 3.84 所示。

(2) 在【颜色类型】下拉列表框中，选择【印刷色】选项，将产生印刷色，如果选择专色，则产生的便是专色。

(3) 如果勾选【全局色】复选框，则所应用色板的对象的颜色与色板本身将产生链接关系，若色板颜色发生变化，所应用对象的颜色也会随之改变。

(4) 在【颜色模式】列表中选择要用于定义颜色的模式，如 RGB、HSB、CMYK 等。请勿在定义颜色后更改模式。

(5) 拖动颜色滑块或在该颜色条后面的文本框中输入相对应的颜色的 CMYK 值。

(6) 在【色板名称】中，将以颜色值命名色板名称，否则可输入自定义的字符作为色板名称。

(7) 单击【确定】按钮，即可新建色板。

提示

要将当前渐变添加到色板面板中，单击色板面板右上方的 按钮，在弹出的下拉菜单中选择【新建色板】命令，随后打开【新建色板】对话框，单击【确定】按钮。

操作二：在打开的【色板】面板中单击【新建色板】按钮 ，如图 3.85 所示。

图 3.84 【新建色板】对话框

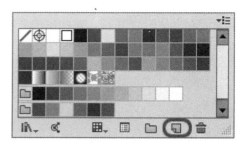

图 3.85 【色板】面板

3.4.2　存储色板

要将【颜色】色板与其他文件共享，可以将色板存储到 Adobe 色板交换文件.ase 中，在 Illustrator、InDesign、Photoshop 与 Go Live 中便可以导入存储的色板。

要存储色板以用于其他文档，可单击【色板】面板右上方的 按钮，在弹出的下拉菜单中选择【将色板库存储为 ASE】或【将色板库存储为 AI】命令，如图 3.86 所示。在打开的【另存为】对话框中设置正确的存储路径与名称，单击【保存】按钮，如图 3.87 所示。

图 3.86　选择【将色板库存储为 ASE】
或【将色板库存储为 AI】命令

图 3.87　【另存为】对话框

3.5　变　形　工　具

在 Illustrator 中，变形工具包括【旋转工具】 、【镜像工具】 、【比例缩放工具】 、【倾斜工具】 、【整形工具】 和【自由变换工具】 ，变形工具在图形软件中的使用率非常高，它不仅可以大大地提高工作效率，还可以实现一些看似简单却又极为复杂的图像效果。

3.5.1　旋转工具

使用【旋转工具】 可以对对象进行旋转操作，在操作时，如果按住 Shift 键，对象以 45°增量角旋转。

1．改变旋转基准点的位置

(1) 用【选择工具】 选中对象，在工具箱中单击【旋转工具】 ，在图像中单击，创建新的基准点，如图 3.88 所示。

(2) 在图形上拖曳鼠标，如图 3.89 所示，即沿基准点旋转图形，如图 3.90 所示。

　　在拖曳鼠标的同时，按住 Alt 键，可在保留原图形的同时，旋转复制一个新的图形，如图 3.91 所示。

图 3.88　显示参考点

图 3.89　拖曳鼠标

图 3.90　旋转后的效果

图 3.91　旋转并复制

2. 精确控制旋转的角度

　　(1) 使用【选择工具】选中图形，如图 3.92 所示，双击工具箱中的【旋转工具】，弹出【旋转】对话框，如图 3.93 所示。

　　也可以按住 Alt 键，在页面中单击，即鼠标的落点是选择的对象的新基准点，同样可以弹出【旋转】对话框。

图 3.92　选择对象

图 3.93　【旋转】对话框

　　(2) 在该对话框中将其【角度】设置为 60°，勾选【预览】复选框可以预览旋转后的图形，如图 3.94 所示。

(3) 单击【确定】按钮，图形就可以按照所设置的数值旋转；单击【复制】按钮，保留原来的图形并按照设定的角度旋转复制一个，如图 3.95 所示。

图 3.94　【旋转】对话框

图 3.95　复制后的效果

下面将介绍如何旋转图形，其具体操作步骤如下。

(1) 新建空白文档，在工具箱中选择【椭圆工具】 ，按 Ctrl+F9 组合键打开【渐变】面板，如图 3.96 所示。

(2) 在该面板中单击渐变缩略图右侧的下三角按钮，在弹出的下拉菜单中选择【橙色，黄色】选项，如图 3.97 所示。

图 3.96　【渐变】面板

图 3.97　选择【橙色，黄色】选项

(3) 执行该操作后，设置其角度值为 90°，如图 3.98 所示。

(4) 将其对话框关闭即可，在选项面板中将【描边】设置为【无】，在画板中单击，在弹出的对话框中将【宽度】设置为 30mm，将【高度】设置为 80mm，如图 3.99 所示。

图 3.98　设置其角度值

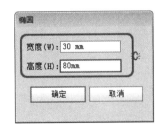

图 3.99　【椭圆】对话框

(5) 单击【确定】按钮，即可创建一个渐变填充的椭圆，如图 3.100 所示。

(6) 在工具箱中选择【直接选择工具】 ，选择椭圆的下角，在【锚点】选项栏中将其转换为【将所有锚点转换为尖角】 ，如图 3.101 所示。

图 3.100　创建的椭圆

图 3.101　转换为尖角

（7）在工具箱中选择【旋转工具】 ，按住 Alt 键的同时在椭圆的下角单击，弹出【旋转】对话框，在该对话框中将【角度】设置为30°，如图 3.102 所示。

（8）单击【复制】按钮，即可将该对话框关闭，并得到如图 3.103 所示的效果。

图 3.102　【旋转】对话框

图 3.103　复制后的效果

（9）多次执行该操作，直到达到如图 3.104 所示的效果。

（10）使用同样的方法，制作其他小花朵，可根据自己的需求设置单个花瓣的大小，然后将其排列，完成后的效果如图 3.105 所示。

图 3.104　完成的效果

图 3.105　完成后的效果

3.5.2　镜像工具

使用【镜像工具】 可以按照镜向轴旋转物体，首先用【选择工具】 选择对象，在工具箱中选择【镜像工具】 ，即可在对象的中心点出现一个基准点，再在图形上拖曳鼠标就可以沿镜向轴旋转图形。

1．改变镜像基准点的位置

(1) 使用【选择工具】选中图形，在工具箱中选择【镜像工具】，此时基准点位于图形的中心，如图 3.106 所示。

(2) 在页面中单击，鼠标落点即为新的基准点，如图 3.107 所示。

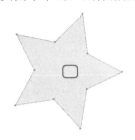

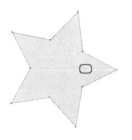

图 3.106　显示基准点　　　　　　　　图 3.107　新建基准点

(3) 再在图形上单击并拖曳鼠标，图形就可以根据新的镜向轴旋转物体了，如图 3.108 所示。

2．精确控制镜像的角度

(1) 使用【选择工具】选中图形，在工具栏中选择【镜像工具】，按住 Alt 键在图形的右侧单击，即鼠标的落点是镜像旋转对称轴的轴心。此时便可弹出【镜像】对话框，如图 3.109 所示。

图 3.108　旋转物体　　　　　　　　图 3.109　【镜像】对话框

> **提 示**
>
> 双击工具箱中的【镜像工具】，也可以弹出【镜像】对话框。

(2) 在【镜像】对话框的【轴】选项组中包括【水平】、【垂直】和【角度】3 个选项。可自行设置其旋转的轴向和旋转的角度。

(3) 单击【确定】按钮，图形按照确定好的轴心垂直镜像旋转，如图 3.110 所示；单击【复制】按钮，图形按照确定好的轴心进行镜像复制，如图 3.111 所示。

图 3.110　旋转后的对象　　　　　　　　　图 3.111　旋转并复制

3.5.3　比例缩放工具

使用【比例缩放工具】可以对图形进行任意的缩放，与【旋转工具】的用法基本相同。

1. 改变缩放基准点的位置

(1) 用【选择工具】选择对象，在工具箱中单击【比例缩放工具】，可看到图形的中心位置出现缩放的基准点，如图 3.112 所示。

(2) 在图形上拖曳鼠标，如图 3.113 所示，释放鼠标后，就可以沿中心位置的基准点缩放图形，如图 3.114 所示。

图 3.112　显示基准点　　　　图 3.113　拖曳鼠标　　　　图 3.114　缩放后的效果

提示

拖曳鼠标的同时，按住 Shift 键，图形可以成比例缩放；按住 Alt 键，可在保留原图形的同时，缩放复制一个新的图形。

2. 精确控制缩放的程度

(1) 用【选择工具】选择对象，如图 3.115 所示。

(2) 双击工具箱中的【比例缩放工具】，弹出【比例缩放】对话框，在【比例缩放】选项组中选中【等比】单选按钮，图形会成比例缩放，如图 3.116 所示。

图 3.115　选择对象　　　　　　　　　图 3.116　【比例缩放】对话框

- 勾选【比例缩放描边和效果】复选框，边线也同时缩放。
- 选中【不等比】单选按钮时，在【水平】和【垂直】的数值框中分别输入适当的缩放比例。

(3) 单击【确定】按钮，图形可按照输入的数值缩放，单击【复制】按钮，保留原来的图形并按照设定比例缩放复制。

3.5.4　倾斜工具

使用【倾斜工具】可以使选择的对象倾斜一定的角度。

(1) 使用【选择工具】选择要倾斜的对象，在工具箱中选择【倾斜工具】，可看到图形的中心位置出现倾斜的基准点，如图 3.117 所示。

(2) 再在图形上拖曳鼠标，就可以沿基准点倾斜对象，倾斜后的效果如图 3.118 所示。

图 3.117　显示基准点　　　　　　　　　图 3.118　倾斜后的效果

改变图形倾斜基准点的方法与【旋转工具】和【镜像工具】相同，在图形被选中的状态下选择倾斜工具，在页面中单击，落点即为新的基准点。

> **提　示**
>
> 拖曳鼠标的同时，按住 Alt 键，可在保留原图形的同时，复制出新的倾斜图形。基准点不同，倾斜的效果也不同。

下面介绍如何精确地定义倾斜的角度。

(1) 使用【选择工具】选择需要倾斜的对象，如图 3.119 所示。

(2) 双击工具箱中的【倾斜工具】 ，弹出【倾斜】对话框，如图 3.120 所示。也可以按住 Alt 键，在页面中单击，即鼠标的落点是倾斜的基准点，同样可以弹出【倾斜】对话框。

图 3.119　选择对象

图 3.120　【倾斜】对话框

(3)【轴】选项组中包括【水平】、【垂直】和【角度】单选按钮。在【倾斜】对话框中设置【倾斜角度】为 30°，选中【垂直】单选按钮，如图 3.121 所示。

(4) 单击【确定】按钮，可以看到图形沿垂直倾斜轴倾斜 30°，如图 3.122 所示。

图 3.121　【倾斜】对话框

图 3.122　垂直倾斜后的效果

(5) 在【倾斜】对话框中设置【倾斜角度】为 30°，选中【水平】单选按钮，如图 3.123 所示，单击【确定】按钮，可以看到图形沿水平倾斜轴倾斜 30°，如图 3.124 所示。

图 3.123　【倾斜】对话框

图 3.124　水平倾斜后的效果

(6) 在【倾斜】对话框中设置【倾斜角度】为 30°、【角度】为 30°，如图 3.125 所示，单击【复制】按钮，可以看到图形沿倾斜轴倾斜 30°，如图 3.126 所示。

图 3.125 【倾斜】对话框　　　　　　　　　图 3.126 复制倾斜后的效果

3.5.5 整形工具和自由变换工具

使用【整形工具】可以改变路径上锚点的位置，但不会影响整个路径的形状。

(1) 用【选择工具】选择对象，如图 3.127 所示。

(2) 单击工具箱中的【整形工具】，用【整形工具】在要改变位置的锚点上拖曳鼠标，将其拖曳至合适的位置，如图 3.128 所示。释放鼠标后，即可得到相应的效果，如图 3.129 所示。

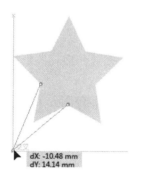

图 3.127 选择对象　　　　　图 3.128 拖曳锚点　　　　　图 3.129 完成后的效果

> **提 示**
>
> 用变形工具在路径上单击，会出现新的曲线锚点，可以进一步调节变形。

【自由变换工具】也有类似改变路径上的锚点位置的作用。

(1) 用【选择工具】选择对象，如图 3.130 所示。

(2) 在工具箱中选择【自由变换工具】，将指针放在右下角的定界框上，首先按住鼠标左键将边框向内拖曳，按住 Shift+Alt+Ctrl 组合键向内侧拖曳鼠标，如图 3.131 所示，至合适的形状后，释放鼠标，完成后的效果如图 3.132 所示。

> **提 示**
>
> 拖曳鼠标的同时，按住 Alt+Ctrl 组合键可以倾斜图形，如图 3.133 所示。按住 Shift+Alt+Ctrl 组合键可以使图形产生透视效果；按住 Ctrl 键，只对图形的一个角进行变形。

图 3.130　选择对象

图 3.131　拖曳边框

图 3.132　完成后的效果

图 3.133　倾斜图形

【自由变换工具】也可以移动、缩放和旋转图形。

3.6　即时变形工具的应用

Illustrator CC 中的即时变形工具，如图 3.134 所示，分别为【宽度工具】、【变形工具】、【旋转扭曲工具】、【收缩工具】、【膨胀工具】、【扇贝工具】、【晶格化工具】和【皱褶工具】。

图 3.134　变形工具面板

3.6.1　宽度工具

使用【宽度工具】可以对加宽绘制的路径描边，并调整为各种多变的形状效果，此工具创建并保存自定义宽度配置文件，可将该文件重新应用于任何笔触。使绘图更加方便、快捷。

(1) 在工具箱中选择【宽度工具】，在画板中选择描边路径，单击并拖曳，如图 3.135 所示。

(2) 至合适的位置后释放鼠标，完成后的效果如图 3.136 所示。

图 3.135　拖曳路径

图 3.136　完成后的效果

3.6.2　变形工具

使用【变形工具】可以随光标的移动塑造对象形状，能够使对象的形状按照鼠标拖曳的方向产生自然的变形。

在工具箱中选择【变形工具】，当指针变为　时，在图形上单击并拖曳鼠标，如图 3.137 所示，可以看到图形沿鼠标拖曳的方向发生变形，如图 3.138 所示。

图 3.137　拖曳鼠标

图 3.138　释放鼠标后的效果

下面介绍变形工具属性的设置。

(1) 双击工具箱中的【变形工具】，弹出【变形工具选项】对话框，如图 3.139 所示。

(2) 该对话框中各参数的介绍如下。

- 【宽度】、【高度】：表示变形工具画笔水平、垂直方向的直径。

- 【角度】：指变形工具画笔的角度。

- 【强度】：指变形工具画笔按压的力度。

- 【细节】：表示即时变形工具应用的精确程度，数值越高则表现得越细致。设置范围是 1～15。

- 【简化】：设置即时变形工具应用得简单程度，设置范围是 0.2～100。

图 3.139　【变形工具选项】对话框

- 【显示画笔大小】：显示变形工具画笔的尺寸。

(3) 单击【确定】按钮，变形工具属性设置完毕；单击【取消】按钮，取消设置，单击【重置】按钮，属性设置恢复为默认状态。

- 【变形工具】的选项设置完成后，我们可以发现变形工具发生了变化，然后再对图形进行拖曳，其效果也会不一样。

3.6.3 旋转扭曲工具

使用【旋转扭曲工具】可以在对象中创建旋转扭曲。使对象的形状卷曲形成旋涡状。

在工具箱中选择【旋转扭曲工具】，在图形需要变形的部分单击，在单击的画笔范围内就会产生旋涡，如图 3.140 所示。按住鼠标的时间越长，卷曲程度就越大。

【旋转扭曲工具】属性的设置方法与【变形工具】相同。

图 3.140　产生的旋涡

3.6.4 缩拢工具

【缩拢工具】可通过向十字线方向移动控制点的方式收缩对象，使对象的形状产生收缩的效果。

在工具箱中选择【缩拢工具】，在需要收缩变形的部分单击或拖曳鼠标，如图 3.141 所示，在单击的画笔范围内图形就会收缩变形，如图 3.142 所示。按住鼠标的时间越长，收缩程度就越大。

【缩拢工具】也可以通过对话框来设置属性。

图 3.141　拖曳鼠标　　　　　　　　图 3.142　释放鼠标后的效果

3.6.5 膨胀工具

【膨胀工具】则可通过向远离十字线方向移动控制点的方式扩展对象，使对象的形状产生膨胀的效果，与【收缩工具】相反。

在工具箱中选择【膨胀工具】，在需要变形的部分单击并向外拖曳，如图 3.143 所示。释放鼠标后在单击的画笔范围内图形就会膨胀变形，如图 3.144 所示。如果持续按住鼠标，时间越长，膨胀的程度就越大。

图 3.143　拖曳鼠标　　　　　　　　图 3.144　释放鼠标后的效果

【膨胀工具】同样可以通过对话框来设置属性。

3.6.6　扇贝工具

使用【扇贝工具】可以向对象的轮廓添加随机弯曲的细节，使对象的形状产生类似贝壳般起伏的效果。

首先使用选择工具选择对象，然后在工具箱中选择【扇贝工具】，在需要变形的部分单击并拖曳鼠标，如图 3.145 所示，释放鼠标后在单击的范围内图形就会产生起伏的波纹效果，如图 3.146 所示。按住鼠标的时间越长，起伏的效果越明显。

图 3.145　拖曳鼠标　　　　　　　　图 3.146　释放鼠标后的效果

下面将介绍如何使用【扇贝工具】，其具体操作步骤如下。

(1) 在工具箱中双击【扇贝工具】，弹出【扇贝工具选项】对话框，如图 3.147 所示。

(2) 我们可以在该对话框中设置其参数，【宽度】、【高度】、【角度】、【强度】各选项说明可借鉴【变形工具】。

【扇贝工具选项】选项组内其他参数说明如下。

图 3.147　弹出【扇贝工具选项】
对话框

- 【复杂性】：表示扇贝工具应用于对象的复杂程度。
- 【细节】：表示扇贝工具应用于对象的精确程度。
- 【画笔锚点】：在锚点上施加笔刷效果。
- 【画笔影响内切线手柄】：在锚点方向手柄的内侧施加笔刷效果。
- 【画笔影响外切线手柄】：在锚点方向手柄的外侧施加笔刷效果。

- 【显示画笔大小】：勾选该复选框后，将会显示画笔的大小。

(3) 设置完成后，单击【确定】按钮即可。

3.6.7 晶格化工具

【晶格化工具】可以为对象的轮廓添加随机锥化的细节，使对象表面产生尖锐凸起的效果。

在工具箱中选择【晶格化工具】，在需要添加晶格化的部分单击并拖曳鼠标，如图 3.148 所示，释放鼠标后在单击的画笔范围内图形就会产生向外尖锐凸起的效果，如图 3.149 所示。按住鼠标的时间越长，凸起的程度越明显。

图 3.148　拖曳鼠标　　　　　　　　　　　图 3.149　拖曳后的效果

【晶格化工具】属性的设置方法与【扇贝工具】相同。

3.6.8 皱褶工具

【皱褶工具】可以为对象的轮廓添加类似于皱褶的细节，使对象表面产生皱褶效果。

在工具箱中选择【皱褶工具】，在需要变形的部分单击，如图 3.150 所示。释放鼠标后在单击的画笔范围内图形会产生皱褶的变形，如图 3.151 所示。

图 3.150　拖曳鼠标　　　　　　　　　　　图 3.151　释放鼠标后的效果

按住鼠标的时间越长，波动的程度越明显。

【皱褶工具】属性的设置及方法与【扇贝工具】相同。

3.7　上 机 练 习

下面通过实例来巩固本章所学的基础知识，使读者对本章知识点有更深入的理解。

3.7.1　绘制卡通表情

下面介绍如何制作卡通表情，完成后的效果如图 3.152 所示。

(1) 启动软件后，按 Ctrl+N 组合键，弹出【新建文档】对话框，将【宽度】、【高度】分别设置为 187mm、189mm，其他使用默认设置，单击【确定】按钮，如图 3.153 所示。

(2) 在工具箱中选择【椭圆工具】 ，在工具箱中双击【描边】，弹出【拾色器】对话框，将 CMYK 设置为 29、69、100、0，如图 3.154 所示。

图 3.152　绘制的卡通表情效果

图 3.153　【新建文档】对话框

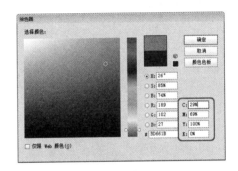

图 3.154　【拾色器】对话框

(3) 单击【确定】按钮，在画板中绘制椭圆。确定绘制的椭圆处于选中状态，在工具箱中选择【渐变工具】，双击该工具，弹出【渐变】面板，将【类型】设置为【径向】，双击左侧的色标，在弹出的对话框中将 CMYK 设置为 6、19、73、0，如图 3.155 所示。

(4) 使用同样的方法设置右侧的色标，将其 CMYK 设置为 1、46、91、0，选择上侧的渐变滑块，将【位置】设置为 87%，如图 3.156 所示。

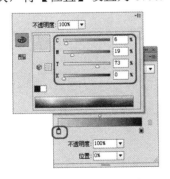

图 3.155　设置颜色

图 3.156　设置渐变滑块的位置

(5) 此时，完成了对椭圆的渐变填充，效果如图 3.157 所示。

(6) 继续使用【椭圆工具】，将【描边】设置为无，在画板中绘制如图 3.158 所示的椭圆。

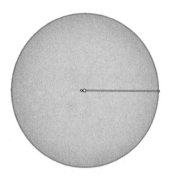

图 3.157　填充后的效果

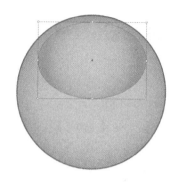

图 3.158　绘制椭圆

（7）在工具箱中双击【渐变工具】，弹出【渐变】面板，将【类型】设置为【线性】，将【角度】设置为-90°，双击左侧的色标，在弹出的面板中将 CMYK 设置为 3、7、33、0，双击右侧的色标，在弹出的面板中将 CMYK 设置为 3、7、33、0，将【不透明度】设置为 0，如图 3.159 所示。

（8）选择上侧的渐变滑块，将其位置设置为 35%，在渐变设置完成后使用【选择工具】调整椭圆的位置，调整完成后的效果如图 3.160 所示。

图 3.159　【渐变】面板

图 3.160　调整完成后的效果

（9）在工具箱中选择【钢笔工具】 ，在工具箱中将【填色】CMYK 设置为 52、92、100、34，将【描边】设置为【无】，绘制如图 3.161 所示的图形。

（10）继续使用【钢笔工具】 ，将【填色】CMYK 设置为 5、35、89、0，将【描边】设置为【无】，在画板中绘制如图 3.162 所示的图形。

图 3.161　绘制的图形(1)

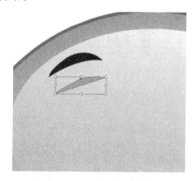

图 3.162　绘制的图形(2)

(11) 选择刚刚绘制的图形，右击，在弹出的快捷菜单中选择【排列】|【后移一层】命令，如图 3.163 所示。

(12) 在工具箱中选择【选择工具】，调整绘制的图形位置，按住 Shift 键选择刚刚绘制的两个图形，右击，在弹出的快捷菜单中选择【编组】命令。确定图形处于选择状态，在工具箱中选择【镜像工具】，双击该工具，弹出【镜像】对话框，将【轴】设置为垂直，如图 3.164 所示。

图 3.163　选择【后移一层】命令

图 3.164　【镜像】对话框

(13) 单击【复制】按钮即可将对象镜像并复制，使用【选择工具】调整其位置，完成后的效果如图 3.165 所示。

(14) 在工具箱中选择【椭圆工具】，在画板中绘制两个椭圆，绘制完成后的效果如图 3.166 所示。

图 3.165　设置完成后的效果

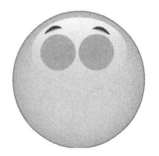

图 3.166　绘制完成后的效果

(15) 继续使用【椭圆工具】绘制椭圆，将【填色】设置为【黑色】，在画板中绘制椭圆并调整其位置，在工具箱中选择【剪刀工具】，将椭圆剪切成两半，然后选择下部分，在工具箱中将【填色】CMYK 设置为 49、85、100、20，效果如图 3.167 所示。

(16) 按住 Alt 键的同时选择被剪切的两个半圆，拖曳鼠标，将其拖曳至适当的位置，完成后的效果如图 3.168 所示。

(17) 继续使用【椭圆工具】绘制椭圆，选择刚刚绘制的椭圆，在工具箱中双击【渐变工具】，弹出【渐变】面板，将【类型】设置为【径向】，双击左侧的色标，在弹出的面板中将 CMYK 设置为 9、2、0、0，双击右侧的色标，在弹出的面板中将 CMYK 设置为 38、1、1、0，如图 3.169 所示。

(18) 选择上侧的渐变滑块，将【位置】调整至 70%，如图 3.170 所示。

图 3.167　完成后的效果

图 3.168　调整完成后的效果

图 3.169　【渐变】面板

图 3.170　设置位置

(19) 设置完渐变后按住 Alt 键拖曳绘制的椭圆，进行复制，调整其位置，完成后的效果如图 3.171 所示。

(20) 使用同样的方法绘制其他图形，完成后的效果如图 3.172 所示。

图 3.171　设置完成后的效果

图 3.172　完成后的效果

(21) 在工具箱中选择【钢笔工具】，将【描边】CMYK 设置为 33、70、100、0，将【描边】设置为 4pt，然后在画板中绘制如图 3.173 所示的线条。

(22) 使用同样的方法绘制另一条线条，然后使用【椭圆工具】绘制椭圆，将【描边】设置为【无】，将【填色】设置为【渐变】，打开【渐变】面板，将【类型】设置为【径向】，双击左侧的色标，在弹出的面板中将 CMYK 设置为 4、37、90、0，双击右侧的色标，在弹出的面板中将 CMYK 设置为 0、53、92、0，设置完成后的效果如图 3.174 所示。

图 3.173　绘制的线条

图 3.174　设置完成后的效果

(23) 选择刚刚绘制的椭圆，在工具箱中选择【镜像工具】，双击该工具，在弹出的对话框中将【轴】设置为垂直，然后单击【复制】按钮，如图 3.175 所示。

(24) 使用【选择工具】选择镜像后的椭圆，将其移动至如图 3.176 所示的位置。

图 3.175　【镜像】对话框

图 3.176　调整椭圆的位置

(25) 使用【钢笔工具】及【椭圆工具】绘制其他图形，完成后的效果如图 3.177 所示。

(26) 至此卡通表情就绘制完成了。在菜单栏中选择【文件】|【导出】命令，弹出【导出】对话框，在该对话框中设置导出路径，并将【文件名】设置为【卡通表情】，将【保存类型】设置为 TIFF，如图 3.178 所示。

图 3.177　绘制其他图形后的效果

图 3.178　【导出】对话框

(27) 单击【导出】按钮，弹出【TIFF 选项】对话框，保持默认设置，单击【确定】按钮即可将图片导出，导出图片后将场景进行保存。

图 3.179　绘制的蛋糕的效果

3.7.2　绘制蛋糕

下面介绍如何绘制卡通蛋糕，绘制完成后的效果如图 3.179 所示。

(1) 启动软件后，在菜单栏中选择【文件】|【新建】命令，弹出【新建文档】对话框，将【宽度】、【高度】分别设置为 139mm、147mm，其他保持默认设置，单击【确定】按钮，如图 3.180 所示。

(2) 新建一个空白文档，在工具箱中选择【渐变工具】，双击该工具，弹出【渐变】面板，将【类型】设置为【线性】，双击左侧的色标，在弹出的面板中将 CMYK 设置为 7、33、60、0，如图 3.181 所示。

图 3.180　【新建文档】对话框

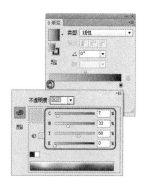

图 3.181　设置颜色

(3) 双击右侧的色标，在弹出的面板中将 CMYK 设置为 12、56、100、0，将【角度】设置为 90°。在工具箱中将【描边】设置为【无】，然后选择【椭圆工具】，在画板中绘制椭圆，效果如图 3.182 所示。

(4) 选择【钢笔工具】，将【描边】设置为【无】，暂时将【填色】设置为【无】，在画板中绘制如图 3.183 所示的路径。

图 3.182　绘制的椭圆

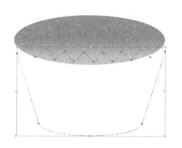

图 3.183　绘制路径

(5) 确定绘制的路径处于选择状态，打开【渐变】面板，将【类型】设置为【线性】，选择左侧的色标，将【位置】设置为 43，双击该色标，在弹出的面板中将 CMYK 设置为 0、100、0、0，如图 3.184 所示。

(6) 双击右侧的色标，在弹出的面板中将 CMYK 设置为 0、40、0、0，这样即可为绘制的路径填充渐变。在工具箱中选择【选择工具】，调整其位置，完成后的效果如图 3.185 所示。

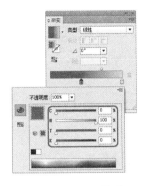

图 3.184　设置渐变

图 3.185　设置完成后的效果

(7) 继续使用【钢笔工具】绘制如图 3.186 所示的路径。

(8) 打开【渐变】面板，将【类型】设置为【线性】，将【角度】设置为-180°、双击左侧的色标，在弹出的面板中将 CMYK 设置为 0、80、0、0，双击右侧的色标，在弹出的面板中将 CMYK 设置为 0、25、0、0，如图 3.187 所示。

图 3.186　绘制的路径

图 3.187　【渐变】面板

(9) 使用同样的方法绘制其他路径，并设置渐变，完成后的效果如图 3.188 所示。

(10) 在工具箱中选择【钢笔工具】，将【描边】设置为【无】，将【填色】设置为【无】，然后在画板中绘制如图 3.189 所示的曲线。

图 3.188　设置完成后的效果

图 3.189　绘制路径

(11) 在菜单栏中选择【窗口】|【渐变】命令，打开【渐变】面板，将【类型】设置为【线性】。双击左侧的色标，在弹出的面板中将 CMYK 设置为 0、100、0、0，双击右侧的色标，在弹出的面板中将 CMYK 设置为 0、100、0、0，如图 3.190 所示。

(12) 在【位置】为 31%处添加一个色标并双击该色标，将 CMYK 设置为 0、0、0、0，在【位置】为 66%处添加一个色标并双击该色标，将 CMYK 设置为 0、50、0、0，设置完成后的效果如图 3.191 所示。

图 3.190 【渐变】面板

图 3.191 添加色标并设置渐变

(13) 在工具箱中选择【选择工具】，然后在画板中调整路径的位置，完成后的效果如图 3.192 所示。

(14) 在工具箱中选择【钢笔工具】，将【描边】设置为【无】，将【填色】设置为【无】，然后在画板中绘制路径，如图 3.193 所示。

图 3.192 设置完成后的效果

图 3.193 绘制路径

(15) 在工具箱中选择【渐变工具】，双击该工具，弹出【渐变】面板，将【类型】设置为【径向】，双击左侧的色标，在弹出的面板中将 CMYK 设置为 0、0、0、0，双击右侧的色标，在弹出的面板中将 CMYK 设置为 0、50、0、0，在【位置】为 74%处添加色标，然后双击该色标，在弹出的面板中将 CMYK 设置为 0、30、0、0，如图 3.194 所示。

(16) 将光标移动至刚刚绘制的路径，出现渐变条，将光标移动至渐变条上，当光标变成黑色箭头时移动它的位置，将其移动至如图 3.195 所示的位置。

(17) 使用【钢笔工具】在画板中绘制如图 3.196 所示的路径。

(18) 打开【渐变】面板，将【类型】设置为【线性】，将【角度】设置为-90°，双击左侧的色标，在弹出的面板中将 CMYK 设置为 0、64、0、0，双击右侧的色标，在弹出的面板中将 CMYK 设置为 0、84、0、0，如图 3.197 所示。

图 3.194　【渐变】面板

图 3.195　移动渐变条的位置

图 3.196　绘制的路径

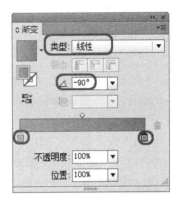

图 3.197　【渐变】面板

(19) 选择填充渐变色的图形，右击，在弹出的快捷菜单中选择【排列】|【后移一层】命令，如图 3.198 所示。

(20) 使用相同的方法绘制图形并填充颜色，完成后的效果如图 3.199 所示。

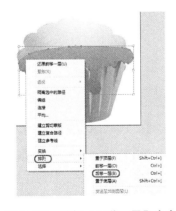

图 3.198　选择【后移一层】命令

图 3.199　绘制完成后的效果

(21) 在工具箱中选择【钢笔工具】，将【填色】设置为【红色】，将【描边】设置为【无】，然后在画板中绘制心形，如图 3.200 所示。

(22) 选择刚刚绘制的心形，按住 Alt 键拖曳鼠标进行复制，选择复制的心形，打开

【渐变】面板，将【类型】设置为线性，将【角度】设置为 72°，双击左侧的色标，在弹出的面板中将 CMYK 设置为 0、50、50、0，双击右侧的色标，在弹出的面板中将 CMYK 设置为 0、100、100、0，如图 3.201 所示。

图 3.200　绘制的心形

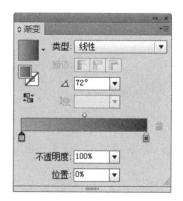

图 3.201　【渐变】面板

(23) 使用【选择工具】进行缩放并调整其位置。然后在工具箱中选择【钢笔工具】，在画板中绘制路径，确定路径处于选择状态，然后打开【渐变】面板，将【类型】设置为【线性】，将【角度】设置为 161°，双击左侧的色标，在弹出的面板中将 CMYK 设置为 0、21、12、0，双击右侧的色标，在弹出的面板中将 CMYK 设置为 0、100、100、0，返回到【渐变】面板中，效果如图 3.202 所示。

(24) 确定图形处于选择状态，在工具箱中选择【镜像】工具，双击该工具，弹出【镜像】对话框，将【轴】设置为【垂直】，然后单击【复制】按钮，如图 3.203 所示。

图 3.202　设置渐变颜色

图 3.203　【镜像】对话框

(25) 使用【选择工具】图形进行旋转并调整其位置，完成后的效果如图 3.204 所示。

(26) 使用同样的方法绘制其他图形，完成后的效果如图 3.205 所示。

(27) 在菜单栏中选择【文件】|【导出】命令，弹出【导出】对话框，将【文件名】设置为【绘制蛋糕】，将【保存类型】设置为 TIFF，然后单击【导出】按钮，如图 3.206 所示。

(28) 弹出【TIFF 选项】对话框，保持默认设置，然后单击【确定】按钮，即可将图片导出，导出完成后将场景进行保存。

图 3.204 调整完成后的效果

图 3.205 设置完成后的效果

图 3.206 【导出】对话框

思考与练习

1. 基本绘图工具有几种？分别是什么？
2. 画笔分为几类？分别对其进行相应的介绍。
3. 即时变形工具包括哪几种？

第4章 图形的混合与变形

为了让图形之间的过渡变得自然平滑，可以调整图形排列顺序和编辑图形的混合效果；在需要创建特殊的图形效果时，则可以通过创建复合图形、编辑图形路径、运用变换面板以及设置封套扭曲来实现。本章将介绍使用命令调整图形排列秩序、编辑图形混合效果、创建复合形状、路径与修剪图形、运用变换面板变换图形以及封套扭曲等内容。

4.1 使用命令调整图形排列秩序

在 Illustrator 中绘制图形时。新绘制的图形总是位于先前绘制图形的上面，对象的这种堆叠方式将决定其重叠部分如何显示，调整对象的堆叠顺序将会影响对象的最终显示效果。下面将对排列命令进行介绍。

调整对象的堆叠顺序，可以选择对象，然后选择【对象】|【排列】子菜单中的命令。具体的操作步骤如下。

(1) 在画板中选择需要调整位置的对象，如图 4.1 所示。

(2) 选择菜单栏中的【对象】|【排列】|【置于顶层】命令，如图 4.2 所示。此时会发现选中的对象已经置于所有对象的上面。

图 4.1 选择对象

图 4.2 选择【置于顶层】命令

下面将对【排列】子菜单的命令进行介绍。

- 【置于顶层】：将该对象移至当前图层或当前组中所有对象的最顶层，或按 Shift+Ctrl+]组合键。
- 【前移一层】：将当前选中对象的堆叠顺序向前移动一个位置，或按 Ctrl+]组合键，如图 4.3 所示。
- 【后移一层】：将当前选中对象的堆叠顺序向后移动一个位置，或按 Ctrl+[组合键，如图 4.4 所示。
- 【置于底层】：将当前选中的对象移至当前图层或当前组中所有对象的最底层，或按 Shift+Ctrl+[组合键，如图 4.5 所示。

- 【发送至当前图层】：将当前选中的对象移动到指定的图层中。例如，如图 4.6 所示为当前选中的图形及该图形在【图层】面板中的位置。单击【图层】面板中的【创建新图层】按钮 🔲，新建【图层 2】，选择该图层，如图 4.7 所示。选择菜单栏中【对象】|【排列】|【发送至当前图层】命令，可将选中的图形调整到【图层 2】中，效果如图 4.8 所示。由于【图层 2】位于【图层】面板的最顶层，因此，该图层自然就位于所有图形的最上面了。

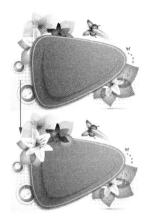

图 4.3　前移一层

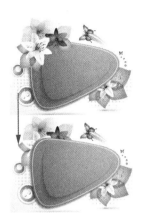

图 4.4　后移一层

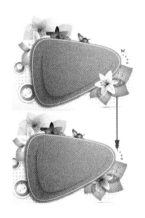

图 4.5　置于底层

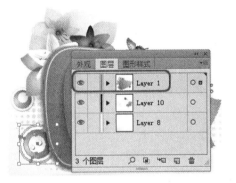

图 4.6　选中对象所在的图层

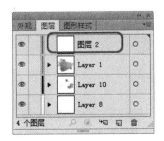

图 4.7　新建【图层 2】

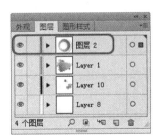

图 4.8　发送至当前图层

4.2 编辑图形混合效果

要编辑图形混合效果，除了使用【混合工具】 创建混合效果外，还可以选择菜单栏中的【对象】|【混合】|【建立】命令，创建混合效果，如图 4.9 所示。

4.2.1 设置图形混合选项

通过【混合选项】对话框可以编辑混合。要编辑选取的混合，可以选择【对象】|【混合】|【混合选项】命令，或双击【混合工具】 ，打开如图 4.10 所示的【混合选项】对话框，若勾选【预览】复选框，则可以预览到设置的效果。

图 4.9　选择【建立】命令　　　　图 4.10　【混合选项】对话框

- 【间距】：在该选项的右侧列表中有三个选项，即【平滑颜色】、【指定的步数】和【指定的距离】。【平滑颜色】将自动计算混合的步骤数。【指定的步数】可以进一步设置控制混合开始与混合结束之间的步骤数。【指定的距离】可以进一步设置控制混合步骤之间的距离。
- 【取向】：若选中【对齐页面】按钮 ，将混合对齐于页面，即混合垂直于页面的水平轴；若选中【对齐路径】按钮 ，将混合对齐于路径，即混合垂直于路径。

4.2.2 调整或替换混合对象的轴

混合对象轴是混合中各过渡对象对齐的路径。在默认情况下，混合轴为直线。要调整或替换混合对象的轴，可以执行下列操作之一。

- 若要调整混合轴的形状，选取【转换锚点工具】 调整混合轴上的锚点，如图 4.11 所示。
- 若要使用其他路径替换混合轴，可以先绘制用作新的混合轴的路径(混合轴的路径可以是开放路径或封闭路径)，如图 4.12 所示。再用【选择工具】 选中作为替换混合轴对象的路径和混合对象，然后选择【对象】|【混合】|【替换混合轴】命令，完成替换混合轴后的效果如图 4.13 所示。

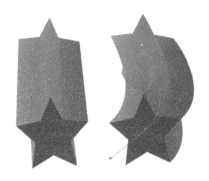

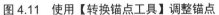

图 4.11　使用【转换锚点工具】调整锚点

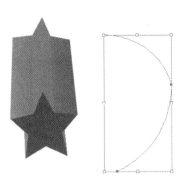

图 4.12　绘制新路径

- 要颠倒混合轴上的混合顺序，先用【选择工具】 选中混合对象，如图 4.14 所示，然后选择【对象】|【混合】|【反向混合轴】命令，产生原混合对象在混合路径中的位置对换，如图 4.15 所示。

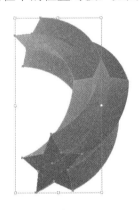

图 4.13　替换混合轴后的效果

图 4.14　选择混合对象

- 要颠倒混合对象中的堆叠顺序，先用【选择工具】 选中混合对象，然后选择【对象】|【混合】|【反向堆叠】命令，如图 4.16 所示，将混合顺序改变为由前方对象到后方对象的重叠，效果如图 4.17 所示。

图 4.15　选择【反向混合轴】后的效果

图 4.16　选择【反向堆叠】命令

图 4.17　【反向堆叠】后的效果

4.2.3　释放或扩展混合对象

释放混合对象会删除创建的过渡对象，并恢复原始对象。扩展一个混合对象是将混合分割为一系列不同的对象，可以像编辑其他对象一样编辑其中的任意一个对象。

要释放混合对象，可以用【选择工具】 选中混合对象，如图 4.18 所示，然后选择【对象】|【混合】|【释放】命令，如图 4.19 所示。

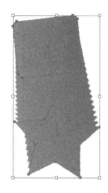

图 4.18　选择对象

图 4.19　选择【释放】命令

要扩展混合对象，可以用【选择工具】 选中混合对象，如图 4.20 所示，然后选择【对象】|【混合】|【扩展】命令，如图 4.21 所示。

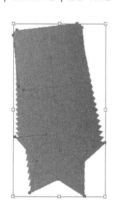

图 4.20　选择混合图像

图 4.21　选择【扩展】命令

4.3　创建复合形状、路径与修剪图形

在 Illustrator CC 中具有形状复合功能，可以轻松地创建用户所需的复杂路径。复合形状是由两个或更多对象组成的，每个对象部分另有一种形状模式，复合形状简化了复杂形状的创建过程，在【图层】面板中显示为【复合路径】选项，如图 4.22 所示，使用该功能用户可以精确地操作每个所含路径的形状模式、堆栈顺序、形状、位置、外观等。

在【路径查找器】面板中，可以方便地创建复合形状，创建复合形状时，若要对选取对象应用相加、交集或差集，结果将应用最上层组件的上色和透明度属性。创建复合形状后，可以更改复合形状的上色、样式或透明度属性。若选择复合形状时，除非在【图层】面板中明确地定位复合形状的某一个组件，否则 Illustrator 将自动定位整个复合形状。

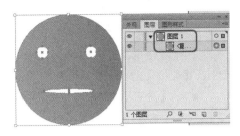

图 4.22　复合图形

4.3.1　认识复合形状

复合形状可由简单路径、复合路径、文本框架、文本轮廓或其他形状复合组成。复合形状的外观取决于产生复合的方法，常用的复合形状在【路径查找器】面板的【形状模式】选项组中，其中包括【联集】、【减去顶层】、【交集】和【差集】。

- 【联集】：跟踪所有对象的轮廓以创建复合形状，即将两个对象复合成为一个对象，其【联集】前后的对比效果如图 4.23 所示。
- 【减去顶层】：前面的对象在背景对象上打孔，产生带孔的复合形状，其【减去顶层】前后的对比效果如图 4.24 所示。

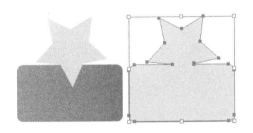

图 4.23　联集效果

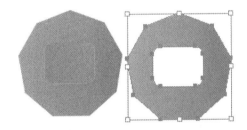

图 4.24　减去顶层效果

- 【交集】：以对象重叠区域创建复合形状，其【交集】前后的对比效果如图 4.25 所示。
- 【差集】：从对象不重叠的区域创建复合形状，其【差集】前后的对比效果如图 4.26 所示。

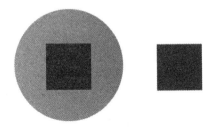

图 4.25　交集效果

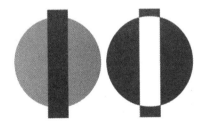

图 4.26　差集效果

> **提示**
>
> 　　大多数情况下，生成的复合形状采用最上层对象的属性，如填色、描边、透明度、图层等，但在减去形状时，将删除前面的对象，生成的形状将采用最下层对象的属性。

4.3.2 其他复合形状

其他复合形状在【路径查找器】面板中的下排按钮组中,包括【分割】、【修边】、【合并】、【裁剪】、【轮廓】和【减去后方对象】等复合形状。

* 【分割】:将重叠的选取对象切割成各个区域,被分割的对象将保持原对象的上色、透明度等属性,如图 4.27 所示。分割完成后,在工具箱中选择【直接选择工具】,然后选择分割完成后的对象并将其调整位置,如图 4.28 所示。这样,我们就可以很清晰地查看分割后的效果了。

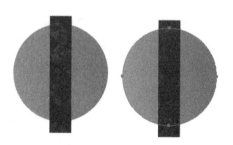
图 4.27 分割对象

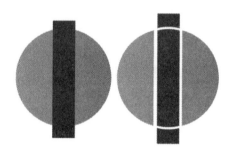
图 4.28 调整分割后的对象

* 【修边】:修边删除与其他对象重叠的区域,最前面的对象将保留原有的路径,删除对象的所有描边,且不会合并相同颜色的对象。如图 4.29 所示为修边对象,使用【直接选择工具】将其修边后的对象进行调整,完成后的效果如图 4.30 所示。

图 4.29 修边对象

图 4.30 调整对象

* 【合并】:删除下方所有重叠的路径,只留下没有重叠的路径,如图 4.31 所示为合并对象,合并完成后,使用【直接选择工具】,调整合并后的对象,完成后的效果如图 4.32 所示。

图 4.31 合并对象

图 4.32 调整对象

* 【裁剪】:只保留与上方对象重叠的对象,所有超过上方对象的图形将被裁

剪掉，同时删除所有描边，如图 4.33 所示为裁剪对象，裁剪完成后，使用【直接选择工具】 ，调整裁剪后的对象，完成后的效果如图 4.34 所示。

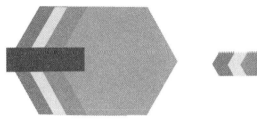 

图 4.33　裁剪对象　　　　　　　　　　　　　　　　图 4.34　调整对象

- 【轮廓】 ：所选取的重叠对象将被分割，并且转变为轮廓路径，并给描边填充颜色，分割为较小的路径段并维持路径独立性，以方便再编辑或专色陷印。如图 4.35 所示为轮廓对象，添加完轮廓后，使用【直接选择工具】 调整其轮廓，如图 4.36 所示。

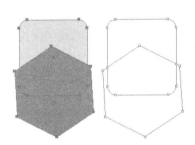

图 4.35　为对象添加轮廓

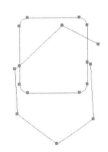

图 4.36　调整对象

- 【减去后方对象】 ：后面的对象在前面的对象上打孔，产生带孔的复合形状。如图 4.37 所示为减去后方对象的效果。

4.3.3　创建与编辑复合形状

要为选取对象创建复合形状，可通过在【路径查找器】面板中单击【联集】 、【减去顶层】 、【交集】 、【差集】 、【分割】 、

图 4.37　减去后方对象的效果图

【修边】 、【合并】 、【裁剪】 、【轮廓】 和【减去后方对象】 等按钮，产生需要的复合形状，具体操作步骤如下。

(1) 在画板中选择需要进行复合的形状，如图 4.38 所示。

(2) 打开【路径查找器】面板，在【形状模式】选项组中选择【差集】 选项，效果如图 4.39 所示。

要编辑复合形状，我们可以使用【直接选择工具】 或者在【图层】面板中选择复合形状的单个组件。

在【路径查找器】面板中查找突出显示的形状模式按钮，以确定当前应用于选定组件

的模式,在【路径查找器】面板中,单击需要的复合形状模式按钮以确定形状,如【分割】 📑。

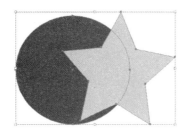

图 4.38　选择对象

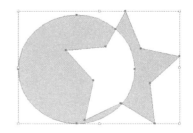

图 4.39　选择差集后的效果

4.3.4　释放与扩展复合形状

【释放复合形状】命令可将复合对象拆分回原有的单独对象,具体操作步骤如下。

(1) 在画板中选择已经复合后的形状,如图 4.40 所示。

(2) 打开【路径查找器】面板,单击该面板右上方的 ▼≣ 按钮,在弹出的下拉菜单中选择【释放复合形状】命令,如图 4.41 所示,此时会发现画板中复合的形状已经恢复原来的形状,如图 4.42 所示。

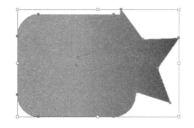

图 4.40　选择复合形状

图 4.41　选择【释放复合形状】命令

【扩展复合形状】命令会保持复合对象的形状,并使其成为一般路径或复合路径,以便对其应用某些复合形状不能应用的功能,扩展复合形状后,其单个组件将不再存在。

在画板中选择要扩展复合形状中的路径,如图 4.43 所示,单击该面板右上方的 ▼≣ 按钮,在弹出的下拉菜单中选择【扩展复合形状】命令,如图 4.44 所示,也可以单击【路径查找器】面板中的【扩展】按钮,根据所使用的形状模式,复合形状将转换为【图层】面板中的【路径】或【复合路径】选项,如图 4.45 所示。

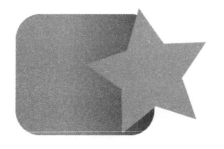

图 4.42　释放复合形状后的效果

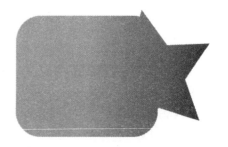

图 4.43　选择复合形状

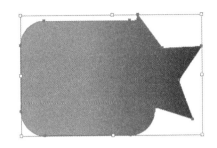

图 4.44　选择【扩展复合形状】命令　　　　图 4.45　扩展复合形状

4.3.5　路径查找器选项

打开【路径查找器】面板，在面板中单击 按钮，在打开的下拉菜单中选择【路径查找器选项】命令，如图 4.46 所示。打开【路径查找器选项】对话框，如图 4.47 所示。

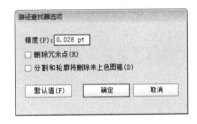

图 4.46　选择【路径查找器选项】命令　　　图 4.47　【路径查找器选项】对话框

- 【精度】：可设置滤镜计算对象路径时的精确程度，精确度越高，生成结果路径所需的时间就越长。
- 【删除冗余点】：将删除不必要的点。
- 【分割和轮廓将删除未上色图稿】：单击【分割】 或【轮廓】 ，将删除选定图稿中的所有未填充对象。
- 【默认值】：选择该选项，系统将使用其默认设置。

4.3.6　复合路径

【复合路径】包含两个或多个已经填充完颜色开放或闭合的路径，在路径重叠处将呈现孔洞。将对象定义为复合路径后，复合路径中的所有对象都将使用堆栈顺序中最下层对象上的填充颜色和样式属性。

将文字创建为轮廓时，文字将自动转换为复合路径。复合路径用作编组对象时，在【图层】面板中将显示为【复合路径】选项，使用【直接选择工具】 或【编组选择工具】 可以选择复合路径的一部分，可以处理复合路径的各个组件的形状。但无法更改各个组件的外观属性、图形样式或效果；并且无法单独处理这些组件。

1．创建复合路径

创建复合路径的具体操作步骤如下。

(1) 新建一个空白画板，并置入一张图片，如图 4.48 所示。

(2) 在工具箱中选择【钢笔工具】，在画板中沿着布熊绘制一个轮廓，如图 4.49 所示。

图 4.48　打开的图片

图 4.49　绘制轮廓

(3) 在画板中通过【矩形工具】创建一个白色的矩形，将其打开的图片覆盖，如图 4.50 所示。

(4) 确认该矩形处于被选择的状态，右击，在弹出的快捷菜单中选择【排列】|【后移一层】命令，如图 4.51 所示。

图 4.50　创建矩形

图 4.51　选择【后移一层】命令

(5) 将刚刚创建的布熊轮廓与矩形选中，右击，在弹出的快捷菜单中选择【建立复合路径】命令，如图 4.52 所示。执行完该命令之后，此时可以发现图像在绘制的布熊轮廓的形状中显示出来，如图 4.53 所示。

图 4.52　选择【建立复合路径】命令

图 4.53　创建复合路径后的效果

2．释放复合路径

在画板中选择已经创建好的复合路径，在菜单栏中选择【对象】|【复合路径】|【释放】命令，可以取消已经创建的复合路径。

下面将以一个实例来总结本小节所学到的知识。本案例主要使用【分割】选项来制作一个望远镜镜头中的目标线，其效果如图 4.54 所示。其具体操作步骤如下。

(1) 按 Ctrl+N 组合键，打开【新建文档】对话框，将【宽度】、【高度】分别设置为 271 mm、203 mm，如图 4.55 所示。

图 4.54　最终效果

(2) 单击【确定】按钮，在菜单栏中选择【文件】|【置入】命令，如图 4.56 所示。

图 4.55　【新建文档】对话框

图 4.56　选择【置入】命令

(3) 在弹出的【置入】对话框中选择随书附带光盘中的"CDROM\素材\Cha04\素材02.jpg"素材文件，如图 4.57 所示。

(4) 单击【确定】按钮，拖曳鼠标绘制矩形即可打开选择的素材文件，如图 4.58 所示。

图 4.57　选择素材

图 4.58　打开的素材文件

(5) 确定打开的素材文件处于选中状态，在菜单栏中选择【对象】|【锁定】|【所选对象】命令，如图 4.59 所示。

(6) 在工具箱中选择【矩形工具】，在控制面板中，设置其填充颜色为无，描边设置为白色，并将其描边粗细设置为 6pt，在画板中单击，在弹出的【矩形】对话框中将其【宽度】、【高度】均设置为 160mm，如图 4.60 所示。

图 4.59　选择【所选对象】命令

图 4.60　【矩形】对话框

(7) 单击【确定】按钮，即可在画板中创建一个正方形，并将其调整至合适的位置，再次选择【矩形工具】 ，将其描边设置为 3pt，在画板中单击，在弹出的【矩形】对话框中将其【宽度】、【高度】分别设置为 180mm、40mm，如图 4.61 所示。

(8) 单击【确定】按钮，即可在画板中绘制一个矩形，并调整至合适的位置，如图 4.62 所示。

图 4.61　【矩形】对话框

图 4.62　创建矩形并调整其位置后的效果

(9) 使用选择工具，选择新创建的矩形，按住 Alt 键并进行拖曳，复制另外一个矩形，并按住 Shift 键将其旋转，并调整其旋转后的矩形，如图 4.63 所示。

(10) 将三个矩形选中，打开【对齐】面板，在该面板中选择【水平居中对齐】 、【垂直居中对齐】 选项，如图 4.64 所示。

图 4.63　创建矩形并调整其位置

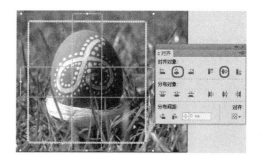

图 4.64　【对齐】面板

(11) 将三个矩形选中，打开【路径查找器】面板，在该面板中选择【分割】 ，将矩形进行分割，如图 4.65 所示。

(12) 在工具箱中选择【直接选择工具】 ，分别将多余的边进行删除，完成后的效果如图 4.66 所示。

图 4.65　【路径查找器】面板

图 4.66　完成后的效果

(13) 再次使用【直接选择工具】，在画板中选择矩形上的一个锚点，如图 4.67 所示，按 Delete 键进行删除。

(14) 使用同样的方法将其他三个矩形的锚点进行删除，完成拍摄取景框的效果，如图 4.68 所示。

图 4.67　选择矩形锚点

图 4.68　删除锚点

(15) 在工具箱中选择【直线工具】，在控制面板中将其描边设置为 3pt，在画板中单击，在弹出的【直线段工具选项】对话框中设置其【长度】为 180mm，【角度】为 0°，如图 4.69 所示。

(16) 单击【确定】按钮，即可在画板中绘制一个直线段，并调整其位置。使用同样的方法，将其选中复制、复制和旋转等，并调整其位置，完成后的效果如图 4.70 所示。

图 4.69　【直线段工具选项】对话框

图 4.70　创建直线段

(17) 将创建完成的矩形与直线段选择，打开【对齐】面板，在该面板中选择【水平居中对齐】、【垂直居中对齐】选项，如图 4.71 所示。

(18) 将完成后的效果进行保存，在菜单栏中选择【文件】|【导出】命令，如图 4.72 所示。

图 4.71　【对齐】面板

图 4.72　选择【导出】命令

(19) 在弹出的【导出】对话框中为其设置一个正确的存储路径并为其命名，将其格式设置为 TIFF，如图 4.73 所示。

(20) 单击【确定】按钮，在弹出的【TIFF 选项】对话框中保持其默认的设置，单击【确定】按钮，如图 4.74 所示。即可将其导出。

图 4.73　【导出】对话框

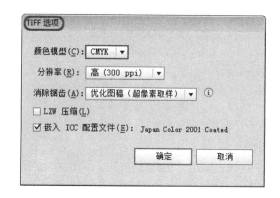

图 4.74　【TIFF 选项】对话框

4.4　运用变换面板变换图形

使用【选择工具】选择一个或多个需要进行设置的对象，执行【窗口】|【变换】菜单命令，打开【变换】面板，如图 4.75 所示，在该面板中显示了当前所选对象的位置、大小和方向等信息。通过输入数值，可以对所选对象进行倾斜、旋转等变换操作，也可以改变参考点的位置，以及锁定对象的比例。

- 【参考点】：用来设置参考点的位置，在移动、旋转或缩放对象时，对象将以参考点为基准进行变换。在默认情况下，参考点位于对象的中心，如果要改变位置，可单击参考点上的空心小方块。

- X/Y：分别代表了对象在水平和垂直方向上的位置，在这两个选项内输入数值可以精确地定位对象在画板上的位置。
- 【宽/高】：分别代表了对象的宽度和高度。在这两个选项内输入数值可以将对象缩放到指定的宽度和高度；如果按下选项右侧的 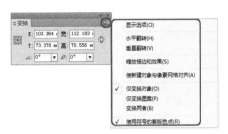(约束宽度和高度比例按钮)，则可以保持对象的长宽比，进行等比缩放。
- 【旋转】△：可输入对象的旋转角度。
- 【倾斜】Ⅺ：可输入对象的倾斜角度。

单击【变换】面板右上角的 按钮，可以打开下拉菜单，如图 4.76 所示，其中也包含了用于变换的命令。

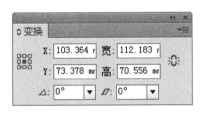

图 4.75 【变换】面板

图 4.76 下拉菜单

- 【水平翻转】：可以水平翻转对象。
- 【垂直翻转】：可以垂直移转对象。
- 【缩放描边和效果】：选中该命令后，在使用【变换】面板进行变换操作时，如果对象设置了描边和效果，则描边和效果会与对象一同变换；取消选择时，仅变换对象，其描边不会有变换。
- 【仅变换对象】：选择该命令后，如果对象填充了图案，则仅变换对象，图案保持不变。
- 【仅变换图案】：选择该命令后，如果对象填充了图案，则仅变换图案，对象保持不变。
- 【变换两者】：选择该命令后，如果对象填充了图案，则在变换对象时，对象和图案会同时变换。

4.5 封 套 扭 曲

封套扭曲是 Illustrator 中最灵活、最具可控性的变形功能，封套扭曲可以将所选对象按照封套的形状变形。封套是对所选对象进行扭曲的对象，被扭曲的对象则是封套内容在虚用了封套扭曲之后，可继续编辑封套形状或封套内容，还可以删除或扩展封套。

4.5.1 运用菜单命令建立封套扭曲

运用菜单命令建立封套扭曲的具体操作步骤如下。

(1) 使用【圆角矩形工具】 ，在画板中创建一个圆角矩形，如图 4.77 所示。

(2) 使用【选择工具】，将圆角矩形选中，选择菜单栏中的【对象】|【封套扭曲】|【用变形建立】命令，会弹出【变形选项】对话框，如图 4.78 所示，设置后单击【确定】按钮，如图4.79所示为弧形效果。

图 4.77　绘制圆形矩形

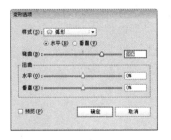

图 4.78　【变形选项】对话框

在【变形选项】对话框中有以下选项进行设置。

- 【样式】：该选项的下拉列表中包含系统提供的 15 种预设的变形样式，如图 4.80 所示。

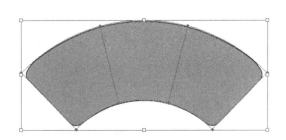

图 4.79　弧形

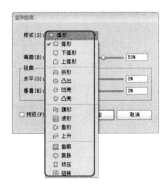

图 4.80　15 种预设变形样式

- 【弯曲】：用来设置弯曲的程度。该值越高，变形效果越明显。
- 【扭曲】：包括【水平】和【垂直】。设置扭转后，可以使对象产生透视效果，如图 4.81 所示。

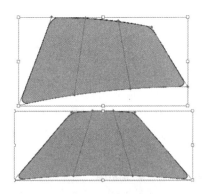

图 4.81　扭曲效果

4.5.2　编辑封套扭曲

创建了封套扭曲后，如果要编辑封套内容，可以单击【控制】面板中的【编辑内容】
图，或者选择菜单栏中的【对象】|【封套扭曲】|【编辑内容】命令，如图 4.82 所示，便
会调出封套内容，此时对其进行编辑。具体操作步骤如下。

图 4.82　选择【编辑内容】命令

(1) 在画板中选择已经设置扭曲的对象，如图 4.83 所示。

(2) 在【控制】面板中单击【编辑内容】按钮图，会调整出封套内容，如图 4.84 所
示，使用【转换锚点工具】对其进行调整，效果如图 4.85 所示。

图 4.83　选择扭曲对象

图 4.84　调整后的效果

(3) 如果要对封套进行编辑，可以单击【控制】面板中的【编辑封套】按钮图，或是
选择菜单栏中的【对象】|【封套扭曲】|【编辑封套】命令，便会调出封套，此时可对其进
行编辑，如图 4.86 所示。

图 4.85　调整锚点

图 4.86　选择【编辑封套】命令

(4) 编辑完成封套内容或封套后，可以单击【控制】面板中的【编辑内容】按钮图或
【编辑封套】按钮图，将对象恢复为封套扭曲状态。

4.5.3 预设【封套扭曲】选项

创建封套后，可以通过【封套选项】对话框来决定以哪种形式扭曲对象，使之符合封套的形状。要设置封套选项，可以选择封套对象，然后单击【控制】面板中的【封套选项】按钮，或者选择菜单栏中的【对象】|【封套扭曲】|【封套选项】命令，弹出【封套选项】对话框，如图 4.87 所示。

图 4.87 【封套选项】对话框

- 【消除锯齿】：可在扭曲对象时平滑栅格，使对象的边缘平滑，但会增加处理时间。
- 【保留形状使用】：当使用非矩形封套扭曲对象时，可在该选项中指定栅格以怎样的形式保留形状。选中【剪切蒙版】单选按钮，可在栅格上使用剪切蒙版；选中【透明度】单选按钮，则对栅格应用 Alpha 通道。
- 【保真度】：用来设置封套内容在变形时适合封套图形的精确程度。该值越高、套索内容的扭曲效果越接近于封套的形状，但会产生更多的锚点，同时也会增加处理时间。
- 【扭曲外观】：如果封套内容添加了效果或图形样式等外观属性，则外观属性将与对象一同扭曲。
- 【扭曲线性渐变填充】：如果封套内容填充了线性渐变，则选择该选项后，渐变与对象一同扭曲。
- 【扭曲图案填充】：如果封套内容填充了图案，则选择该选项后，图案与对象一同扭曲。

4.6　上机练习

下面通过两个实例来巩固本章所学习的基础知识。

4.6.1　绘制广告模板

下面介绍如何绘制广告模板，完成后的效果如图 4.88 所示。

(1) 启动软件后，按 Ctrl+N 组合键，在弹出的对话框中将【单位】设置为【像素】，将【宽度】、【高度】均设置为 1000px，如图 4.89 所示。

(2) 在工具箱中选择【矩形工具】，将【描边】设置为

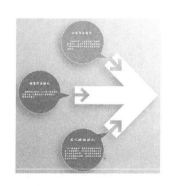

图 4.88　广告模板

无，在画板中绘制与画板相同大小的矩形，绘制完成后的效果如图 4.90 所示。

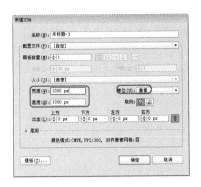

图 4.89　【新建文档】对话框

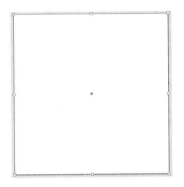

图 4.90　绘制的矩形

(3) 选择绘制的矩形，在工具箱中双击【渐变工具】，弹出【渐变】面板，将【类型】设置为【线性】，将【角度】设置为-135°，如图 4.91 所示。

(4) 双击左侧的色标，在弹出的面板中将 CMYK 设置为 6、4、2、0，返回到【渐变】面板中双击右侧的色标，在弹出的面板中将 CMYK 设置为 39、23、23、0，返回到【渐变】面板中，如图 4.92 所示。

图 4.91　设置渐变类型及角度

图 4.92　设置渐变颜色

(5) 这样即可为绘制的矩形填充渐变颜色，完成后的效果如图 4.93 所示。

(6) 选择绘制的矩形，在菜单栏中选择【对象】|【锁定】|【所选对象】命令，如图 4.94 所示，将对象锁定。

图 4.93　填充渐变后的效果

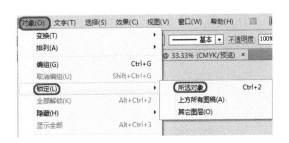

图 4.94　选择【所选对象】命令

(7) 在工具箱中选择【钢笔工具】，将【描边】设置为无，将【填色】设置为白色，然后使用【钢笔工具】绘制箭头，绘制完成后的效果如图 4.95 所示。

(8) 使用同样的方法绘制箭头，将【描边】设置为无，将【填色】设置为白色，完成后的效果如图 4.96 所示。

图 4.95　绘制箭头

图 4.96　绘制另一个箭头

(9) 按住 Shift 键选择绘制的两个箭头，打开【路径查找器】面板，单击【形状模式】选项组中的【差集】按钮，如图 4.97 所示。

(10) 单击此按钮后即可将箭头重叠的部分排除，完成后的效果如图 4.98 所示。

图 4.97　单击【差集】按钮

图 4.98　差集后的效果

(11) 再绘制两个箭头，然后选择所有的箭头，右击，在弹出的快捷菜单中选择【编组】命令，如图 4.99 所示。

(12) 在菜单栏中选择【效果】|【路径查找器】|【相减】命令，选择该命令后得到的效果如图 4.100 所示。

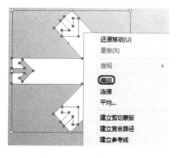

图 4.99　选择【编组】命令

图 4.100　相减后的效果

(13) 选择箭头，在菜单栏中选择【效果】|【风格化】|【投影】命令，弹出【投影】对话框，在该对话框中将【模式】设置为【正片叠底】，将【不透明度】设置为 20%，如图 4.101 所示。

(14) 单击【确定】按钮，即可为图形添加投影，效果如图 4.102 所示。

图 4.101　【投影】对话框

图 4.102　添加投影后的效果

(15) 在工具箱中选择【椭圆工具】，将【描边】设置为白色，然后在画板中按住 Shift 键绘制正圆，绘制完成后的效果如图 4.103 所示。

(16) 在工具箱中选择【钢笔工具】，将【描边】设置为白色，将【填色】CMYK 设置为 0、58、75、0，在画板中绘制如图 4.104 所示的图形。

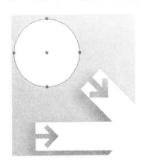

图 4.103　绘制的正圆

图 4.104　使用钢笔工具绘制的图形

(17) 选择刚刚绘制的两个图形，右击，在弹出的快捷菜单中选择【编组】命令，然后选择编组后的图形，打开【外观】面板，单击【添加新效果】按钮 fx，在弹出的快捷菜单中选择【路径查找器】|【相加】命令，如图 4.105 所示。

(18) 选择命令后即可将所选的图形进行相加，完成后的效果如图 4.106 所示。

图 4.105　选择【相加】命令

图 4.106　相加后的效果

(19) 选择相加后的图形，在【外观】面板中，单击【添加新效果】按钮 *fx.*，在弹出的快捷菜单中选择【风格化】|【投影】命令，弹出【投影】对话框，在该对话框中将【模式】设置为【正片叠底】，将【不透明度】设置为 20%，如图 4.107 所示。

(20) 单击【确定】按钮，即可为为图形添加投影，添加投影后的效果如图 4.108 所示。

图 4.107　【投影】对话框

图 4.108　添加投影后的效果

(21) 使用同样的方法绘制其他图形，并为其添加投影，完成后的效果如图 4.109 所示。

(22) 在工具箱中选择【文字工具】，将【描边】设置为无，将【填色】设置为白色，然后在画板中输入文字"功能诉求模式"，如图 4.110 所示。

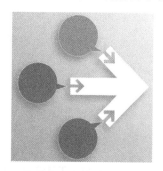

图 4.109　完成后的效果

图 4.110　输入文本

(23) 选择输入的文本，按 Ctrl+T 组合键，弹出【字符】面板，将【字体系列】设置为【华文新魏】，将【字体大小】设置为 20pt，如图 4.111 所示。

(24) 使用【选择工具】选择文本，然后右击，在弹出的快捷菜单中选择【创建轮廓】命令，如图 4.112 所示。

图 4.111　【字符】面板

图 4.112　选择【创建轮廓】命令

(25) 在菜单栏中选择【效果】|【风格化】|【投影】命令，将【不透明度】设置为 20%，将【X 位移】、【Y 位移】、【模糊】分别设置为 5px、5px、3px，如图 4.113 所示。

(26) 这样即可为文字添加投影，效果如图 4.114 所示。

图 4.113　【投影】对话框

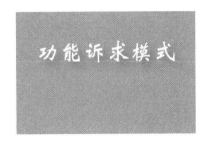

图 4.114　添加投影后的效果

(27) 使用同样的方法设置其他文字，完成后的效果如图 4.115 所示。将图片导出，然后将场景进行保存。

图 4.115　完成后的效果

4.6.2　制作海上风光

本示例绘制了一幅海上风光，梦幻般的色调搭配，让人赏心悦目，悠然神往，如图 4.116 所示。

(1) 启动软件后，按 Ctrl+N 组合键，在弹出的对话框中，将【宽度】、【高度】设置为 116mm、93mm，如图 4.117 所示。

(2) 使用【矩形工具】绘制一个矩形，双击工具箱中的【渐变工具】，在弹出的【渐变】面板中将【类型】设置为【线性】，将【角度】设置为 -90.2°，其中将左侧渐变滑块的 CMYK 值设置为 96、67、31、22，将右侧渐变滑块的 CMYK 值设置为 0、0、31、60，在两个渐变滑块中间单击添加第

图 4.116　海上风光

三个滑块，将其 CMYK 值设置为 89、53、0、0，将其位置设置为 34%，用同样的方式再次单击添加第四个渐变滑块，将其 CMYK 值设置为 33、59、0、0，将其位置调整至 75%，如图 4.118 所示。

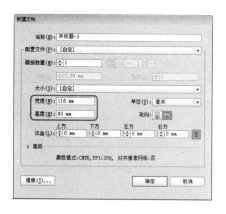

图 4.117　新建文档

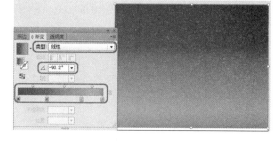

图 4.118　设置渐变参数

(3) 填充渐变色后，去除轮廓描边，效果如图 4.119 所示。

(4) 选择工具箱中的【矩形工具】 ，绘制一个矩形，如图 4.120 所示。

图 4.119　取消轮廓线

图 4.120　绘制矩形

(5) 在【渐变】面板中将【角度】设置为-179.6°，将左侧渐变滑块的 CMYK 值设置为 95、71、25、72，单击右侧渐变滑块，将其 CMYK 值设置为 91、30、0、0，在两个渐变滑块中间单击添加第三个渐变滑块，将其 CMYK 值设置为 96、65、9、1，将其位置设置为 36，删除其他渐变滑块，效果如图 4.121 所示。

(6) 取消其轮廓线，效果如图 4.122 所示。

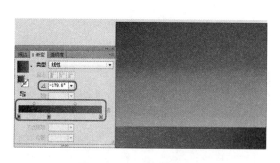

图 4.121　设置渐变颜色

图 4.122　取消轮廓线

(7) 选择工具箱中的【钢笔工具】 ，绘制云朵图形，并选择工具箱中的【转化锚点工具】进行转换，如图 4.123 所示。

(8) 在【渐变】面板中将【角度】设置为-90°，单击左侧渐变滑块，将其设置为白色，将右侧渐变滑块的 CMYK 值设置为 21、55、0、0，将中间的渐变滑块的位置调整至16%，将其设置为白色，在 53%位置上添加一个渐变滑块，将其 CMYK 值设置为 20、3、2、0，效果如图 4.124 所示。

图 4.123　绘制路径

图 4.124　设置渐变颜色

(9) 设置完成后，即可完成填充，效果如图 4.125 所示。

(10) 选中该图形并右击，在弹出的快捷菜单中选择【排列】|【后移一层】命令，效果如图 4.126 所示。

图 4.125　填充后的效果

图 4.126　调整图层顺序

(11) 运用同样的制作方法继续绘制其他云彩图形，效果如图 4.127 所示。

(12) 选择工具箱中的【星形工具】☆，将【填色】设置为白色，效果如图 4.128 所示。

图 4.127　绘制其他云彩

图 4.128　绘制星星

(13) 使用相同的方法继续绘制其他星星，并在工具栏中调整其不透明度，并调整其位置，效果如图 4.129 所示。

(14) 选择工具箱中的【椭圆工具】，按住 Shift 键的同时，在页面按住鼠标并拖曳，绘制一个正圆，如图 4.130 所示。

图 4.129　调整不透明度

图 4.130　绘制正圆

(15) 在【渐变】面板中将【角度】设置为 98.1°，将左侧渐变滑块的 CMYK 值设置为 22、2、2、0，将右侧渐变滑块的颜色调整成白色，将 16%位置处的渐变滑块的位置调整至 72%位置处，删除其他渐变滑块，如图 4.131 所示。

(16) 设置完成后，即可为选中的对象填充该渐变颜色，效果如图 4.132 所示。

图 4.131　设置渐变颜色

图 4.132　填充后的效果

(17) 选择工具箱中的【钢笔工具】，绘制月亮上的阴影，绘制图形如图 4.133 所示。

(18) 单击工具箱中的【填色】，在弹出的对话框中将 CMYK 值设置为 97、42、0、0，如图 4.134 所示。

图 4.133　绘制阴影

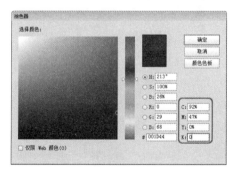

图 4.134　设置填充颜色

(19) 单击【确定】按钮，为图形填充颜色，效果如图 4.135 所示。

(20) 在菜单栏中选择【效果】|【风格化】|【投影】命令，在弹出的对话框中将【不透明度】、【X 位移】、【Y 位移】、【模糊】分别设置为 75%、2.47、2.47、1.76，设置完成后，单击【确定】按钮，如图 4.136 所示。

图 4.135　填充颜色

图 4.136　添加投影后的效果

(21) 选择工具箱中的【钢笔工具】，绘制如图 4.137 所示的路径。

(22) 在【渐变】面板中将【角度】设置为-79.7°，将左侧渐变滑块的 CMYK 值设置为 53.73、0、11.76、0，将其右侧渐变滑块设置为白色，删除其他渐变滑块，将【不透明度】设置为 40%，选择菜单栏中的【效果】|【风格化】|【羽化】命令，在弹出的【羽化】对话框中将【半径】设置为 1.5mm，再为其添加【内发光】效果，并将【模式】设置为【滤色】，将其右侧的颜色设置为白色，将【不透明度】和【模糊】分别设置为 75%、1.76，选中【边缘】单选按钮，并对其大小进行调整，效果如图 4.138 所示。

图 4.137　绘制路径

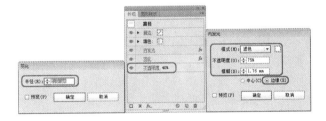

图 4.138　添加效果

(23) 使用相同的方法继续绘制其他图形，并对其进行调整，如图 4.139 所示。

(24) 继续使用工具箱中的【转换锚点工具】对云彩进行再次调整，效果如图 4.140 所示。

(25) 选择工具箱中的【画笔工具】，选择【窗口】|【画笔】命令，在弹出的面板中单击按钮，选择【打开画笔库】|【艺术效果】|【艺术效果_粉笔炭笔铅笔】命令，在弹出的面板中选择【炭笔-羽毛】，如图 4.141 所示。

(26) 在工具栏中将【描边】设置为 0.25pt，将其【描边】设置为白色，在画板中单击并拖曳鼠标即可，效果如图 4.142 所示。

图 4.139　绘制其他图形

图 4.140　调整云彩

图 4.141　选择画笔

图 4.142　绘制图形

(27) 依照相同的方法继续选择画笔，对其进行相应的设置，在画板中绘制一个矩形，将选中所有的对象，为其建立剪切蒙版，效果如图 4.143 所示。

(28) 选择【文件】|【另存为】菜单命令，在弹出的对话框中，更改其名称，如图 4.144 所示，单击【保存】按钮，再在弹出的对话框中单击【确定】按钮即可。

图 4.143　制作后的效果

图 4.144　保存文件

思考与练习

1. 复合形状是由什么组成的？

2. 如何创建复合路径？

3. 【路径查找器】按钮组中包括哪几种按钮？

第 5 章　符号工具与图表工具

通过使用符号工具和图表工具，可以绘制各种符号和创建多种图表，能够明显地提高工作效率。本章将介绍符号、图表工具以及修改图表数据及类型等内容。

5.1　符　　号

在 Illustrator CC 中创建的任何作品，无论是绘制的元素，还是文本、图像等，都可以

保存成一个符号，在文档中可重复地使用。定义和使用它们都非常简单，通过一个符号调板，就可以实现对符号的所有控制。每个符号实例都与【符号】面板或符号库中的符号链接。不仅容易对变化进行管理又可以显著减少文件大小，重新定义一个符号时，所有用到这个符号的案例都可以自动更新成新定义的符号。如图 5.1 所示为使用符号工具创建的效果。

图 5.1　创建的符号

5.1.1　【符号】面板

如果用户需要在 Illustrator CC 中创建符号，可通过【符号】面板来创建。在菜单栏中选择【窗口】|【符号】命令，如图 5.2 所示。或按 Shift+Ctrl+F11 组合键，执行该操作后，即可打开【符号】面板，如图 5.3 所示。

图 5.2　选择【符号】命令

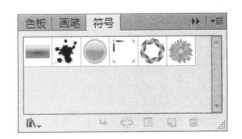

图 5.3　【符号】面板

1. 改变显示方式

在【符号】面板中单击其右上角的 ▾▤ 按钮，在弹出的下拉菜单中可以选择视图的显示方式，包括：【缩览图视图】、【小列表视图】、【大列表视图】三种显示方式，其中【缩览图视图】是指只显示缩览图，【小列表视图】是指显示带有小缩览图及名称的列表，【大列表视图】是指显示带有大缩览图及名称的列表，更改显示方式后的效果如图 5.4 所示。

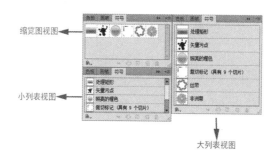

图 5.4　三种不同的显示方式

2. 置入符号

在 Illustrator CC 中，用户可以根据需要将【符号】面板中的符号置入到画板中，下面将介绍如何置入符号，其具体操作步骤如下。

(1) 将随书附带光盘中的"CDROM\素材\Cha05\天空.jpg"素材文件置入到 Illustrator 文档中，如图 5.5 所示。

(2) 按 Shift+Ctrl+F11 组合键打开【符号】面板，在该面板中选择【非洲菊】符号，在该面板中单击【置入符号实例】按钮 ⇥，如图 5.6 所示。

图 5.5　选择素材文件

(3) 执行该操作后，即可将选中的符号置入到画板中，在画板中调整符号的位置，调整后的效果如图 5.7 所示。

图 5.6　单击【置入符号实例】按钮

图 5.7　置入符号

3. 替换符号

在 Illustrator CC 中，可以根据需要将置入的符号进行替换，其具体操作步骤如下。

(1) 在画板中选择要替换的符号，在【符号】中选择一个新的符号，如图 5.8 所示。

(2) 单击【符号】面板右上角的 按钮，在弹出的下拉菜单中选择【替换符号】命令，如图 5.9 所示。

图 5.8　选择新的符号

图 5.9　选择【替换符号】命令

(3) 执行该操作后，即可将选中的符号进行替换，替换后的效果如图 5.10 所示。

4. 修改符号

在 Illustrator CC 中，用户可以对置入画板中的符号进行修改，例如缩放比例、旋转等，还可以重新定义该符号。下面将介绍如何修改符号，其具体操作步骤如下。

(1) 在画板中选择要修改的符号，如图 5.11 所示。

(2) 在【符号】面板中单击【断开符号链接】按钮 ，断开页面上的符号与【符号】面板中对应的链接，如图 5.12 所示。

图 5.10　替换符号后的效果

图 5.11　选择要进行修改的符号

图 5.12　单击【断开符号链接】按钮

(3) 按 Shift+Ctrl+G 组合键，取消编组，在工具箱中单击【选择工具】按钮 ，按住 Shift 键在画板中选择如图 5.13 所示的符号。

(4) 按 Delete 键将选中的对象删除，删除后的效果如图 5.14 所示。

图 5.13　按住 Shift 键选择符号

图 5.14　删除后的效果

(5) 按住 Shift 键选择剩余的符号，按 Ctrl+G 组合键将其编组，单击【符号】面板右上角的▼≡按钮，在弹出的下拉菜单中可以选择【重新定义符号】命令，如图 5.15 所示。

(6) 执行该操作后，即可完成对符号的修改，其效果如图 5.16 所示。

提　示

按住 Alt 键将修改的符号拖曳到【符号】面板中旧符号的顶部，也可将该符号在【符号】面板重新定义并在当前文件中更新。

图 5.15　选择【重新定义符号】命令

图 5.16　修改符号后的效果

5．复制符号

在 Illustrator CC 中，用户可以对【符号】面板中的符号进行复制。下面将介绍如何对符号进行复制，其具体操作步骤如下。

(1) 在【符号】面板中选择要进行复制的符号，单击【符号】面板右上角的▼≡按钮，在弹出的下拉菜单中选择【复制符号】命令，如图 5.17 所示。

(2) 执行该操作后，即可复制选中的符号，如图 5.18 所示。

图 5.17　选择【复制符号】命令

图 5.18　复制符号后的效果

6. 新建符号

在 Illustrator CC 中，用户可以根据需要创建一个新的符号，其具体操作步骤如下。

(1) 打开随书附带光盘中的 "CDROM\素材\Cha05\花.ai" 素材文件，如图 5.19 所示。

(2) 在工具箱中单击【选择工具】，在画板中选择如图 5.20 所示的对象。

(3) 打开【符号】面板，单击【符号】面板右上角的按钮，在弹出的下拉菜单中可以选择【新建符号】命令，如图 5.21 所示。

图 5.19　打开的素材文件

图 5.20　选择对象

图 5.21　选择【新建符号】命令

(4) 在弹出的【符号选项】对话框中将【名称】设置为 "花骨朵"，将【类型】设置为【图形】，如图 5.22 所示。

(5) 设置完成后，单击【确定】按钮，即可新建符号，效果如图 5.23 所示。

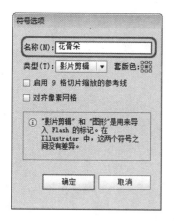

图 5.22 【符号选项】对话框

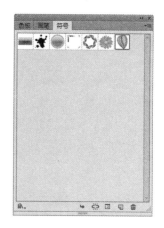

图 5.23 新建符号后的效果

5.1.2 符号工具

本节将介绍 Illustrator CC 中符号工具的相关操作，在工具箱中单击【符号喷枪工具】，并按住鼠标不放，即可显示所有符号工具，如图 5.24 所示。其中包括【符号喷枪工具】、【符号移位器工具】、【符号紧缩器工具】、【符号缩放器工具】、【符号旋转器工具】、【符号着色器工具】、【符号滤色器工具】、【符号样式器工具】。

当在工具箱中双击任意一个符号工具时，都会弹出【符号工具选项】对话框，如图 5.25 所示。用户可以在该对话框中设置【直径】、【强度】等，【直径】、【强度】和【符号组密度】作为常规选项出现在对话框顶部，与所选的符号工具无关。特定于工具的选项则出现在对话框底部。单击对话框中的工具图标，可以切换到另外一个工具的选项。该对话框中各个选项的功能介绍如下。

- 【直径】：用于设置喷射工具的直径。
- 【强度】：用来调整喷射工具的喷射量，数值越大，单位时间内喷射的符号数量就越大。
- 【符号组密度】：指页面上的符号堆积密度，数值越大，符号的堆积密度也就越大。

图 5.24 符号工具

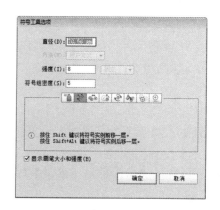

图 5.25 【符号工具选项】对话框

- 【方法】：指定【符号紧缩器】、【符号缩放器】、【符号旋转器】、【符号着色器】、【符号滤色器】和【符号样式器】工具调整符号实例的方式。包括平均、用户定义和随机 3 种。

选择【用户定义】后，将根据光标位置逐步调整符号。选择【随机】后，将在光标下的区域随机修改符号。选择【平均】后，将逐步平滑符号值。

- 【符号喷枪选项】：仅选择【符号喷枪】工具时，符号喷枪选项(【紧缩】、【大小】、【旋转】、【滤色】、【染色】和【样式】)才会显示在【符号工具选项】对话框中的常规选项下，并控制新符号实例添加到符号集的方式。每个选项提供【平均】和【用户定义】两个选择。

- 【平均】：添加一个新符号，具有画笔半径内现有符号实例的平均值。如添加到平均现有符号实例为 50%透明度区域的实例将为 50%透明度；添加到没有实例的区域的实例将为不透明。

提 示

【平均】设置仅考虑【符号喷枪工具】的画笔半径内的实例，可使用【直径】选项进行设置。要在绘制时看到半径，可以勾选【显示画笔大小和强度】复选框。

- 【用户定义】：为每个参数应用特定的预设值。【紧缩】(密度)预设为基于原始符号大小；【大小】预设为使用原始符号大小；【旋转】预设为使用鼠标方向(如果鼠标不移动则没有方向)；【滤色】预设为使用 100%不透明度；【染色】预设为使用当前填充颜色和完整色调量；【样式】预设为使用当前样式。

- 【显示画笔大小和强度】：勾选【显示画笔大小和强度】复选框，使用工具时可显示大小。

1. 符号喷枪工具

下面将介绍如何使用【符号喷枪工具】，其具体操作步骤如下。

(1) 将随书附带光盘中的"CDROM\素材\Cha05\天空(2).jpg"素材文件置入到 Illustrator 文档中，如图 5.26 所示。

(2) 按 Shift+Ctrl+F11 组合键打开【符号】面板，单击【符号】面板右上角的 按钮，在弹出的下拉菜单中可以选择【打开符号库】|【花朵】命令，如图 5.27 所示。

图 5.26 置入的素材文件

(3) 执行该操作后，即可打开【花朵】面板，在该面板中选择【雏菊】符号，如图 5.28 所示。

(4) 在工具箱中单击【符号喷枪工具】 ，在画板中单击，即可创建一个符号，效果如图 5.29 所示。

图 5.27　选择【花朵】命令

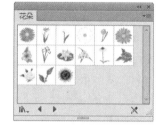

图 5.28　选择雏菊

2．符号移位器工具

在 Illustrator CC 中，用户可以使用【符号位移器工具】对符号进行移动，其具体操作步骤如下。

（1）继续上面的操作，在工具箱中单击【选择工具】，在画板中选择要移动的符号，再在工具箱中单击【符号移位器工具】，将鼠标指针移动至移动的符号上，如图 5.30 所示。

（2）按住鼠标对其进行拖曳，将其拖曳至合适位置并释放鼠标，即可移动该符号的位置，效果如图 5.31 所示。

图 5.29　创建符号

图 5.30　选中符号

图 5.31　移动符号位置

3．符号紧缩器工具

【符号紧缩器工具】可以将多个符号进行收缩或扩展。下面将介绍如何使用【符号紧缩器工具】，其具体操作步骤如下。

（1）继续上面的操作，在工具箱中单击【符号喷枪工具】，在画板中再次创建一个符号，效果如图 5.32 所示。

（2）在工具箱中单击【符号紧缩器工具】，在画板中按住鼠标不放，可以看到符号朝鼠标单击处收紧聚集，如图 5.33 所示。若持续的按下鼠标，时间越长，符号聚集得越紧密。

图 5.32　创建一个符号

图 5.33　进行收缩

(3) 按住 Alt 键并按住鼠标左键不放，符号则远离鼠标指针所在的位置，如图 5.34 所示。

4．符号缩放器工具

在 Illustrator CC 中，用户可以使用【符号缩放器工具】在页面中调整符号的大小，其具体操作步骤如下。

(1) 继续上面的操作，在工具箱中双击【符号缩放器工具】，在弹出的【符号工具选项】对话框中勾选【等比缩放】复选框，如图 5.35 所示。

图 5.34　扩张符号

图 5.35　【符号工具选项】对话框

(2) 设置完成后，单击【确定】按钮，在需要放大的符号上按住鼠标左键不放，可以将符号放大，如图 5.36 所示。若持续的按下鼠标，时间越长，符号就会放得越大。

(3) 按住 Alt 键并单击鼠标左键可以使符号缩小。按照所需调整符号的大小，效果如图 5.37 所示。

图 5.36　放大符号

图 5.37　缩放符号

5．符号旋转器工具

在 Illustrator CC 中，用户可以使用【符号旋转器工具】对符号进行旋转，其具体操作步骤如下。

(1) 将随书附带光盘中的"CDROM\素材\Cha05\水墨画.jpg"素材文件置入到 Illustrator 文档中，如图 5.38 所示。

(2) 在画板中插入一个符号，在工具箱中单击【符号旋转器工具】 ，在符号上单击并按住鼠标进行拖曳，可以看到符号上出现箭头形的方向线，随鼠标的移动而改变，如图 5.39 所示。

(3) 拖拽至适当的方向并释放鼠标，改变方向后的效果如图 5.40 所示。

图 5.38　置入的素材文件

图 5.39　按住鼠标拖曳

图 5.40　旋转后的效果

6．符号着色器工具

在 Illustrator CC 中，用户不但可以添加符号，还可以为符号改变颜色。下面将介绍如何为符号改变颜色，其具体操作步骤如下。

(1) 继续上面的操作，按 F6 键打开【颜色】面板，在该面板中单击其右上角的 按钮，在弹出的下拉菜单中可以选择【显示选项】命令，如图 5.41 所示。

(2) 在【颜色】面板中将 CMYK 值设置为 0、100、100、0，如图 5.42 所示。

图 5.41　选择【显示选项】命令

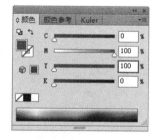

图 5.42　设置 CMYK 值

(3) 在工具箱中单击【符号着色器工具】 ，将鼠标指针移动至要着色的符号上，如图 5.43 所示。

(4) 单击，即可改变该符号的颜色，其效果如图 5.44 所示。

图 5.43　将鼠标移至要着色的符号上

图 5.44　改变颜色后的效果

7．符号滤色器工具

下面将介绍如何使用【符号滤色器工具】改变符号的透明度，其具体操作步骤如下。

(1) 继续上面的操作，在工具箱中单击【符号滤色器工具】，将光标移至符号上，如图 5.45 所示。

(2) 单击，可以看到符号变得透明，如图 5.46 所示，持续按住鼠标，符号的透明度会增大。

图 5.45　将鼠标指针移至符号上

图 5.46　改变后的效果

8．符号样式器工具

下面将介绍如何使用【符号样式器工具】对符号添加图形样式效果，其具体操作步骤如下。

(1) 继续上面的操作，在菜单栏中选择【窗口】|【图形样式】命令，如图 5.47 所示。

(2) 执行该命令后，即可打开【图形样式】面板，在该面板中选择一种样式，在此选择【实时对称 X】，如图 5.48 所示。

(3) 在工具箱中单击【符号样式器工具】，将鼠标指针移至要添加样式的符号上，单击鼠标，即可为该符号添加样式，如图 5.49 所示。

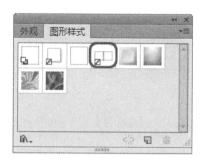

图 5.47　选择【图形样式】命令　　　　　图 5.48　【图形样式】面板

图 5.49　添加样式后的效果

5.2　图　表　工　具

图表作为一种比较形象、直观的表达形式，不仅可以表示各种数据的数量多少，还可以表示数量增减变化的情况以及部分数量同总数之间的关系等信息。通过图表，用户能易于理解枯燥的数据，更容易发现隐藏在数据背后的趋势和规律。本节将对图表进行简单介绍。

5.2.1　柱形图工具

在 Illustrator CC 中，创建的图表可用垂直柱形来比较数值，可以直观的观察不同形式的数值。在要创建柱形图之前，首先要在工具箱中单击【柱形图工具】，在画板中按住鼠标进行拖曳，释放鼠标后，将会弹出一个对话框，如图 5.50 所示。该对话框中各个选项的功能介绍如下。

- 【导入数据】按钮：单击该按钮，可以弹出【导入图表数据】对话框，在对话框中可以导入其他软件创建的数据作为图表的数据。
- 【换位行/列】按钮：单击该按钮，可以转换行与列中的数据。

- 【切换 X/Y】按钮：该按钮只有在创建散点图表时才会可用，单击该按钮，可以对调 X 轴和 Y 轴的位置。
- 【单元格样式】按钮：单击该按钮，可以弹出【单元格样式】对话框，可以在该对话框中设置【小数位数】和【列宽度】。
- 【恢复】按钮：单击该按钮，可将修改的数据恢复到初始状态。
- 【应用】按钮：输入完数据后，单击该按钮，即可创建图表。

下面将介绍如何使用柱形图工具，其具体操作步骤如下。

(1) 在菜单栏中选择【文件】|【新建】命令，在弹出的【新建】对话框中将【宽度】和【高度】分别设置为 205、141，如图 5.51 所示。

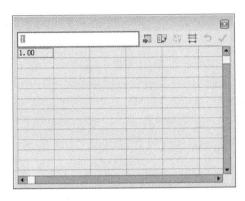

图 5.50　图表数据对话框

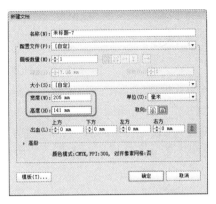

图 5.51　【新建文档】对话框

(2) 设置完成后，单击【确定】按钮，在工具箱中单击【柱形图工具】，在画板中按住鼠标进行拖曳。

(3) 选择第 1 行的第 1 个单元格的数据，按 Delete 键将其删除，删除该单元格内容可以让 Illustrator 为图表生成图例，然后单击第 1 行第 2 个单元格，输入"电脑"，按 Tab 键到该行下一列单元格，继续输入"冰箱"、"电视"，如图 5.52 所示。

(4) 在第 2 行的第 1 个单元格中输入"第一季"，接着在第 2 行第 2 列输入数据，将第 2 行的数据全部输完，如图 5.53 所示。

图 5.52　输入文字

图 5.53　在第 2 行中输入数据

(5) 按 Enter 键转到第 3 行第 1 个单元格，用同样的方法将全部的数据输完，如图 5.54 所示。

(6) 输入完成后，在该对话框中单击【应用】按钮，即可完成柱形图的创建，其效果如图 5.55 所示。

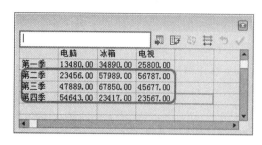

图 5.54 输入其他数据

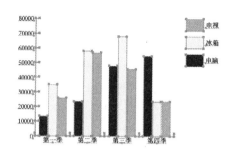

图 5.55 完成后的效果

5.2.2 堆积柱形图工具

堆积柱形图与柱形图有些类似，堆积柱形图是指将柱形堆积起来，这种图表适用于表示部分和总体的关系。下面将介绍堆积柱形图的创建方法，其具体操作步骤如下。

(1) 启动 Illustrator CC，按 Ctrl+N 组合键，在弹出的对话框中将【宽度】和【高度】分别设置为 217、123，如图 5.56 所示。

(2) 设置完成后，单击【确定】按钮，在工具箱中单击【堆积柱形图工具】 ，在画板中按住鼠标进行拖曳。

(3) 在弹出的对话框中选择第 1 行的第 1 个单元格中的数据，按 Delete 键删除，删除该单元格内容可以让 Illustrator 为图表生成图例，然后单击第 1 行第 2 个单元格，输入"一月工资"，按 Tab 键到该行下一列单元格，继续输入"二月工资"、"三月工资"、"四月工资"，如图 5.57 所示。

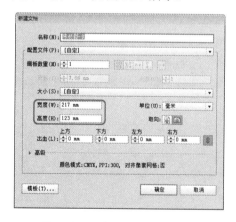

图 5.56 【新建文档】对话框

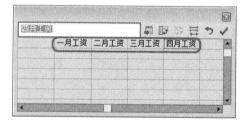

图 5.57 输入文字

(4) 在第 2 行的第 1 个单元格中输入"柳月"，接着在第 2 行第 2 列输入数据，将第 2 行的数据全部输完，如图 5.58 所示。

(5) 按 Enter 键转到第 3 行第 1 个单元格，使用同样的方法输入其他数据，如图 5.59 所示。

图 5.58　输入第二行数据

图 5.59　输入其他数据

（6）输入完成后，在该对话框中单击【应用】按钮 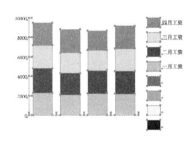，即可完成堆积柱形图的创建，其效果如图 5.60 所示。

5.2.3　条形图工具

在 Illustrator CC 中，条形图与柱形图有些相似，但是唯一不同的是，条形图是水平放置的，而柱形图是垂直放置的，本节将对其进行简单介绍。

图 5.60　创建后的效果

1．创建条形图

下面将介绍如何创建条形图，其具体操作步骤如下。

（1）在菜单栏中选择【文件】|【新建】命令，新建一个文件，然后单击工具箱中的【条形图工具】 ，在画板中按住鼠标左键进行拖曳，拖曳出一个矩形。

（2）在弹出的对话框中选择第 1 行的第 1 个单元格中的数据，按 Delete 键删除，删除该单元格内容可以让 Illustrator 为图表生成图例，然后单击第 1 行第 2 个单元格，输入"泡芙"，按 Tab 键到该行下一列单元格，继续输入"面包"、"蛋糕"、"桃酥"，如图 5.61 所示。

图 5.61　输入文字

（3）在第 2 行的第 1 个单元格中输入"一月"，接着在第 2 行第 2 列输入数据，将第 2 行的数据全部输完，然后按 Enter 键转到第 3 行第 1 个单元格，使用同样的方法输入其他数据，如图 5.62 所示。

（4）输入完成后，在该对话框中单击【应用】按钮 ，即可完成条形图的创建，其效果如图 5.63 所示。

图 5.62　输入其他数据

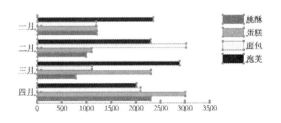

图 5.63　条形图

2．调整数值轴的位置

下面将介绍如何调整数值轴的位置，其具体操作步骤如下。

(1) 继续上面的操作，在工具箱中双击【条形图工具】 ，在弹出的对话框中将【数值轴】设置为【位于上侧】，如图 5.64 所示。

(2) 设置完成后，单击【确定】按钮，即可调整数值轴的位置，效果如图 5.65 所示。

图 5.64 　【图表类型】对话框

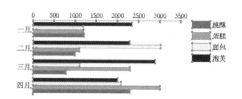

图 5.65 　调整后的效果

5.2.4 　堆积条形图工具

下面将介绍如何创建堆积条形图，其具体操作步骤如下。

(1) 在菜单栏中选择【文件】|【新建】命令，新建一个文件，然后单击工具箱中的【堆积条形图工具】 ，在画板中按住鼠标左键进行拖曳，拖曳出一个矩形。

(2) 在弹出的对话框中选择第 1 行的第 1 个单元格中的数据，按 Delete 键删除，删除该单元格内容可以让 Illustrator 为图表生成图例，然后单击第 1 行第 2 个单元格，输入 "2001 年"，按 Tab 键到该行下一列单元格，再依次输入 "2002 年"、"2003 年"，如图 5.66 所示。

图 5.66 　输入文字

(3) 在第 2 行的第 1 个单元格中输入 "摩托车"，接着在第 2 行第 2 列输入数据，将第 2 行的数据全部输完，然后按 Enter 键转到第 3 行第 1 个单元格，使用同样的方法输入其他数据，如图 5.67 所示。

(4) 输入完成后，在该对话框中单击【应用】按钮 ，即可完成堆积条形图的创建，其效果如图 5.68 所示。

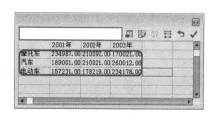

图 5.67 　输入其他数据

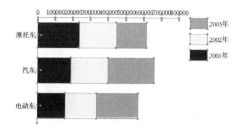

图 5.68 　堆积条形图

5.2.5　折线图工具

在 Illustrator CC 中，【折线图工具】用于创建折线图，折线图使用点来表示一组或多组数据，并且将每组中的点用不同的线段连接起来。这种图表类型常用于表示一段时间内一个或多个事物的变化趋势，例如可以用来制作股市行情图等，其具体操作步骤如下。

(1) 在菜单栏中选择【文件】|【新建】命令，新建一个文件，然后单击工具箱中的【折线图工具】，在画板中按住鼠标左键进行拖曳，拖曳出一个矩形。

图 5.69　输入文字

(2) 在弹出的对话框中选择第 1 行的第 1 个单元格中的数据，按 Delete 键删除，删除该单元格内容可以让 Illustrator 为图表生成图例，然后单击第 1 行第 2 个单元格，输入"开心果"，按 Tab 键到该行下一列单元格，输入其他数据，如图 5.69 所示。

(3) 在第 2 行的第 1 个单元格中输入"一月"，接着在第 2 行第 2 列输入数据，将第 2 行的数据全部输完，然后按 Enter 键转到第 3 行第 1 个单元格，使用同样的方法输入其他数据，如图 5.70 所示。

(4) 输入完成后，在该对话框中单击【应用】按钮，即可完成折线图的创建，其效果如图 5.71 所示。

图 5.70　输入其他数据

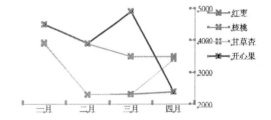

图 5.71　折线图

5.2.6　面积图工具

【面积图工具】用于创建面积图。面积图主要强调数值的整体和变化情况。下面将介绍如何创建面积图，其具体操作步骤如下。

(1) 按 Ctrl+N 组合键新建一个空白文档，在工具箱中单击【面积图工具】，在画板中按住鼠标左键进行拖曳，拖曳出一个矩形。

(2) 在弹出的对话框中选择第 1 行的第 1 个单元格中的数据，按 Delete 键删除，删除该单元格内容可以让 Illustrator 为图表生成图例，然后单击第 1 行第 2 个单元格，输入"营业总额"，如图 5.72 所示。

图 5.72　输入文字

（3）在第 2 行的第 1 个单元格中输入"一月"，接着在第 2 行第 2 列输入数据，将第 2 行的数据全部输完，然后按 Enter 键转到第 3 行第 1 个单元格，使用同样的方法输入其他数据，如图 5.73 所示。

（4）输入完成后，在该对话框中单击【应用】按钮✓，即可完成面积图的创建，其效果如图 5.74 所示。

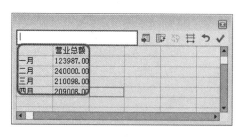

图 5.73　输入其他数据

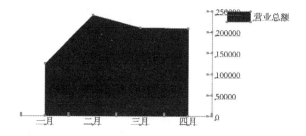

图 5.74　面积图

5.2.7　散点图工具

【散点图工具】用于创建散点图。散点图沿 X 轴和 Y 轴将数据点作为成对的坐标组进行绘制，可用于识别数据中的图案和趋势，还可以表示变量是否互相影响。如果散点图是一个圆，则表示数据之间的随机性比较强；如果散点图接近直线，则表示数据之间有较强的相关关系。创建散点图的具体操作步骤如下。

（1）按 Ctrl+N 组合键新建一个空白文档，在工具箱中单击【散点图工具】，在画板中按住鼠标左键进行拖曳，拖曳出一个矩形。

（2）在弹出的对话框中选择第 1 行的第 1 个单元格中的数据，按 Delete 键删除，删除该单元格内容可以让 Illustrator 为图表生成图例，然后单击第 1 行第 2 个单元格，输入"上季度"，按 Tab 键到该行下一列单元格，输入"下季度"，如图 5.75 所示。

（3）在第 2 行的第 1 个单元格中输入"1990 年"，接着在第 2 行第 2 列输入数据，将第 2 行的数据全部输完，然后按 Enter 键转到第 3 行第 1 个单元格，使用同样的方法输入其他数据，如图 5.76 所示。

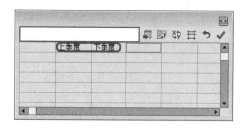

图 5.75　输入文字

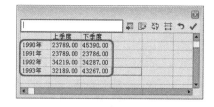

图 5.76　输入年份与参数

（4）输入完成后，在该对话框中单击【应用】按钮✓，即可完成散点图的创建，其效果如图 5.77 所示。

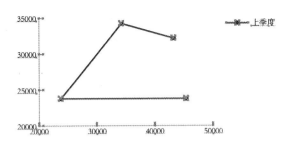

图 5.77　散点图

5.2.8　饼图工具

饼图是把一个圆划分为若干扇形面，每个扇形面代表一项数据值，不同颜色的扇形表示所比较的数据的相对比例。创建饼图的具体操作步骤如下：

(1) 单击工具箱中的【饼图工具】 ，在画板中按住鼠标左键进行拖曳，拖曳出一个矩形。

(2) 在弹出的对话框中选择第 1 行的第 1 个单元格中的数据，按 Delete 键删除，删除该单元格内容可以让 Illustrator 为图表生成图例，然后单击第 1 行

图 5.78　输入其他文字

第 2 个单元格，输入"上海"，按 Tab 键到该行下一列单元格，再依次输入其他文字，输入后的效果如图 5.78 所示。

(3) 在第 2 行的第 1 个单元格中输入"一月份"，接着在第 2 行第 2 列输入数据，将第 2 行的数据全部输完，如图 5.79 所示。

(4) 输入完成后，在该对话框中单击【应用】按钮 ✓，即可完成饼图的创建，其效果如图 5.80 所示。

图 5.79　输入月份及其他数据

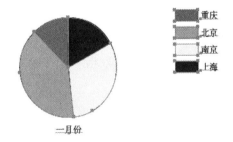

图 5.80　饼图

5.2.9　雷达图工具

雷达图可以在某一特定时间点或特定数据类型上比较数值组，并以圆形格式显示出来，这种图表也称为网状图。本节将介绍如何创建雷达图，其具体操作步骤如下。

(1) 按 Ctrl+N 组合键新建一个空白文档，在工具箱中单击【雷达图工具】 ⊛，在画板中按住鼠标左键进行拖曳，拖曳出一个矩形。

(2) 在弹出的对话框中选择第 1 行的第 1 个单元格中的数据，按 Delete 键删除，删除该单元格内容可以让 Illustrator 为图表生成图例，然后单击第 1 行第 2 个单元格，输入"洗发水"，按 Tab 键到该行下一列单元格，依次输入其他文字，如图 5.81 所示。

图 5.81　输入文字

(3) 在第 2 行的第 1 个单元格中输入"一月份"，接着在第 2 行第 2 列输入数据，将第 2 行的数据全部输完，然后按 Enter 键转到第 3 行第 1 个单元格，使用同样的方法输入其他数据，如图 5.82 所示。

(4) 输入完成后，在该对话框中单击【应用】按钮 ✓，即可完成雷达图的创建，其效果如图 5.83 所示。

图 5.82　输入月份及其他数据

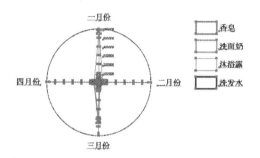

图 5.83　雷达图

5.3　编　辑　图　表

在 Illustrator CC 中，用户不仅可以插入需要的图表，还可以对插入的图表进行修改，本节将对其进行简单的介绍。

5.3.1　修改图表数据

下面将介绍如何修改图表中的数据，其具体操作步骤如下。

(1) 继续上面的操作，使用【选择工具】在画板中选择要修改的图表，在菜单栏中选择【对象】|【图表】|【数据】命令，如图 5.84 所示。

(2) 在弹出的对话框中选中要修改的数据格，然后在文本框中修改数据，如图 5.85 所示。

(3) 输入完成后，单击【应用】按钮，即可对选中的图表进行修改，修改后的效果如图 5.86 所示。

> **提　示**
>
> 除了上述方法之外，用户还可以在选中要修改的图表后右击，在弹出的快捷菜单中选择【数据】命令，如图 5.87 所示。

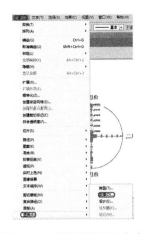

图 5.84　选择【数据】命令

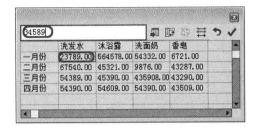

图 5.85　输入修改的数据

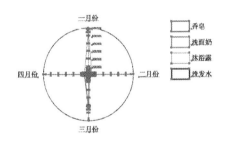

图 5.86　修改后的效果

图 5.87　选择【数据】命令

5.3.2　修改图表类型

下面将介绍如何修改图表的类型，其具体操作步骤如下。

(1) 继续上面的操作，在画板中选择要进行修改的图表，在菜单栏中选择【对象】|
【图表】|【类型】命令，如图 5.88 所示。

(2) 在弹出的对话框中单击【折线图】按钮 ，如图 5.89 所示。

图 5.88　选择【类型】命令

图 5.89　单击【折线图】按钮

(3) 单击【确定】按钮，即可修改选中图表的类型，修改后的效果如图 5.90 所示。

> 注 意
>
> 除了上述方法之外，用户可以在工具箱中双击图表工具按钮，在弹出的对话框中选择相应的类型即可。用户还可以在选中要修改类型的图表后右击，在弹出的快捷菜单中选择【类型】命令，如图 5.91 所示。

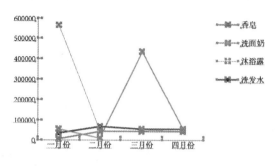

图 5.90　修改后的效果

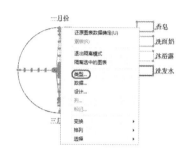

图 5.91　选择【类型】命令

在 Illustrator CC 中，用户可以根据需要改变图表的表现形式，其中包括改变图例的位置、调整数值轴等，本节将对其进行简单介绍。

5.3.3　调整图例的位置

下面将介绍如何调整图例的位置，其具体操作步骤如下。

(1) 在工具箱中单击【选择工具】，在画板中选择要调整图例的图表，如图 5.92 所示。

(2) 在画板中右击，在弹出的快捷菜单中选择【类型】命令。

(3) 执行该操作后，即可打开【图表类型】对话框，在该对话框中勾选【样式】选项组的【在顶部添加图例】复选框，如图 5.93 所示。

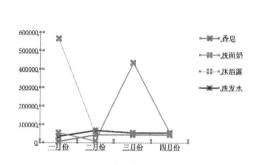

图 5.92　选择图表

图 5.93　勾选【在顶部添加图例】复选框

(4) 设置完成后，单击【确定】按钮，即可改变图例的位置，效果如图 5.94 所示。

5.3.4　为数值轴添加标签

在 Illustrator CC 中，用户可以根据需要在【图表类型】对话框中设置数值轴的刻度值、刻度线以及为数值轴添加标签等。下面将介绍如何为数值轴添加标签，其具体操作步骤如下。

(1) 使用【选择工具】在画板中选择要进行设置的图表，在菜单栏中选择【对象】|【图表】|【类型】命令，如图 5.95 所示。

(2) 执行该操作后，即可打开【图表类型】对话框，在该对话框中左上角的下拉列表中选择【数值轴】命令，如图 5.96 所示。

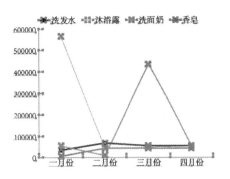

图 5.94　改变图例的位置

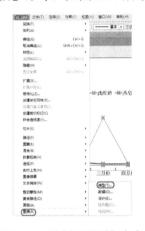

图 5.95　选择【类型】命令

图 5.96　选择【数值轴】命令

(3) 在【添加标签】选项组中的【前缀】文本框中输入"$"，如图 5.97 所示。

(4) 设置完成后，单击【确定】按钮，完成后的效果如图 5.98 所示。

图 5.97　输入前缀符号

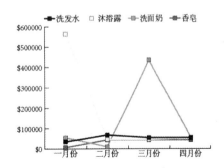

图 5.98　添加标签后的效果

在 Illustrator CC 中，用户可以根据需要自定义图表，本节将简单介绍如何自定义

图表。

5.3.5 改变图表的颜色及字体

下面将介绍如何改变图表的颜色及文字的字体，其具体操作步骤如下。

(1) 按 Ctrl+N 组合键创建一个新文档，在工具箱中单击【柱形图工具】，在画板中按住鼠标进行拖曳，在弹出的对话框中输入如图 5.99 所示的内容。

(2) 输入完成后，在该对话框中单击【应用】按钮，即可完成柱形图的创建，其效果如图 5.100 所示。

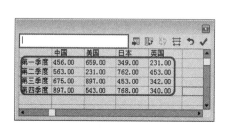

图 5.99　输入文字和数值

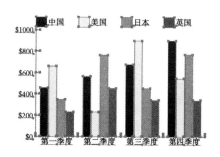

图 5.100　创建的柱形图

(3) 在空白处单击，再在工具箱中单击【编组选择工具】，在颜色条上单击三次，即可选中相同颜色的颜色条和图例，图 5.101 所示。

(4) 在菜单栏中选择【窗口】|【色板】命令，如图 5.102 所示。

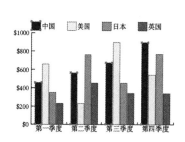

图 5.101　选中相同颜色的颜色条和图例

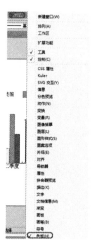

图 5.102　选择【色板】命令

(5) 执行该操作后，即可打开【色板】面板，在该面板中选择如图 5.103 所示的颜色。

(6) 选择完成后，即可改变选中颜色条和图例的颜色，其效果如图 5.104 所示。

(7) 使用同样的方法改变其他颜色条及图例的颜色，改变后的效果如图 5.105 所示。

(8) 在工具箱中单击【编组选择工具】，在横向文字上单击两次，选中所有的横向文字，如图 5.106 所示。

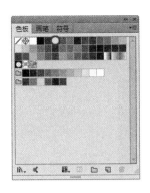

图 5.103　选择颜色

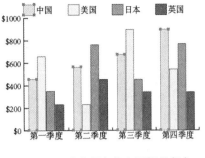

图 5.104　改变颜色条和图例的颜色

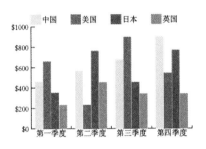

图 5.105　改变颜色后的效果

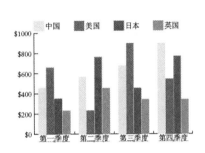

图 5.106　选择文字

(9) 按 Ctrl+T 组合键打开【字符】面板，在该面板中将字体设置为【隶书】，将字体大小设置为 11，如图 5.107 所示。

(10) 设置完成后，即可为选中的文字改变字体及字体大小，完成后的效果如图 5.108 所示。

图 5.107　【字符】面板

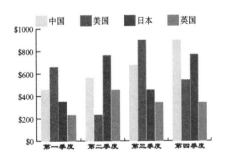

图 5.108　设置文字后的效果

5.3.6　同一图表显示不同类型的图表

在 Illustrator CC 中，用户可以在同一个图表中显示不同类型的图表，其具体操作步骤如下。

(1) 按 Ctrl+N 组合键创建一个新文档，在工具箱中单击【柱形图工具】 ▥，在画板中按住鼠标进行拖曳，在弹出的对话框中输入如图 5.109 所示的内容。

(2) 输入完成后，在该对话框中单击【应用】按钮☑️，即可完成柱形图的创建，其效果如图 5.110 所示。

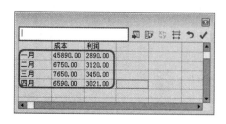

图 5.109　输入文字和数值

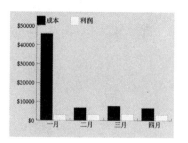

图 5.110　创建的柱形图

(3) 在空白处单击，再在工具箱中单击【编组选择工具】🔀，在黑色颜色条上单击三次，即可选中相同颜色的颜色条和图例，如图 5.111 所示。

(4) 在菜单栏中选择【对象】|【图表】|【类型】命令，如图 5.112 所示。

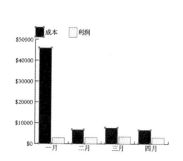

图 5.111　选中相同颜色的颜色条和图例

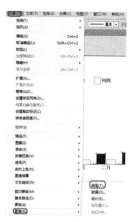

图 5.112　选择【类型】命令

(5) 执行该操作后，即可打开【图表类型】对话框，在该对话框中单击【折线图】按钮📈，如图 5.113 所示。

(6) 单击完成后，单击【确定】按钮，即可在一个图表中显示不同类型的图表，效果如图 5.114 所示。

图 5.113　选择颜色

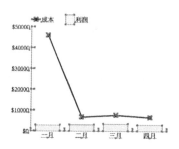

图 5.114　显示不同类型的图表

5.4　上 机 练 习

5.4.1　制作书签

书签是指为标记阅读到什么地方，记录阅读进度而夹在书里的小薄片儿，多用纸或赛璐珞等制成。本案例将介绍如何在 Illustrator CC 中制作书签，其效果如图 5.115 所示。

(1) 启动 Illustrator CC，在菜单栏中选择【文件】|【新建】命令，如图 5.116 所示。

(2) 在弹出的对话框中将【宽度】和【高度】分别设置为 216mm、392mm，如图 5.117 所示。

(3) 设置完成后，单击【确定】按钮，即可创建一个新的文档，在工具箱中单击【圆角矩形工具】 ，在画板中绘制一个圆角矩形，如图 5.118 所示。

图 5.115　书签效果

图 5.116　选择【新建】命令

图 5.117　【新建文档】对话框

(4) 双击【填色】弹出拾色器对话框，将 CMYK 值设置为 3、1、6、0，如图 5.119 所示，将【描边】设置为无。

图 5.118　在画板中绘制圆角矩形

图 5.119　设置填充颜色

(5) 单击【确定】按钮，填充矩形颜色，效果如图 5.120 所示。

(6) 选择工具箱中的【选择工具】 选择矩形边框，双击工具箱中的【描边】并在弹出的【拾色器】对话框中将 CMYK 值设置为 37、21、19、0，如图 5.121 所示。

图 5.120　填充圆角矩形颜色

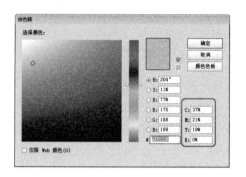

图 5.121　设置描边颜色

（7）单击【确定】按钮，效果如图 5.122 所示。

（8）选择绘制的矩形，在工具栏中将描边设置为 1pt，单击【画笔定义】按钮，在弹出的列表框中单击按钮，在弹出的下拉列表中选择【打开画笔库】|【毛刷画笔】|【炭笔-羽毛】，如图 5.123 所示。

图 5.122　为圆角矩形描边

图 5.123　描边设置

（9）描边效果如图 5.124 所示。

（10）选择【圆角矩形工具】，将描边设置为无，双击工具箱中的【填色】，在弹出的【拾色器】对话框中将 CMYK 值设置为 3、1、6、0，如图 5.125 所示。

图 5.124　设置描边

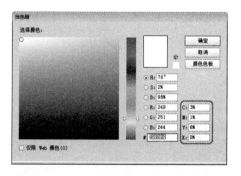

图 5.125　设置填充颜色

(11) 单击【确定】按钮，然后在画板中绘制圆角矩形，填充圆角矩形颜色，效果如图 5.126 所示。

(12) 打开【图层】面板，单击【图层 1】按钮 ▶，选中顶层路径，单击将其拖曳至最下层，如图 5.127 所示。

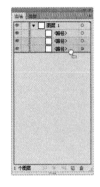

图 5.126　填充圆角矩形颜色

图 5.127　调整路径

(13) 选择工具箱中的【选择工具】 ，选中步骤(10)绘制的矩形，单击调整其大小及位置，如图 5.128 所示。

(14) 选择工具箱中的【圆角矩形】，将【描边】设置为无，双击【填色】，在弹出的【拾色器】对话框中将 CMYK 值设置为 21、0、13、0，如图 5.129 所示。

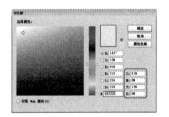

图 5.128　调整矩形位置

图 5.129　设置填充颜色

(15) 单击【确定】按钮，然后在画板中绘制矩形，效果如图 5.130 所示。

(16) 同上述步骤相同，调整其大小和位置，如图 5.131 所示。

图 5.130　填充圆角矩形颜色

图 5.131　调整圆角矩形位置及大小

(17) 选择工具箱中的【文字工具】T.，输入文字，打开【字符】面板，选择文字 FLOWER，将【字体系列】设置为【华文琥珀】，将大小设置为72pt，如图 5.132 所示。

(18) 选中 FLOWER，双击【填色工具】，弹出【拾色器】对话框，将 CMYK 值设置为 61、35、27、0，如图 5.133 所示。

(19) 单击【确定】按钮，调整其位置，如图 5.134 所示。

图 5.132　设置字体大小　　　　　图 5.133　填充字体颜色　　　　图 5.134　调整文字位置

(20) 综合上述方法设置剩余文本，将其字体设置为【华文仿宋】、大小设置为 36pt，如图 5.135 所示。

(21) 综合上述方法设置其文字颜色，将 CMYK 值设置为 66、66、80、27，如图 5.136 所示。

(22) 单击【确定】按钮，调整其位置，如图 5.137 所示。

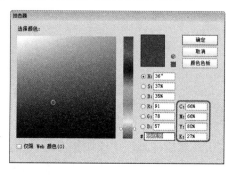

图 5.135　设置字体大小　　　　　图 5.136　填充文字颜色　　　　图 5.137　调整其位置

(23) 在菜单栏中选择【窗口】|【符号】命令，弹出如图 5.138 所示的面板。

(24) 单击【符号】面板中的按钮，在弹出的下拉列表中选择【打开符号库】|【自然】命令，如图 5.139 所示。

(25) 执行该操作后，即可打开【自然】面板，如图 5.140 所示。

(26) 在【自然】面板中选择【枫叶 2】，在工具箱中选择【符号喷枪工具】，在画板中单击，即可创建一个符号，效果如图 5.141 所示。

(27) 用相同的方法再次创建一个【枫叶 2】符号，如图 5.142 所示。

图 5.138　【符号】面板

图 5.139　选择【自然】命令

图 5.140　【自然】面板

图 5.141　创建符号

(28) 选择工具箱中的【椭圆工具】  ，在画板中创建一个椭圆，双击工具箱中的
【填色】，在弹出的拾色器面板中将 CMYK 值设置为 12、1、6、0，效果如图 5.143 所示。

图 5.142　创建符号

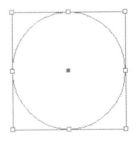

图 5.143　创建椭圆

(29) 用相同的方式再创建一个椭圆，将 CMYK 值设置为 3、1、6、0，调整其大小及
位置，如图 5.144 所示。

(30) 用相同的方式依次创建椭圆，效果如图 5.145 所示。

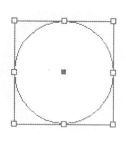
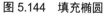

图 5.144 填充椭圆

图 5.145 依次创建椭圆

（31）在工具箱中单击【选择工具】 ，在画板中选中所绘制的椭圆，如图 5.146 所示。

（32）打开【符号】面板，单击【符号】面板右上角的 按钮，在弹出的下拉菜单中可以选择【新建符号】命令，如图 5.147 所示。

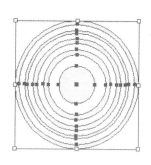

图 5.146 选中椭圆

图 5.147 选择【新建符号】命令

（33）在弹出的对话框中将【名称】设置为【圆】，将【类型】设置为【图形】，如图 5.148 所示。

（34）设置完成后，单击【确定】按钮，即可新建符号，效果如图 5.149 所示。

图 5.148 设置符号选项

图 5.149 新建符号

（35）打开【符号】面板，选择【圆】，在工具箱中选择【符号喷枪工具】，依次在画板中创建符号，并调整其大小和位置，如图 5.150 所示。

（36）打开【图层】面板，将【圆】符号路径全部调至文字图层和【枫叶】路径之下，如图 5.151 所示。

图 5.150 调整符号

图 5.151 调整路径

(37) 打开随书附带光盘中的"CDROM\素材\Cha05\花.png"素材文件，选择完成后，单击【打开】按钮，即可将素材文件打开，如图 5.152 所示，调整其在文本中的位置。

(38) 选择工具箱中的【钢笔工具】，绘制树枝路径，如图 5.153 所示。

图 5.152 打开素材

图 5.153 绘制树枝路径

(39) 选中树枝路径，在工具箱中双击【填色】，弹出【拾色器】对话框，将 CMYK 值设置为 35、33、47、0，如图 5.154 所示。

(40) 单击【确定】按钮，填充树枝颜色，如图 5.155 所示。

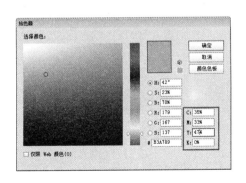

图 5.154 设置树枝颜色

图 5.155 填充颜色

(41) 在菜单栏中选择【文件】|【存储为】命令，弹出【存储为】对话框，在该对话框中设置正确的存储路径，将【文件名】设置为【书签】，将【保存类型】设置为 Adobe Illustrator，设置完成后单击【保存】按钮，即可将场景进行保存。

5.4.2　绘制精美柱体

制作本例的主要目的是掌握如何在 Illustrator CC 中绘制精美柱体。在本示例中主要使用【矩形工具】和【钢笔工具】，绘制出柱体，使用【箭头形状工具】绘制箭头，并对柱体进行高光和投影设计。

(1) 按 Ctrl+N 组合键，打开【新建文档】对话框，将【高度】和【宽度】分别设置为 140mm、114mm，如图 5.156 所示，单击【确定】按钮。

(2) 单击【矩形工具】，绘制矩形，效果如图 5.157 所示。

图 5.156　【新建文档】对话框

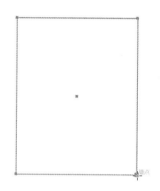

图 5.157　绘制矩形

(3) 绘制完成后，双击【填色】并在弹出的【拾色器】对话框中将 CMYK 值设置为 5、66、87、0，如图 5.158 所示。

(4) 单击确定填充矩形颜色，取消轮廓线，如图 5.159 所示。

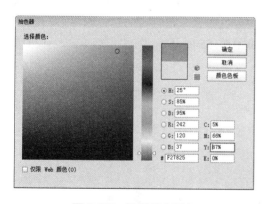

图 5.158　设置填充颜色

图 5.159　填充矩形颜色

(5) 选择工具箱中的【钢笔工具】，绘制如图 5.160 所示的线条。

(6) 绘制完成后，双击【填色】并在弹出的【拾色器】对话框中将 CMYK 值设置为

53、87、100、34，如图 5.161 所示。

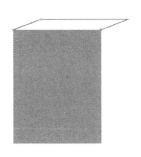

图 5.160　绘制路径

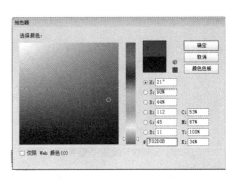

图 5.161　设置颜色

(7) 单击【确定】按钮，取消轮廓钱，效果如图 5.162 所示。

(8) 这个柱体完成后用相同的方法继续绘制图形，并为其填充颜色，取消其轮廓线，如图 5.163 所示。

图 5.162　填充颜色

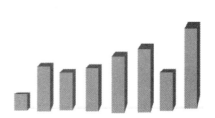

图 5.163　绘制矩形

(9) 选择工具箱中的【钢笔工具】　，绘制图形，如图 5.164 所示。

(10) 绘制完成后使用【转换工具】　，对绘制图形进行调整，为绘制的区域填充白色，并取消轮廓线填充，效果如图 5.165 所示。

图 5.164　绘制路径

图 5.165　填充颜色

(11) 选择绘制的高光图形，选择不透明度为 10%，如图 5.166 所示。

(12) 使用相同的方法继续为其他柱体添加高光，并设置其不透明度，效果如图 5.167

所示。

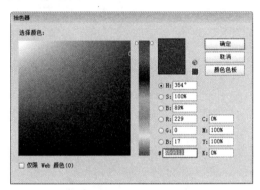

图 5.166　设置不透明度　　　　　　　　　　图 5.167　绘制其他高光区域

(13) 选择工具箱中的【钢笔工具】　，绘制折线图形，如图 5.168 所示。

(14) 选择绘制的折线图形，双击【填色】并在弹出的【拾色器】对话框中设置颜色为红色，将 CMYK 值设置为 0、100、100、0，如图 5.169 所示。

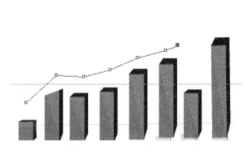

图 5.168　绘制折线　　　　　　　　　　图 5.169　设置填充颜色

(15) 单击【确定】按钮，打开【描边】对话框，设置【宽度】为 1.5pt，如图 5.170 所示。

(16) 单击【确定】按钮，效果如图 5.171 所示。

图 5.170　设置描边宽度　　　　　　　　　图 5.171　设置轮廓颜色效果

(17) 在菜单栏中选择【窗口】|【符号】命令，在弹出的对话框中单击　，在弹出的下拉菜单中选择【打开符号库】|【箭头】命令，选择箭头形状，将其颜色设置成红色，CMYK 为 0、100、100、0，取消轮廓线填充，效果如图 5.172 所示。

(18) 在工具箱中选择【椭圆工具】　，绘制椭圆，如图 5.173 所示。

图 5.172　设置箭头颜色

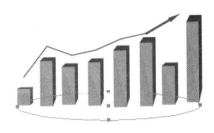

图 5.173　绘制椭圆

(19) 选中绘制的椭圆，双击工具箱中的【填色】并在弹出的【拾色器】对话框中将 CMYK 值设置为 13、13、0、0，效果如图 5.174 所示。

(20) 单击【确定】按钮，取消轮廓线，效果如图 5.175 所示。

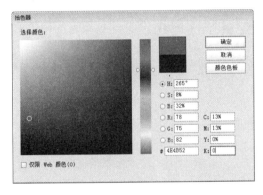

图 5.174　设置填充颜色

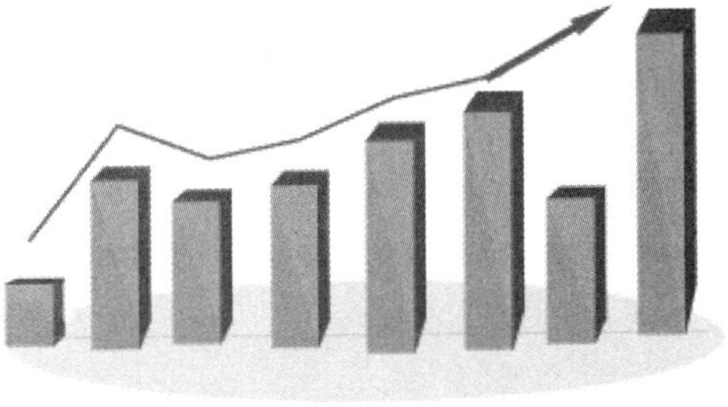

图 5.175　填充颜色

(21) 确定绘制的椭圆处于选择状态，调整至柱体下方，选择【效果】|【模糊】|【高斯模糊】，在打开的【高斯模糊】对话框中将【半径】设置为 50，如图 5.176 所示。

(22) 模糊的效果如图 5.177 所示。

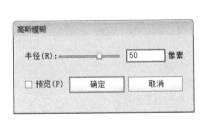

图 5.176　【高斯模糊】对话框

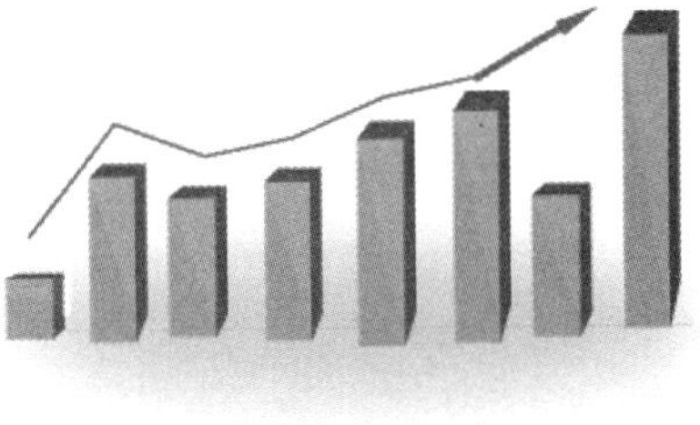

图 5.177　模糊效果

(23) 选中所有柱体，选择工具箱中的【镜像工具】 ，弹出如图 5.178 所示的对话框。

(24) 选中【水平】单选按钮，单击【复制】按钮，效果如图 5.179 所示。

图 5.178 【镜像】对话框

图 5.179 垂直镜像效果

(25) 选中复制的图形，将工具栏中的【不透明度】设置为 30%，效果如图 5.180 所示。

(26) 选择工具箱中的【矩形工具】，在文本中绘制矩形，将其颜色填充为白色，效果如图 5.181 所示。

图 5.180 设置不透明度

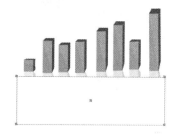

图 5.181 填充白色

(27) 双击工具箱中的【渐变工具】，弹出如图 5.182 所示的【渐变】对话框，将【类型】设置为【线性】，将【角度】设置为-90 度，单击左边第一个渐变滑块，将【不透明度】设置为50%。

(28) 选择上方所有柱体，选择【效果】|【风格化】|【投影】命令，弹出【投影】对话框，将其【不透明度】设置为32%，如图 5.183 所示。

图 5.182 【渐变】对话框

图 5.183 【投影】对话框

(29) 单击【确定】按钮，效果如图 5.184 所示。

(30) 选择工具箱中的【文字工具】 T.，在柱体上方输入文本，选中输入文本，双击【填色】并在弹出的【拾色器】对话框中将 CMYK 值设置为 0、100、100、0，如图 5.185 所示。

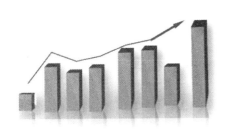

图 5.184 投影效果

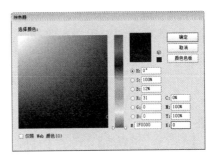

图 5.185 设置颜色

(31) 打开字符面板，将【字体】设置为【幼圆】、【大小】设置为 24pt，如图 5.186 所示。

(32) 用相同的方法绘制矩形并输入文本，并设置文本颜色、大小、字体，如图 5.187 所示。至此，精美柱体绘制完成。

图 5.186 字符面板

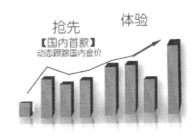

图 5.187 最终效果

思考与练习

1. 如何创建雷达图？
2. 如何修改图表的类型？
3. 如何在同一图表中显示不同类型的图表？

第6章 文本处理

文字能够准确地传达作品的含义，在 Illustrator 中使用文字工具能够对文字进行编辑与处理。本章将主要介绍文本的设置与段落格式的设置。

6.1 文字工具与创建文本

在 Illustrator 中提供了 6 种文字工具，分别是【文字工具】 T、【区域文字工具】 T、【路径文字工具】 、【直排文字工具】 IT、【直排区域文字工具】 IT 和【直排路径文字工具】 ，如图 6.1 所示。

用户可以用这些文字工具创建或编辑横排或直排的点文字、区域文字或路径文字对象。

● 点文字是指从页面中单击的位置开始，随着字符的输入而扩展的一行或一列横排或直排文本。这种方式适用于在图稿中输入少量的文本，如图 6.2 所示。

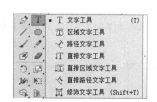

图 6.1　文字工具　　　　　　　　　　　图 6.2　点文本

● 区域文字是指利用对象的边界来控制字符排列。当文本触及边界时，会自动换行。可以创建包含一个或多个段落的文本，如用于宣传册之类的印刷品时，可以使用这种输入文本的方式，如图 6.3 所示。

● 路径文字是指沿着开放或封闭的路径排列的文字。水平输入文本时，字符的排列会与基线平行；垂直输入文本时，字符的排列会与基线垂直，如图 6.4 所示。

图 6.3　区域文字　　　　　　　　　　　图 6.4　路径文字

6.1.1 点文字

可以使用【文字工具】 T 和【直排文字工具】 IT 在某一点输入文本。其中,【文字工具】 T 创建横排文本,【直排文字工具】 IT 可创建直排文本。

1．横排文字

下面来介绍一下创建横排文字的方法,具体的操作步骤如下。

(1) 新建一个空白文档,将"CDROM\素材\Cha06\01.jpg"素材文件置入到文档中,效果如图 6.5 所示。

(2) 在工具箱中选择【文字工具】 T ,当鼠标指针变为 I 样式时,在画板中单击,即可看到单击的位置出现闪烁的光标,然后直接输入文字,输入完成后,调整其大小即可,如图 6.6 所示。

图 6.5　置入素材图片

图 6.6　输入文字

2．竖排文字

输入竖排文字的方法与输入横排文字的方法相同,具体的操作步骤如下。

(1) 新建一个空白文档,在菜单栏中选择【文件】|【置入】命令,如图 6.7 所示。

(2) 在弹出的对话框中选择随书附带光盘中的"CDROM\素材\Cha06\02.jpg"素材文件,如图 6.8 所示。

图 6.7　选择【置入】命令

图 6.8　选择素材文件

（3）单击【置入】按钮，将选中的对象置入到文档中，并调整其大小，调整后的效果如图 6.9 所示。

（4）在工具箱中单击【直排文字工具】，在画板中单击，输入文字，对输入后的文字进行相应的设置即可，效果如图 6.10 所示。

图 6.9　置入素材图片　　　　　　　　　　　图 6.10　输入文字后的效果

注 意

使用【文字工具】和【直排文字工具】时，不要在现有的图形上单击，这样会将文字转换成区域文字或路径文字。

6.1.2　区域文字

在 Illustrator 中，可利用对象边界来控制字符的排列。当文本触及边界时将自动换行以使文本位于所定义的区域内。

1．创建区域文字

在 Illustrator 中，可以通过拖曳文本框来创建文字区域，还可以将现有图形转换为文字区域。

通过拖曳文本框来创建文字区域的操作步骤如下。

（1）新建一个空白文档，将"CDROM\素材\Cha06\03.jpg"素材文件置入到新建的文档中，如图 6.11 所示。

（2）在工具箱中选择【文字工具】，当鼠标指针变为样式时，在文字起点处单击并向对角线方向拖曳，拖曳出所需大小的矩形框后松开鼠标，光标会自动插入到文本框内，如图 6.12 所示。

（3）直接输入文字，输入完成后，对输入的文字进行设置，效果如图 6.13 所示。

除了可以使用文字工具绘制文本区域外，用户还可以将绘制的图形转换为文本区域，下面将简单介绍如何将图形转换为文字区域，其具体操作步骤如下。

（1）在工具箱中选择【星形工具】，在画板中绘制一个如图 6.14 所示的星形。

（2）在工具箱中选择【区域文字工具】，将鼠标移至图形框边缘，当指针变为样式时，单击图形，则完成将图形转换为文字区域的操作，如图 6.15 所示。

(3) 在转换为文字区域的图形框中输入文字，并对输入的文字进行设置，效果如图 6.16 所示。

图 6.11　置入的素材文件

图 6.12　绘制文本框

图 6.13　输入文字

图 6.14　绘制图形

图 6.15　将图形转换为文字区域

图 6.16　在文本域中输入文字

注　意

当将图形转换为文字区域时，Illustrator 将会自动将该图形的属性删除，例如填充、描边等。

如果用作文字区域的图形为开放路径，则必须使用【区域文字工具】T 或【直排区域文字工具】T 来定义文本框。可在路径的端点之间绘制一条虚构的直线来定义文字的边界，例如在画板中绘制一条开放路径，如图 6.17 所示，单击【区域文字工具】T ，在路径上单击，然后输入文字即可，效果如图 6.18 所示。

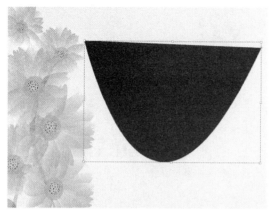

| 图 6.17 绘制开放路径 | 图 6.18 输入文字后的效果 |

2．调整文本区域的形状

当输入的文本超出文本框的容量时，会在文本框右下角出现一个红色加号 ⊞，表示溢出文本，这时就需要对文本区域的形状进行调整，具体的操作步骤如下。

(1) 按 Ctrl+O 组合键，弹出【打开】对话框，在弹出的对话框中选择随书附带光盘中的 "CDROM\素材\Cha06\04.ai" 素材文件，单击【打开】按钮，如图 6.19 所示。

(2) 在工具箱中选择【选择工具】▶ ，然后单击选择文本框，并将鼠标指针移至文本框边缘，当指针变为 ↕ 样式时，拖曳鼠标，将文本框拉大到溢出文本出现即可，如图 6.20 所示。

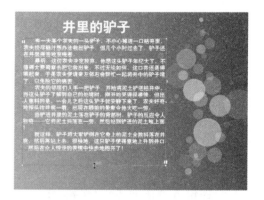

| 图 6.19 打开的素材文件 | 图 6.20 显示全部文本 |

3．文本的串接与中断

若输入的文本超出文本框容量时，还可以将文本串接到另一个文本框中，即串接文本，具体的操作步骤如下。

(1) 打开素材文件 004.ai，在工具箱中选择【选择工具】，将鼠标指针移至溢流文本的位置，单击红色加号，当指针变为样式时，表示已经加载文本。在空白部分单击并沿对角线方向拖曳鼠标，如图 6.21 所示。

(2) 松开鼠标后可以看到加载的文字自动排入到拖曳的文本框中，效果如图 6.22 所示。

图 6.21　绘制文本框

图 6.22　串接文本

还可以将独立的文本框串接在一起，或者将串接的文本框断开。下面来介绍一下串接与断开文本框的方法，具体的操作步骤如下。

(1) 按 Ctrl+O 组合键，弹出【打开】对话框，在弹出的对话框中选择随书附带光盘中的"CDROM\素材\Cha06\05.ai"素材文件，单击【打开】按钮，效果如图 6.23 所示。

(2) 在素材文件中有两个独立的文本框，下面将这两个文本框串接起来。首先使用【选择工具】选择第一个文本框，将鼠标放置在文本框右下角文字的出口处，如图 6.24 所示。

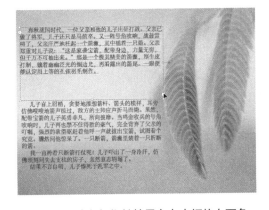

图 6.23　打开的素材文件

图 6.24　将鼠标指针放置在文本框的右下角

(3) 单击，然后将鼠标指针移至第二个文本框中，此时鼠标指针将会变成样式，如图 6.25 所示。

(4) 单击，即可将文本框串接起来，文本框串接起来之后，如果第一个文本框中有空余的部分，则第二个文本框中的内容会自动流入第一个文本框中，如图 6.26 所示。

图 6.25　将鼠标指针放置在第二个文本框上

图 6.26　串接文本

在 Illustrator 中也可将串接的两个文本框进行断开，具体操作步骤如下。

(1) 使用【选择工具】选择需要断开串接的文本框，将鼠标移至文本框的左上角，即文字的入口处，单击，如图 6.27 所示。

(2) 再将鼠标指针移至上一个文本框的右下角，即文字的出口处，此时鼠标指针会变为样式，如图 6.28 所示。

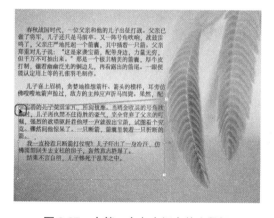

图 6.27　在第二个文本框中单击鼠标

图 6.28　鼠标指针变为断开样式

(3) 单击，则完成断开文本框串接的操作，被断开串接的文本则排入到上一个文本框中，如图 6.29 所示。

4. 设置区域文字

创建区域文字后，还可以根据需要对文字区域的宽度和高度、文字的间距等进行设置，具体操作步骤如下。

(1) 按 Ctrl+O 组合键，在弹出的对话框中选择随书附带光盘中的"CDROM\素材\Cha06\06.ai"素材文件，单击【打开】按钮，效果如图 6.30 所示。

(2) 使用【选择工具】选择一个文本框，在菜单栏中选择【文字】|【区域文字选项】命令，如图 6.31 所示。

(3) 执行该操作后，将会弹出【区域文字选项】对话框，如图 6.32 所示。

图 6.29　断开文本串接

图 6.30　打开的素材文件

图 6.31　选择【区域文字选项】命令

图 6.32　【区域文字选项】对话框

在该对话框中各选项功能介绍如下。

- 【宽度】和【高度】：数值框分别表示文字区域的宽度和高度，如图 6.33 所示为设置完宽度后的效果。
- 【行】和【列】选项各项参数介绍如下。
    - ◆ 【数量】：指定对象要包含的行数、列数(即通常所说的栏数)，设置列数量后的效果如图 6.34 所示。

图 6.33　设置宽度后的效果

图 6.34　设置列宽后的效果

◆ 【跨距】：指定单行高度和单栏宽度。

◆ 【固定】：确定调整文字区域大小时行高和栏宽的变化情况。

◆ 【间距】：用于指定行间距或列间距。

● 【位移】：用于升高或降低文本区域中的首行基线。

◆ 【内边距】：该选项用于设置文字与文字区域的间距。

◆ 【首行基线】：在该下拉列表中可以对文本首行基线进行设置。

◆ 最小值：指定基线偏移的最小值。

● 【文本排列】选项：确定文本在行和列间的排列方式，包括【按行，从左到右】和【按列，从左到右】。

(4) 在该对话框中将【内边距】设置为5mm，如图6.35所示。

(5) 设置完成后，单击【确定】按钮，设置区域文字后的效果如图6.36所示。

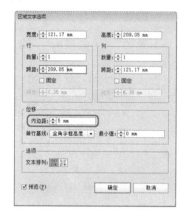

图 6.35　设置内边距

图 6.36　设置内边距后的效果

5. 文本绕排

可以将文本绕排在任何对象的周围，包括文字对象、导入的图像和绘制的对象，设置文本绕排的方法如下。

(1) 继续上面的操作，在菜单栏中选择【文件】|【置入】命令，如图6.37所示。

(2) 弹出【置入】对话框，在弹出的对话框中选择随书附带光盘中的"CDROM\素材\Cha06\花.png"素材文件，如图6.38所示。

(3) 选择完成后，单击【置入】按钮，即可将选择的图片置入画板中，然后对图片的大小和位置进行调整，如图6.39所示。

(4) 确定置入的图片处于选择状态，在菜单栏中选择【对象】|【文本绕排】|【文本绕排选项】命令，如图6.40所示。

(5) 弹出【文本绕排选项】对话框，在该对话框中将【位移】设置为3pt，如图6.41所示。

● 【位移】：指定文本和绕排对象之间的间距大小。可以输入正值或负值。

● 【反向绕排】：勾选该复选框，可围绕对象反向绕排文本。

(6) 单击【确定】按钮，然后在菜单栏中选择【对象】|【文本绕排】|【建立】命令，如图6.42所示。

图 6.37　选择【置入】命令

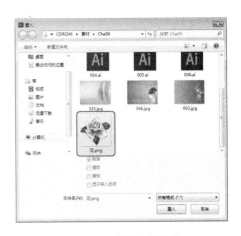

图 6.38　选择素材文件

图 6.39　调整素材文件的位置

图 6.40　选择【文本绕排选项】命令

图 6.41　设置位移

图 6.42　选择【建立】命令

(7) 选择该命令后，即可创建文本绕排，效果如图 6.43 所示。

若要删除对象周围的文字绕排，可以先选择该对象，然后在菜单栏中选择【对象】|【文本绕排】|【释放】命令，如图 6.44 所示。即可设置文本绕排效果，如图 6.45 所示。

图 6.43　文本绕排

图 6.44　选择【释放】命令

图 6.45　释放文本绕排

6.1.3　创建并调整路径文字

路径文字是指沿着开放或封闭的路径方向排列的文字。下面来介绍一下创建路径文字的方法，以及沿路径移动、翻转文字和调整路径文字对齐的方法。

1．创建路径文字

下面来介绍一下创建路径文字的方法，具体的操作步骤如下。

(1) 按 Ctrl+O 键，在弹出的对话框中选择随书附带光盘中的"CDROM\素材\Cha06\07.ai"素材文件，单击【打开】按钮，效果如图 6.46 所示。

(2) 在工具箱中选择【钢笔工具】，然后在画板中绘制路径，如图 6.47 所示。

(3) 选择【路径文字工具】，然后将鼠标指针移至曲线边缘，当鼠标指针变为样式时，单击，出现闪烁的光标后输入文字，如图 6.48 所示。

> **注 意**
>
> 如果路径为封闭路径而不是开放路径，则必须使用【路径文字工具】或【直排路径文字工具】。

(4) 对输入文字的颜色、字体和大小等进行设置，效果如图 6.49 所示。

图 6.46 打开的素材文件

图 6.47 绘制路径

图 6.48 输入文字

图 6.49 设置文字后的效果

2. 沿路径移动和翻转文字

下面来介绍沿路径移动和翻转文字的方法，具体的操作步骤如下。

(1) 继续上一小节的操作，使用【选择工具】选中路径文字，可以看到在路径的起点、中点及终点处，都会出现标记，如图 6.50 所示。

(2) 将鼠标指针移至文字的起点标记上，此时鼠标指针变成样式，如图 6.51 所示。

(3) 沿路径拖动文字的起点标记，可以将文本沿路径移动，如图 6.52 所示。

(4) 将鼠标指针移至文字的中点标记上，当鼠标指针变成样式时，向下拖动中间的标记，越过路径，即可沿路径翻转文本的方向，如图 6.53 所示。

3. 应用路径文字效果

下面来介绍应用路径文字效果的方法，具体的操作步骤如下。

(1) 按 Ctrl+O 组合键弹出【打开】对话框，在该对话框中选择随书附带光盘中的"CDROM\素材\Cha06\08.jpg"文件，单击【打开】按钮，效果如图 6.54 所示。

(2) 使用【选择工具】选择路径文字，如图 6.55 所示。

(3) 在如图 6.56 所示的菜单栏中选择【文字】|【路径文字】|【路径文字选项】命令。

图 6.50　选择文字

图 6.51　将鼠标指针放置在路径文字的开始处

图 6.52　移动文字后的效果

图 6.53　翻转文本

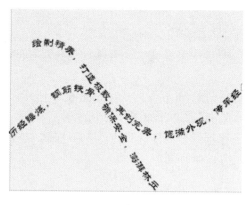

图 6.54　打开素材

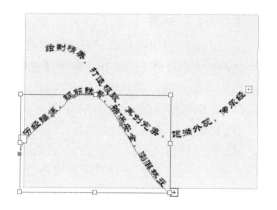

图 6.55　选择路径文字

(4) 弹出【路径文字选项】对话框，在【效果】下拉列表中选择一个选项，在这里选择【倾斜】选项，如图 6.57 所示。

(5) 单击【确定】按钮，即可为路径文字应用【倾斜】效果，如图 6.58 所示。

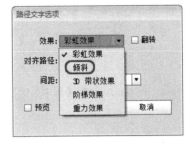

图 6.56　选择【路径文字选项】命令　　　　图 6.57　选择【倾斜】选项

4．调整路径文字的垂直对齐方式

下面来介绍一下如何调整路径文字的垂直对齐方式，具体的操作步骤如下。

(1) 继续上一小节的操作，使用【选择工具】选择路径文字，如图 6.59 所示。

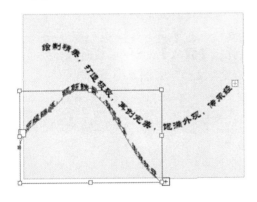

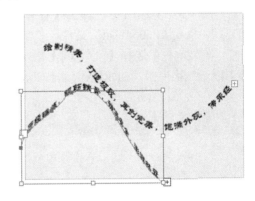

图 6.58　倾斜效果　　　　　　　　　图 6.59　选择路径文字

(2) 在菜单栏中选择【文字】|【路径文字】|【路径文字选项】命令，弹出【路径文字选项】对话框，在【对齐路径】下拉列表中选择路径文字的垂直对齐方式，在这里选择【居中】选项，如图 6.60 所示。

- 【字母上缘】：沿字体上边缘对齐。
- 【字母下缘】：沿字体下边缘对齐。
- 【居中】：沿字体字母上、下边缘间的中心点对齐。
- 【基线】：沿基线对齐，默认设置。

(3) 单击【确定】按钮，设置路径文字垂直对齐方式后的效果如图 6.61 所示。

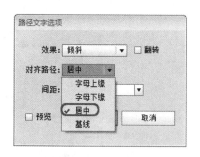

图 6.60　选择【居中】选项

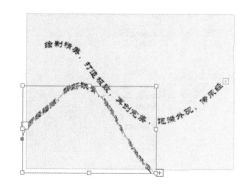

图 6.61　设置路径文字垂直对齐方式

6.2　导入和导出文本

6.2.1　导入文本

在 Illustrator CC 中，可以将纯文本或 Microsoft Word 文档导入到图稿中或已创建的文本中，具体的操作步骤如下。

(1) 按 Ctrl+O 组合键，弹出【打开】对话框，在该对话框中选择随书附带光盘中的"CDROM\素材\Cha06\09.ai"文件，单击【打开】按钮，效果如图 6.62 所示。

(2) 在菜单栏中选择【文件】|【置入】命令，弹出【置入】对话框，在该对话框中选择随书附带光盘中的"CDROM\素材\Cha06\08.txt"文本文档，如图 6.63 所示。

图 6.62　打开的素材文件

图 6.63　选择文本文档

(3) 单击【置入】按钮，弹出【文本导入选项】对话框，在【字符集】下拉列表中选择 GB2312 选项，然后选中【在每行结尾删除】和【在段落之间删除】复选框，如图 6.64 所示。

(4) 单击【确定】按钮，即可将文本文档导入至画板中，然后在【字符】面板中将【字体大小】设置为 12pt，将其【字体】设置为【华文行楷】。单击工具箱中的【填色】，将其 CMYK 值设置为 56、96、100、48，并在画板中调整文字位置，效果如图 6.65 所示。

图 6.64　【文本导入选项】对话框

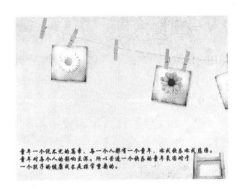

图 6.65　导入的文本文档

(5) 再在菜单栏中选择【文件】|【置入】命令，弹出【置入】对话框，在该对话框中选择随书附带光盘中的"CDROM\素材\Cha06\008.doc"文件，如图 6.66 所示。

(6) 单击【置入】按钮，弹出【Microsoft Word 选项】对话框，在该对话框中使用默认设置，如图 6.67 所示。

图 6.66　选择 Word 文档

图 6.67　【Microsoft Word 选项】对话框

(7) 单击【确定】按钮，即可将 Word 文档导入至画板中，然后按照上述方式调整字体及大小和颜色、位置。如图 6.68 所示。

(8) 使用【选择工具】对文本框架进行调整，并调整文字位置，如图 6.69 所示。

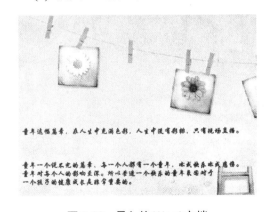

图 6.68　导入的 Word 文档

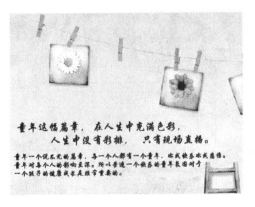

图 6.69　调整文本框架

6.2.2　导出文本

在 Illustrator CC 中，可以将创建的文档导出为纯文本格式，具体的操作步骤如下。

(1) 继续上一小节的操作，选择要导出的文本，在菜单栏中选择【文件】|【导出】命令，如图 6.70 所示。

(2) 弹出【导出】对话框，在该对话框中选择导出路径，然后输入文件名，并在【保存类型】下拉列表中选择【文本格式(*. TXT)】选项，如图 6.71 所示。

图 6.70　选择【导出】命令

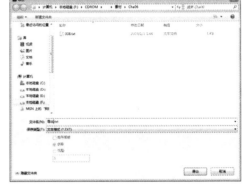

图 6.71　【导出】对话框

(3) 单击【保存】按钮，弹出【文本导出选项】对话框，在该对话框中使用默认设置即可，如图 6.72 所示。

(4) 单击【导出】按钮，即可导出文档。然后在本地计算机中打开导出的文本文档，效果如图 6.73 所示。

> **注 意**
>
> 如果只想导出文档中的部分文本，可以先选择要导出的文本，然后执行【导出】命令即可。

图 6.72　【文本导出选项】对话框

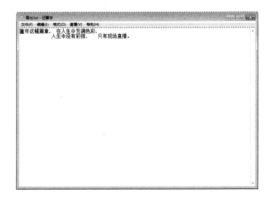

图 6.73　导出的文本文档

6.3　设置文字格式

在编辑图稿时，设置字符格式包括设置字体、字号、字体颜色、字符间距、文字边框等。设置好文档中的字符格式可以使版面赏心悦目。使用【控制】面板或【字符】面板可以方便地进行字符格式设置，也可以选用【文字】菜单中的命令进行字符格式设置。

选中文字后，在菜单栏中选择【窗口】|【文字】|【字符】命令，如图 6.74 所示，即可打开【字符】面板，如图 6.75 所示。

图 6.74　选择【字符】命令

图 6.75　【字符】面板

单击面板右上角的 ▼≡ 按钮，在弹出的下拉菜单中可以显示【字符】面板中的其他命令和选项，如图 6.76 所示。默认情况下，【字符】面板中只显示最为常用的选项，在面板下拉菜单中选择【显示选项】命令，可以显示所有选项，如图 6.77 所示。

图 6.76　【字符】面板下拉菜单

图 6.77　显示所有选项

6.3.1 设置字体

字体是具有同样粗细、宽度和样式的一组字符的完整集合，如 Times New Roman、宋体等。字体系列也称为字体家族，是具有相同整体外观的字体所形成的集合。设置文字字体的操作步骤如下。

(1) 按 Ctrl+O 组合键，弹出【打开】对话框，在该对话框中选择随书附带光盘中的"CDROM\素材\Cha06\010.ai"文件，单击【打开】按钮，效果如图 6.78 所示。

(2) 然后使用【文字工具】 T 在画板中选择文字，如图 6.79 所示。

图 6.78　打开的素材文件　　　　　　　图 6.79　选择文字

(3) 按 Ctrl+T 组合键打开【字符】面板，在【设置字体系列】下拉列表中选择一种字体，在这里选择【华文隶书】，如图 6.80 所示。

(4) 为文字设置字体后的效果如图 6.81 所示。

图 6.80　选择字体　　　　　　　图 6.81　设置字体后的效果

还可以使用下面的方法设置文字字体。

- 在工具栏中，单击【字符】按钮，在弹出的面板中可以对文字字体进行设置，如图 6.82 所示。
- 在菜单栏中选择【文字】|【字体】命令，在弹出的子菜单中可以对文字字体进行设置，如图 6.83 所示。

图 6.82 单击【字符】按钮后弹出的面板

图 6.83 【字体】子菜单

6.3.2 设置文字大小

字号就是字体的大小。在文档中，正文一般使用五号字或小五号字。文字的大小，需要与字符间距和行距协调。设置文字大小的具体操作步骤如下。

(1) 打开素材文件"CDROM\素材\Cha06\010.ai"，使用【文字工具】 在画板中选择需要设置大小的文字，如图 6.84 所示。

(2) 打开【字符】面板，在【设置字体大小】下拉列表中选择字号，在这里选择 72pt，如图 6.85 所示。

图 6.84 选择文字

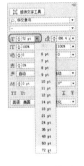

图 6.85 选择字号

(3) 设置文字大小后的效果如图 6.86 所示。

图 6.86 设置文字大小后的效果

也可以直接在【设置字体大小】文本框中输入字号。

还可以使用下面的方法设置文字大小。

- 在【控制】面板中，单击【字符】按钮，在弹出的面板中可以对文字大小进行设置，如图 6.87 所示。
- 在菜单栏中选择【文字】|【大小】命令，在弹出的子菜单中可以对文字的大小进行设置，如图 6.88 所示。

图 6.87　单击【字符】按钮后弹出的面板

图 6.88　【大小】子菜单

6.3.3　改变行距

在罗马字中的行距，也就是相邻行文字间的垂直间距。测量行距时是以一行文本的基线到上一行文本基线的距离。基线是一条无形的线，多数字母的底部均以其为准对齐，改变行距的具体操作步骤如下。

(1) 打开素材文件"CDROM\素材\Cha06\010.ai"，使用【选择工具】 选择需要设置行距的文字对象，如图 6.89 所示。

图 6.89　选择文字对象

(2) 打开【字符】面板，在【设置行距】下拉列表中选择数值，在这里选择 48pt，如图 6.90 所示。

(3) 设置行距后的效果如图 6.91 所示。

图 6.90   选择行距数值

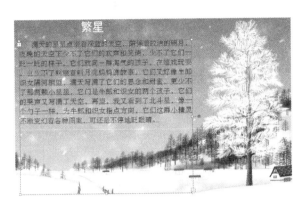

图 6.91   设置行距后的效果

6.3.4   垂直／水平缩放

在【字符】面板中，可以通过设置【垂直缩放】和【水平缩放】来改变文字的原始宽度和高度，图 6.92 所示为【水平缩放】分别设为 100% 和 125% 时的效果，图 6.93 所示为【垂直缩放】分别设为 100% 和 125% 时的效果。

图 6.92   设置【水平缩放】

图 6.93   设置【垂直缩放】

6.3.5　字距微调和字符间距

字距微调调整的是特定字符之间的间隙，多数字体都包含内部字距表格，如 LA、T0、Tr、Ta、Tu、Te、Ty、Wa、WA、We、Wo、Ya 和 Y0 等，其中的间距是不相同的。字符间距的调整就是加宽或紧缩文本的过程。字符间距调整的值也会影响中文文本，但一般情况下，该选项主要用于调整英文间距。

字距微调和字符间距的调整均以 1/1000em(全角字宽，以当前文字大小为基础的相对度量单位)度量。要为选定文本设置字距微调或字符间距，可在【字符】面板中的【设置两个字符间的字距微调】或【设置所选字符的字距调整】下拉列表中进行设置。如图 6.94 所示为设置字距为 0 和 300 时的效果；图 6.95 所示为设置字符间距为 0 和 200 时的效果。

图 6.94　设置字距

图 6.95　设置字符间距

6.3.6　旋转文字

在 Illustrator 中，还可以对字符的旋转角度进行设置，具体操作步骤如下。

(1) 打开素材文件"CDROM\素材\Cha06\010.ai"，使用【文字工具】 T 选择需要进行旋转的文字，如图 6.96 所示。

(2) 打开【字符】面板，在【字符旋转】下拉列表中选择旋转角度，在这里选择 30°，如图 6.97 所示。

(3) 设置旋转角度后的效果如图 6.98 所示。

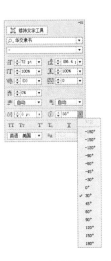

图 6.96　选择文字

图 6.97　选择旋转角度

图 6.98　设置旋转角度后的效果

6.3.7　下划线与删除线

单击【字符】面板中的【下划线】按钮 T 或【删除线】按钮 T，可为文本添加下划线或删除线，效果如图 6.99、图 6.100 所示。

图 6.99　下划线效果

图 6.100　删除线效果

6.4　设置段落格式

段落是基本的文字排版单元。在创建文本时，每次按 Enter 键就会产生新的段落，并自动应用前面的段落格式，段落格式包括段落文本对齐、段落缩进、段间距等，设置好文档中的段落格式，同样可以美化图稿。使用【控制】面板或【段落】面板可以方便地进行段落格式设置，也可以使用【文字】菜单中的命令进行段落格式设置。

在菜单栏中选择【窗口】|【文字】|【段落】命令，如图 6.101 所示。即可打开【段落】面板，如图 6.102 所示。

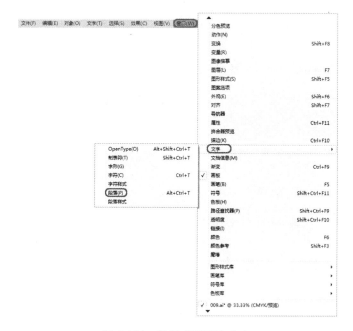

图 6.101　选择【段落】命令

单击面板右上角的 按钮，在弹出的下拉菜单中可以显示【段落】面板中的其他命令和选项，如图 6.103 所示。

图 6.102　【段落】面板

图 6.103　【段落】面板下拉菜单

6.4.1　文本对齐

在 Illustrator CC 中提供了多种文本对齐方式，包括左对齐、右对齐、居中对齐、两端对齐，末行左对齐、两端对齐，末行居中对齐、两端对齐，末行右对齐和全部两端对齐，从而适应多种多样的排版需要。要设置文本对齐，首选选择要设置的文本段或将光标定位到要设置的文本段中，然后在【段落】面板中执行下列操作之一。

- 单击【左对齐】按钮：左对齐是将段落中的每行文本对准左边界，如图 6.104 所示。

图 6.104　左对齐

- 单击【居中对齐】按钮：居中对齐是将段落中的每行文本对准页的中间，如图 6.105 所示。
- 【右对齐】按钮：右对齐是将段落中的每行文本对准右边界，如图 6.106 所示。

图 6.105　居中对齐

图 6.106　右对齐

- 【两端对齐，末行左对齐】按钮：两端对齐，末行左对齐是将段落中最后一行文本左对齐，其余文本行左右两端分别对齐文档的左右边界，如图 6.107 所示。
- 【两端对齐，末行居中对齐】按钮：两端对齐，末行居中对齐是将段落中最后一行文本右对齐，其余文本行左右两端分别对齐文档的左右边界，如图 6.108 所示。

图 6.107　两端对齐，末行左对齐

图 6.108　两端对齐，末行居中对齐

- 【两端对齐，末行右对齐】按钮：两端对齐，末行右对齐是将段落中最后一行文本居中对齐，其余文本行左右两端分别对齐文档的左右边界，如图 6.109 所示。
- 【全部两端对齐】按钮：全部两端对齐是将段落中的所有文本行左右两端分别对齐文档的左右边界，如图 6.110 所示。

图 6.109　两端对齐，末行右对齐

图 6.110　全部两端对齐

6.4.2　段落缩进

段落缩进是指页边界到文本的距离，段落缩进包括左缩进、右缩进和首行左缩进。使用【段落】面板来设置缩进的操作步骤如下。

(1) 打开素材文件 "CDROM\素材\Cha06\011.ai"，使用【选择工具】选中文字，或使用【文字工具】在要更改的段落中单击插入光标，如图 6.111 所示。

(2) 然后在【段落】面板中设置适当的缩进值，可以执行下列操作之一。

- 在【左缩进】文本框中输入 12pt，效果如图 6.112 所示。
- 在【右缩进】文本框中输入 18pt，效果如图 6.113 所示。
- 在【首行左缩进】文本框中输入 18pt，效果如图 6.114 所示。

图 6.111 插入光标

图 6.112 设置左缩进

图 6.113 设置右缩进

图 6.114 设置首行左缩进

6.4.3 段前与段后间距

段间距是指段落前面和段落后面的距离。如果要在【段落】面板中设置插入点或选定文本所在段的段前或段后间距，可以执行下列操作之一。

- 【段前间距】文本框中输入一个值，例如输入 20pt，即可产生段落前间距，如图 6.115 所示。
- 在【段后间距】文本框中输入一个值，例如输入 20pt，即可产生段落后间距，如图 6.116 所示。

图 6.115 设置段落前间距

图 6.116 设置段后间距

6.4.4 使用【制表符】面板设置段落缩进

在菜单栏中选择【窗口】|【文字】|【制表符】命令，如图 6.117 所示，即可弹出【制表符】面板，如图 6.118 所示。要使用【制表符】面板设置段落缩进，可以执行下列操作之一。

图 6.117　选择【制表符】命令

图 6.118　【制表符】面板

- 拖动左上方的标志符，可缩进文本的首行，如图 6.119 所示。
- 拖动左下方的标志符，可以缩进整个段落，但是不会缩进每个段落的第一行文本，如图 6.120 所示。

图 6.119　拖动左上方的标志符

图 6.120　拖动左下方的标志符

- 选中左上方的标志符，然后在 X 文本框中输入数值，即可缩进文本的第一行，如图 6.121 所示为输入 10mm 时的效果。

- 选中左下方的标志符，然后在 X 文本框中输入数值，即可缩进整个段落，但是不会缩进每个段落的第一行文本，如图 6.122 所示为输入 15mm 时的效果。

图 6.121 左缩进 10mm 时的效果　　　　图 6.122 左缩进为 15mm 时的效果

6.4.5 使用【吸管工具】复制文本属性

使用【吸管工具】可以复制文本的属性，包括字符、段落、填色及描边属性，然后对其他文本应用这些属性。默认情况下，使用【吸管工具】可以复制所有的文字属性。

如果要更改【吸管工具】的复制属性，可以在工具箱中双击【吸管工具】，弹出【吸管选项】对话框，如图 6.123 所示，在该对话框中对复制属性进行设置。

使用【吸管工具】复制文字属性的操作步骤如下。

(1) 按 Ctrl+O 组合键弹出【打开】对话框，在该对话框中选择随书附带光盘中的"CDROM\素材\Cha06\012.ai"文件，单击【打开】按钮，效果如图 6.124 所示。

图 6.123 【吸管选项】对话框

(2) 使用【文字工具】选择需要复制属性的目标文本，如图 6.125 所示。

图 6.124 打开的素材文件　　　　　　图 6.125 选择文本

(3) 在工具箱中选择【吸管工具】 ，然后将鼠标指针移至绿色文字上，此时鼠标指针会变成 样式，如图 6.126 所示。

(4) 单击，即可自动将吸取的属性复制到目标文本上，如图 6.127 所示。

图 6.126　选择【吸管工具】

图 6.127　将吸取属性复制到目标文本上

6.5　查找与替换

6.5.1　查找与替换文本

查找与替换文本也是常用的编辑操作，使用查找可以快速定位，使用替换可以一次性替换文档中的全部单词或词组。

在菜单栏中选择【编辑】|【查找和替换】命令，如图 6.128 所示，即可弹出【查找和替换】对话框，如图 6.129 所示。

图 6.128　选择【查找和替换】命令

在【查找】文本框中，输入或粘贴要查找的文本；在【替换为】文本框中，输入或粘贴要替换的文本。

● 若搜索或更改包括制表符、空格和其他特殊字符的文本，或搜索未指定的字符或通配符，可单击【查找】或【替换为】列表框右侧的按钮，在弹出的下拉列表中选择 Illustrator 中的字符或符号，如图 6.130 所示。

图 6.129　【查找和替换】对话框

图 6.130　选择字符或符号

- 若选择【区分大小写】复选框，将区分字符的大小写，若选择【全字匹配】复选框，将按全字匹配规则进行查找与替换；若选择【向后搜索】复选框，将向后搜索文字的内容。若选择【检查隐藏图层】复选框，则查找/替换范围将包含隐藏图层中的内容；若选择【检查锁定图层】复选框，则查找/替换范围将包含锁定图层中的内容。
- 若单击【查找】按钮，则开始搜索下一个匹配的文字串；若单击【替换】按钮，将替换文字串；若单击【替换和查找】按钮，将替换文字串并搜索下一个匹配的文字串；若单击【全部替换】按钮，将替换全部文字串。更改完成时单击【完成】按钮结束替换。

查找与替换文本的具体操作步骤如下。

(1) 按 Ctrl+O 组合键弹出【打开】对话框，在该对话框中选择随书附带光盘中的"CDROM\素材\Cha06\012.ai"文件，单击【打开】按钮，效果如图 6.131 所示。

(2) 在菜单栏中选择【编辑】|【查找和替换】命令，弹出【查找和替换】对话框，在【查找】文本框中输入"盛夏"，在【替换为】文本框中输入"Summer"，如图 6.132 所示。

图 6.131　打开的素材文件

图 6.132　【查找和替换】对话框

(3) 单击【查找】按钮，即可查找到第一个匹配的文字，如图 6.133 所示。

(4) 单击【全部替换】按钮，此时会弹出信息提示对话框，提示已完成替换，然后单击【确定】按钮，如图 6.134 所示。

图 6.133　查找到的文本

图 6.134　信息提示对话框

（5）返回到【查找和替换】文本框中，然后单击【完成】按钮，即可将文档中所有的"盛夏"替换为"Summer"，效果如图 6.135 所示。

图 6.135　替换效果

6.5.2　查找和替换字体

在 Illustrator 中还可以查找和替换文档中的字体。在菜单栏中选择【文字】|【查找字体】命令，如图 6.136 所示，即可弹出【查找字体】对话框，如图 6.137 所示。

图 6.136　选择【查找字体】命令

- 在【文档中的字体】列表中，选取一种字体。
- 在【替换字体来自】列表中，若选择【文档】选项，列表中将显示文档中的所有字体；若选择【系统】选项，列表中将显示系统中的所有字体，如图 6.138 所示；在列表中选取一种要替换的字体。

- 在【包含在列表中】选项区域中，可以选取的字体包括 OpenType、罗马字、标准、Type 1、CID、TrueType 或多模字库。
- 若单击【查找】按钮，开始搜索下一个匹配的格式字体。
- 若单击【更改】按钮，将更改搜索到的字体，若单击【全部更改】按钮，将更改全部匹配的字体。更改完成时，单击【完成】按钮。

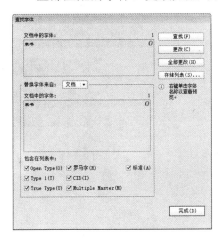

图 6.137　【查找字体】对话框

图 6.138　选择【系统】选项

查找和替换字体的具体操作步骤如下。

(1) 打开素材文件 1，在菜单栏中选择【文字】|【查找字体】命令，弹出【查找字体】对话框，在【文档中的字体】列表中选择【隶书】，在【替换字体来自】列表中选择【文档】选项，并选择字体【Adobe 宋体 StdL】，如图 6.139 所示。

(2) 单击【全部更改】按钮，即可更改全部匹配的字体，然后单击【完成】按钮，效果如图 6.140 所示。

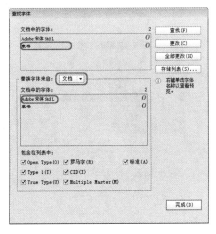

图 6.139　【查找字体】对话框

图 6.140　更改字体后的效果

6.6 上机练习

6.6.1 制作 VIP 卡

本小节主要介绍 VIP 卡的制作，效果如图 6.141 所示。

(1) 启动 Illustrator CC 后，按住 Ctrl+N 组合键，在弹出的【新建文档】对话框中，将【宽度】和【高度】分别设置为 960mm、1024mm，如图 6.142 所示。

(2) 单击【确定】按钮，在画板中新建一个空白文档。

(3) 选择工具箱中的【圆角矩形工具】 ，在画板中拖动鼠标，效果如图 6.143 所示。

(4) 确定圆角矩形处于选择状态，在工具箱中双击填色弹出拾色器对话框如图 6.144 所示。

(5) 将 CMYK 值设置为 64、74、0、0，如图 6.145 所示。

图 6.141　效果图

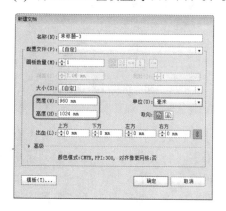

图 6.142　新建文档

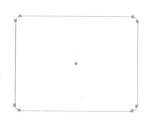

图 6.143　绘制圆角矩形

图 6.144　双击填充工具

图 6.145　设置 CMYK 颜色

(6) 单击【确定】按钮，即可填充圆角矩形颜色，效果如图 6.146 所示。

(7) 在空白处单击，双击工具箱中的【渐变工具】，打开渐变面板，将类型设置为线性渐变，双击左侧渐变滑块将 CMYK 值设置为 2.35、0.78、25.53、0。双击右侧渐变滑块将 CMYK 值设置为 7.06、0、25.53、0，效果如图 6.147 所示。

图 6.146　填充圆角矩形颜色

图 6.147　设置渐变颜色

（8）选择工具箱中钢笔工具，描绘路径，并在图形中单击调整渐变颜色效果，如图 6.148 所示。

（9）再次单击工具箱中的钢笔工具，将工具箱中填充色设置为无，描边设置为白色，描绘如图 6.149 所示的路径。

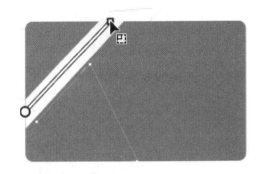

图 6.148　描绘路径并填充颜色

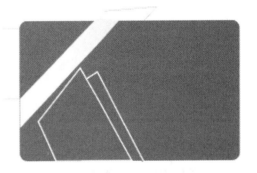

图 6.149　描绘路径

（10）单击【文字工具】，文本中输入文字，选择 VIP 文字，在工具箱中将【填色】设置为无，描边颜色设置为白色，打开【字符】面板，将字体为【华文隶书】并将其大小设置为 180pt，使用同样的方法设置其他文字，完成后的效果如图 6.150 所示。

（11）选择【窗口】|【符号库】|【艺术纹理】弹出艺术纹理对话框，选择【印象派】图标，效果如图 6.151 所示。

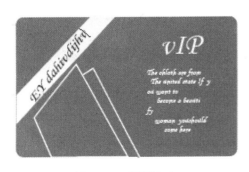

图 6.150　设置文字

图 6.151　选择艺术纹理

(12) 选择工具箱中的【符号喷枪工具】，在文档中单击，并单击【选择工具】，调整至如图 6.152 所示的位置。

(13) 选择菜单栏中的【窗口】|【画笔库】|【艺术效果】|【艺术效果油墨】，如图 6.153 所示。

图 6.152　选择符号

图 6.153　选择艺术效果水墨

(14) 弹出艺术效果油墨对话框，选择如图 6.154 所示的【标记笔-粗糙】。

(15) 选择工具箱中的画笔工具，绘制如图 6.155 所示的艺术效果油墨画笔。

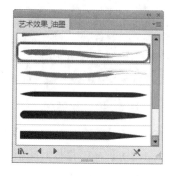

图 6.154　油墨对话框

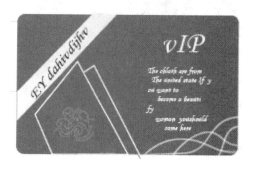

图 6.155　绘制艺术效果幽默画笔

(16) 同上述方法绘制相同圆角矩形，并填充颜色，如图 6.156 所示。

(17) 选择工具箱中的【矩形工具】，将填充色设置为白色，绘制如图 6.157 所示的矩形。

图 6.156　绘制矩形

图 6.157　绘制白色矩形

(18) 选择工具箱中的【矩形工具】，绘制四个矩形，将其填充为白色，效果如图 6.158 所示。

(19) 选择工具箱中的【文字工具】，输入文字，选择 VIP，打开【字符】面板，将【字体】设置为【华文行楷】，大小设置为 253pt，其余设置为【华文隶书】及大小 60pt，效果如图 6.159 所示。

图 6.158　绘制白色矩形

图 6.159　设置字体

(20) 根据前面所讲述的方法绘制【艺术油墨画笔】，效果如图 6.160 所示。

图 6.160　绘制艺术画笔效果

6.6.2　商场促销折扣木板

本示例绘制了一块张贴木板，木板的纹理、立体效果生动形象如图 6.161 所示。

(1) 启动 Illustrator CC 后，按住 Ctrl+N 组合键，在弹出的【新建文档】对话框中，将【宽度】和【高度】分别设置为 598mm、602mm，如图 6.162 所示。

(2) 单击【确定】按钮，在画板中新建一个空白文档。

(3) 选择工具箱中的【钢笔工具】描绘如图 6.163 所示的路径。

(4) 选择工具箱中【转换描点工具】调整路径，效果如图 6.164 所示。

(5) 选中绘制路径在工具栏中将【描边】设置为

图 6.161　折扣木板效果

10pt，选择工具箱中【填色】将填色工具设置为无，将双击【描边】，在弹出的【拾色器】对话框中将 CMYK 值设置为 53、89、100、33，效果如图 6.165 所示。

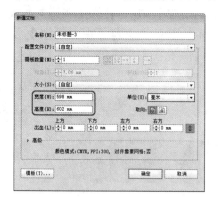

图 6.162　新建文档

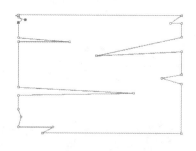

图 6.163　绘制路径

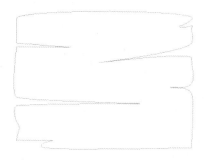

图 6.164　调整路径

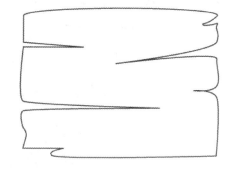

图 6.165　描边设置

(6) 选择工具箱中的【画笔工具】，右击【画笔定义】|【显示艺术画笔】|【炭笔羽毛】，如图 6.166 所示。

(7) 双击【描边】，在弹出的【拾色器】对话框中将 CMYK 值设置为 53、89、100、33，将工具栏中的【描边】设置为 0.5pt，效果如图 6.167 所示。

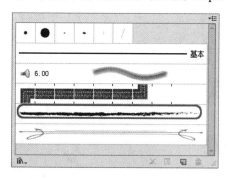

图 6.166　选择【画笔工具】

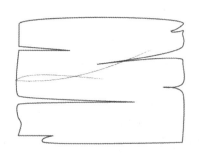

图 6.167　绘制纹理

(8) 使用相同的方法绘制线条，得到木头的纹理，如图 6.168 所示。

(9) 选择工具箱中的【钢笔工具】，在图形中绘制区域，如图 6.169 所示。

图 6.168　绘制纹理

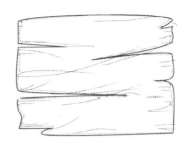

图 6.169　绘制路径

(10) 选择工具箱中的【填色】，在弹出的拾色器对话框中将 CMYK 值设置为 9、19、56、0，如图 6.170 所示。

(11) 在工具箱中将描边设置为无，效果如图 6.171 所示。

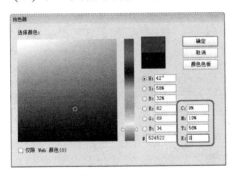

图 6.170　设置颜色

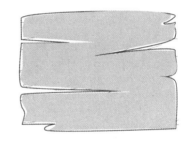

图 6.171　填充颜色取消轮廓

(12) 打开【图层】面板，将填充颜色图层调整至所有纹理路径之下，如图 6.172 所示。

(13) 调整完成后，在画板中查看效果，如图 6.173 所示。

图 6.172　调整【图层】面板

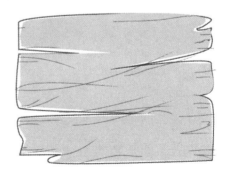

图 6.173　调整效果

(14) 使用上述相同的方法，运用【画笔工具】绘制出木板上的图钉图形，如图 6.174 所示。

(15) 继续运用【画笔工具】绘制木板的纹理，效果如图 6.175 所示。

(16) 选择工具箱中的【钢笔工具】 绘制路径，选择工具箱中的【转换描点工具】 ，对路径进行调整，效果如图 6.176 所示。

(17) 双击工具箱中的【描边】，在弹出的拾色器对话框中将 CMYK 值设置为 66、59、55、5，将工具控制栏中的描边设置为 5pt，效果如图 6.177 所示。

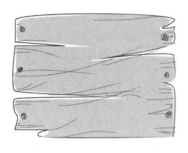

图 6.174　绘制图钉图形

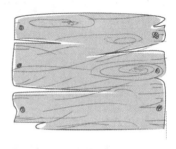

图 6.175　绘制木板纹理

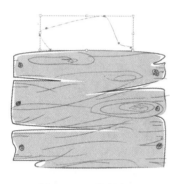

图 6.176　绘制路径

图 6.177　描边设置

(18) 再次选择工具箱中的【钢笔工具】绘制区域，选择工具箱中的【转换描点工具】对路径进行调整效果如图 6.178 所示。

(19) 双击工具箱中的【填色】，在弹出的拾色器对话框中将 CMYK 值设置为 25、44、67、0，取消描边颜色。效果如图 6.179 所示。

图 6.178　绘制路径

图 6.179　填充颜色

(20) 打开【图层】面板，将填充图层调整至纹理图层的下方，如图 6.180 所示。

(21) 调整完成后，在画板中查看效果，如图 6.181 所示。

(22) 选择工具箱中的【文字工具】，在页面输入文字"乐多多百货会员独享"，并打开【字符】面板，将文字字体设置为【华文行楷】，字体大小设置为 100pt，效果如

图 6.182 所示。

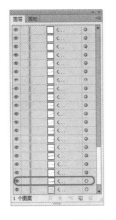

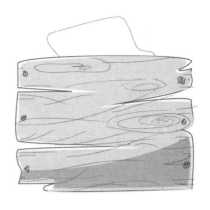

图 6.180　调整图层　　　　　　　　　　　图 6.181　调整后的效果

(23) 选中输入文字"乐多多百货会员独享中心"，复制一层，选择工具箱中的【填色】，在弹出的拾色器面板将 CMYK 值设置为 0、97、96、0，效果如图 6.183 所示。

图 6.182　字体设置　　　　　　　　　　　图 6.183　复制文字

(24) 用相同的方法做出其他文字的效果，如图 6.184 所示。

图 6.184　输入文字后的效果

(25) 选择【文件】|【存储为】命令，在弹出的对话框中将名称命名为"商场促销折扣木板"。

思考与练习

1. 如何创建路径文字？
2. 如何导出文本？
3. 如何设置文本绕排？

第 7 章　效果和滤镜

滤镜不但可以为图像的外观添加一些特殊效果，还可以模拟素描、水彩和油画等绘画效果。通过为某个对象、组或图层添加滤镜，能够创造出炫酷的图像作品。本章将介绍 Illustrator 中的各种滤镜。

7.1　效果的基本知识

【效果】菜单上半部分的效果是矢量效果，在【外观】面板中，只能将这些效果应用于矢量对象，或者某个位图对象的填色或者描边。但是下列效果以及上半部分的效果类别例外，这些效果可以同时应用于矢量和位图对象：3D 效果、SVG 滤镜、变形效果、变换效果、投影、羽化、内发光以及外发光。

【效果】菜单下半部分的效果是栅格效果，可以将它们应用于矢量对象或位图对象。

效果是实时的，即可向对象应用一个效果命令后，【外观】调板中便会列出该效果，可以继续使用【外观】调板随时修改效果选项或删除该效果，可以对该效果进行编辑、移动、复制、删除，或将其存储为图形样式的一部分。在菜单栏中选择【效果】命令，查看【效果】选项的内容，如图 7.1 所示。

图 7.1　【效果】菜单

- 【应用上一个效果】：应用上次使用的效果和设置。
- 【上一个效果】：继续应用上次使用的效果命令，再次弹出该效果的对话框，可以更改其中的设置。

7.2　3D 效 果

3D 效果可以从二维图稿创建三维对象。可以通过高光、阴影、旋转及其他属性来控制 3D 对象的外观。还可以将图稿贴到 3D 对象中的每一个表面上。

7.2.1　凸出和斜角

在 Illustrator 中的 3D 凸出和斜角效果命令，可以通过挤压平面对象的方法，为平面对象增加厚度来创建立体对象。在【3D 凸出和斜角选项】对话框中，用户可以通过设置位置、透视、凸出厚度、端点、斜角/高度等选项，来创建具有凸出和斜角效果的逼真立体图形。

在场景中绘制一个图形后并将其填充颜色与背景色区分开，在菜单栏中选择【效果】| 3D(3) |【凸出和斜角选项】命令，打开【3D 凸出和斜角选项】对话框，单击对话框中的

【更多选项】按钮，可以查看完整的选项列表，
如图 7.2 所示。

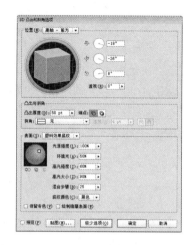

- 【位置】：设置对象如何旋转以及观看
  对象的透视角度。将指针放置在【位
  置】选项的预览视图位置，按住鼠标左
  键不放进行拖曳，可使图案进行 360°的
  旋转。

- 【凸出与斜角】：确定对象的深度以及
  向对象添加或从对象剪切的任何斜角的
  延伸。

- 【表面】：创建各种形式的表面，从黯
  淡、不加底纹的不光滑表面到平滑、光
  亮、看起来类似塑料的表面。

图 7.2 　【3D 凸出和斜角选项】对话框

- 【光照】：添加一个或多个光源，调整
  光源强度，改变对象的底纹颜色，以及围绕对象移动光源以实现生动的效果。

7.2.2　绕转

围绕全局 Y 轴(绕转轴)绕转一条路径或剖面，使其
做圆周运动。在工具箱中选择【效果】| 3D(3) |【绕转】
命令，打开【3D 绕转选项】对话框，单击对话框中的
【更多选项】按钮，可以查看完整的选项列表，如图 7.3
所示。

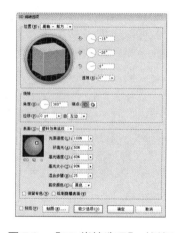

- 【位置】：可设置对象如何旋转以及观看对象
  的透视角度。将鼠标指针放置在【位置】选项
  的预览视图位置，按住鼠标左键不放进行拖
  曳，可使图案进行 360°的旋转。

- 【绕转】：可以设定对象的角度和偏移位置，
  使其转入三维之中。

- 【表面】：可创建各种形式的表面，从黯淡、
  不加底纹的不光滑表面到平滑、光亮，看起来
  类似塑料的表面。

图 7.3 　【3D 绕转选项】对话框

7.3　SVG 滤镜

SVG 滤镜是 Scalable Vector Graphics 的首字母缩写，即可缩入的矢量图形。它是一种
开放标准的矢量图形语言，用于为 Web 提供非栅格的图像标准，是将图像描述为形状、路
径、文本和滤镜效果的矢量格式。

1. 应用 SVG 滤镜

在菜单栏中选择【效果】|【SVG 滤镜】|【应用 SVG 滤镜】命令，打开【应用 SVG 滤镜】，在对话框中选择需要的 SVG 滤镜效果，其中的滤镜与【SVG 滤镜的快捷菜单】下的滤镜是相同的，其各项效果如图 7.4 所示，以下效果均以默认值设置，设计师可以自己调整数值找到最合适的效果。

2. 导入 SVG 滤镜

在菜单栏中选择【效果】|【SVG 滤镜】|【导入 SVG 滤镜】命令，弹出【选择 SVG 文件】对话框，在弹出的对话框中读者可以选择自己下载的 SVG 滤镜。

图 7.4 SVG 各项滤镜效果

7.4 变　　形

通过该命令，对矢量图形内容进行改变，但是其基本形状不会改变。在菜单栏中选择【效果】|【变形】命令，在快捷菜单中查看变形方式，选择任意一项打开【变形选项】对话框，如图 7.5 所示。

- 【样式】：设置图形变形的样式，其中包含有弧形、下弧形、上弧形等 15 种变形方式。
- 【弯曲】：设置图形的弯曲程度，滑块越往两端，图形的弯曲程度就越大。
- 【扭曲】：设置图形水平、垂直方向的扭曲程度，滑块越往两端，图形的扭曲程度就越大。

【变形】下的各项效果如图 7.6 所示。

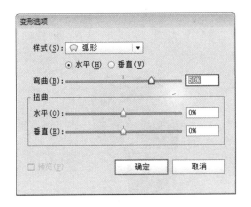

图 7.5 【变形选项】对话框

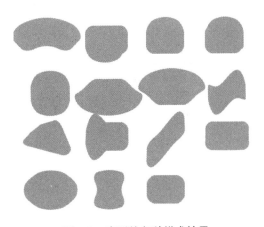

图 7.6 变形的各种样式效果

7.5 扭曲和变换

在菜单栏中选择【效果】|【扭曲和变换】命令，可以查看【扭曲和变换】子菜单中包含的命令，如图 7.7 所示。

7.5.1 变换

【变换】命令可以更改选择对象的大小、位置、角度、数量等。

(1) 打开随书附带光盘中的"CDROM\素材\Cha07\素材 01.ai"文件，在工具箱中使用【选择工具】，在场景中选择需要变换的图形，如图 7.8 所示。

(2) 选择图形后，在菜单栏中执行【效果】|【扭曲和变换】|【变换】命令，如图 7.9 所示。

图 7.7 【扭曲和变换】命令

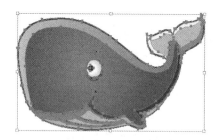

图 7.8 选择图形

图 7.9 选择【变换】命令

(3) 选择【变换】命令后，打开【变换效果】对话框，将【缩放】选项组下的【水平】、【垂直】均设置为 65%，将【移动】选项组下的【垂直】设置为 6mm，将【旋转】选项组下的【角度】设置为 270°，勾选【预览】复选框，如图 7.10 所示。

(4) 单击【确定】按钮后，效果如图 7.11 所示。

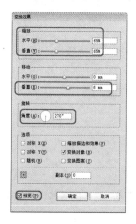

图 7.10 【变换效果】对话框

图 7.11 最终效果

7.5.2 扭拧

扭拧效果将选择的图形随机地向内或向外弯曲和扭曲路径段。

(1) 运行 Illustrator，打开随书附带光盘中的"CDROM\素材\Cha07\素材 02.ai"文件，在工具箱中选择【选择工具】 ▶，在场景中选择需要扭拧的图形，如图 7.12 所示。

(2) 在菜单栏中选择【效果】|【扭曲和变换】|【扭拧】命令，如图 7.13 所示。

图 7.12 选择图形

图 7.13 选择【扭拧】命令

(3) 选择【扭拧】命令后，打开【扭拧】对话框，在【数量】选项组下将【水平】设置为 20%、【垂直】设置为 20%，勾选【预览】复选框，如图 7.14 所示。

(4) 单击【确定】按钮，效果如图 7.15 所示。

图 7.14 【扭拧】对话框

图 7.15 最终效果

7.5.3 扭转

扭转效果是指旋转一个对象，中心的旋转程度比边缘的旋转程度大。

(1) 运行 Illustrator，打开随书附带光盘中的"CDROM\素材\Cha07\素材 03.ai"文件，在工具箱中选择【选择工具】 ▶，在场景中选择需要扭转的图形，场景如图 7.16 所示。

(2) 在菜单栏中选择【效果】|【扭曲和变换】|【扭转】命令，如图 7.17 所示。

图 7.16　选择图形

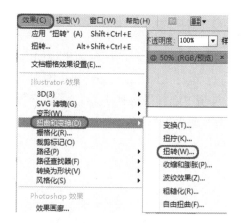

图 7.17　选择【扭转】命令

(3) 选择【扭转】命令后，打开【扭转】对话框，将【角度】设置为 45°，勾选【预览】复选框，如图 7.18 所示。

(4) 单击【确定】按钮，效果如图 7.19 所示。

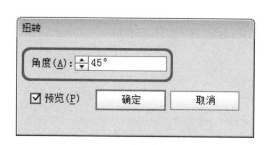

图 7.18　【扭转】对话框

图 7.19　最终效果

7.5.4　收缩和膨胀

收缩和膨胀滤镜是在将线段向内弯曲(收缩)时，内外拉出矢量对象的锚点，或在将线段向外弯曲(膨胀)时，向内拉入锚点。

(1) 新建场景后，在工具箱中使用【星形工具】 ⭐ ，在场景中单击，弹出【星形】对话框，设置【半径 1】为 15mm，将【半径 2】设置为 6mm，【角点数】设置为 5，单击【确定】按钮，如图 7.20 所示。

(2) 在绘制星形后，在菜单栏中选择【效果】|【变换和扭曲】|【变换】命令，弹出【变换效果】对话框，在【移动】选项组下，将【水平】数值设置为 30mm，在【选项】选项组下，将【副本】设置为 5，勾选【预览】复选框，如图 7.21 所示。

(3) 单击【确定】按钮，绘制的图形效果如图 7.22 所示。

图 7.20　【星形】对话框

图 7.21　【变换效果】对话框

(4) 在菜单栏中再次执行【效果】|【变换和扭曲】|【变换】命令，弹出 Adobe Illustrator 对话框，单击【应用新效果】按钮，弹出【变换效果】对话框，将【移动】选项组的【垂直】设置为 30mm，在【选项】选项组下，将【副本】设置为 4，勾选【预览】复选框，如图 7.23 所示。

图 7.22　绘制图形的效果

图 7.23　【变换效果】对话框

(5) 单击【确定】按钮，绘制的图形效果如图 7.24 所示。

(6) 在工具箱中选择【使用工具】，选择绘制图形，在菜单栏中选择【效果】|【变换和扭曲】|【收缩和膨胀】命令，如图 7.25 所示。

(7) 弹出【收缩和膨胀】对话框，移动对话框中的滑块来调整收缩和膨胀的百分比，在调整的过程中可以得到不同的图形效果。当滑块向左滑动时，图形收缩如图 7.26 所示；当滑块向右滑动时，图形膨胀如图 7.27 所示。不同数值会得到不同的图形效果，设计师可以根据自己的需求对数值进行设置。

图 7.24　图形效果

图 7.25　选择【收缩和膨胀】命令

图 7.26　图形收缩效果

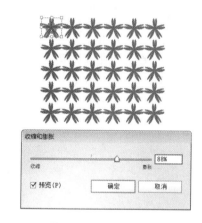

图 7.27　图形膨胀效果

7.5.5　波纹效果

波纹效果是将对象的路径段变换为同样大小的尖峰和凹谷形成的锯齿和波形数组。绘制的图形大小不一，则相应的数值也会改变。在波纹效果设置完成后，调整图形的大小，但是波纹效果会保持设置的数值，并做出相应改变。

(1) 在工具箱中选择【圆角矩形】 ，按住 Shift 键并按住鼠标左键进行拖曳，绘制一个圆角矩形，如图 7.28 所示。

(2) 在工具箱中选择【选择工具】 ，选择绘制的圆形，在菜单栏中选择【窗口】|【渐变】命令，打开【渐变】色板，将【类型】设置为【径向】，双击左侧的滑块，设置 CMYK 值为 0、63、95、0；将【不透明度】设置为 80%，使用同样的方法设置右侧的滑块，设置 CMYK 值为 0、59、0、0，如图 7.29 所示。

(3) 继续选择圆角矩形，在菜单栏中选择【效果】|【扭曲和变换】|【波纹效果】命令，打开【波纹效果】对话框，将【大小】设置为 10mm，将【每段的隆起数】设置为 5，选中【平滑】单选按钮，勾选【预览】复选框，如图 7.30 所示。

(4) 单击【确定】按钮后，在工具箱中双击【旋转工具】 ，打开【旋转】对话框，将【角度】设置为 45°，单击【复制】按钮，如图 7.31 所示。

图 7.28　绘制图形

图 7.29　设置【渐变】

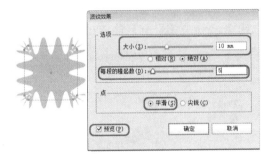

图 7.30　【波纹效果】设置

图 7.31　【旋转】对话框

(5) 操作完成后，图形效果如图 7.32 所示。

图 7.32　图形效果

7.5.6　粗糙化

粗糙化滤镜可将适量对象的路径变为各种大小的尖峰和凹谷的锯齿数组。可以使用绝对大小或者相对大小设置路径段的最大长度。

(1) 运行 Illustrator，打开随书附带光盘中的 "CDROM\素材\Cha07\素材 04.ai" 文件，在工具箱中选择【选择工具】 ，在场景中选择需要粗糙化的图形，如图 7.33 所示。

(2) 在菜单栏中选择【效果】|【扭曲和变换】|【粗糙化】命令，如图 7.34 所示。

图 7.33　选择图形

图 7.34　选择【粗糙化】命令

(3) 选择【粗糙化】命令后，打开【粗糙化】对话框，将【选项】组下的【大小】设置为 3%，将【细节】设置为 5；在【点】选项组下，选中【平滑】单选按钮，勾选【预览】复选框，如图 7.35 所示。

(4) 单击【确定】按钮，效果如图 7.36 所示。

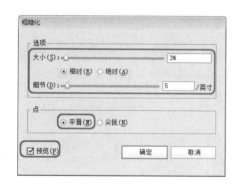

图 7.35　【粗糙化】对话框

图 7.36　完成后的效果

7.5.7　自由扭曲

自由扭曲可以通过拖曳 4 个角落任意控制点的方式来改变矢量对象的形状。

(1) 运行 Illustrator，打开随书附带光盘中的"CDROM\素材\Cha07\素材 04.ai"文件，在工具箱中选择【选择工具】 ，在场景中选择需要扭转的图形，如图 7.37 所示。

(2) 在菜单栏中选择【效果】|【扭曲和变换】|【自由扭曲】命令，如图 7.38 所示。

(3) 选择【自由扭曲】命令，打开【自由扭曲】对话框，调整 4 个点的位置，如图 7.39 所示。

(4) 单击【确定】按钮后，最终效果如图 7.40 所示。

图 7.37　选择图形

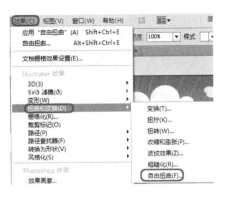

图 7.38　选择【自由扭曲】命令

图 7.39　【自由扭曲】对话框

图 7.40　自由扭曲后的效果

7.6　栅　格　化

栅格化是可以将适量图形转换为位图图像的过程，执行栅格化后，Illustrator 会将图形和路径转换为像素。在菜单栏中选择【效果】|【栅格化】命令，打开【栅格化】对话框，如图 7.41 所示。

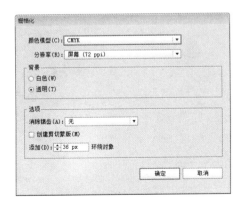

图 7.41　【栅格化】对话框

- 【颜色模型】：用于确定在栅格化过程中所用的颜色模型。可以生成 RGB 或 CMYK 颜色的图像(取决于文档的颜色模式)、灰度图像或位图。
- 【分辨率】：可以设置栅格化图像中的每英寸像素数(ppi)。栅格化矢量对象时，可以选择"使用文档栅格效果分辨率"选项来设置全局分辨率。
- 【背景】：可以设置矢量图形栅格后是否为透明底色。当选中【白色】单选按钮时，可以用白色像素填充透明区域；当选中【透明】单选按钮时，可以创建一个 Alpha 通道(出 1 位图像以外的所有图像)，如果图稿被导出到 Photoshop 中，Alpha 通道将会被保留。
- 【消除锯齿】：应用消除锯齿效果可以改善栅格化图像的锯齿边缘外观。设置文档的栅格化选项时，如果取消选择此选项，将保留细小线条和细小文本的尖锐边缘。
- 【创建剪切蒙版】：可以创建一个使栅格化图像的背景显示为透明的蒙版。
- 【添加环绕对象】：可以在栅格化图像的周围添加指定数量的像素。

(1) 打开随书附带光盘中的"CDROM\素材\Cha07\素材 05.ai"文件，如图 7.42 所示。

(2) 打开文件后，在工具箱中选择【选择工具】 ，在场景中选择对象，然后在菜单栏中选择【效果】|【栅格化】命令，如图 7.43 所示。

图 7.42　打开的场景文件

图 7.43　选择【栅格化】命令

(3) 打开【栅格化】对话框，保持默认设置，单击【确定】按钮，如图 7.44 所示。效果如图 7.45 所示。

图 7.44　【栅格化】对话框

图 7.45　栅格化后的效果

7.7　裁　切　标　记

裁切标记可以指定其他工作区域以裁切要输出的图稿之外，也可以在图稿中建立并使用多组裁切标记。裁切标记指出要裁切列印纸张的位置。若要在页面上绕着几个物件建立标记，裁切标记就很有用，例如印刷名片用的完稿。若要对齐已转存至其他应用程序的 Illustrator 图稿，裁切标记也十分有用。

裁切标记与工作区域有下列几点不同。

- 工作区域指定的可列印边界，而裁切标记则完全不影响列印区域。
- 一次只能启用一个工作区域，但是可以同时建立并显示多个裁切标记。
- 工作区域是由可见但不会列印的标记来显示，而裁切标记则是使用黑色拼版标示色列印。

> **提示**
> 裁切标记并不会取代以【列印】对话框中【标记与出血】选项建立的剪裁标记。

1. 建立裁剪标记

(1) 在工具箱中选择【选择工具】 ，在场景中选择图形，然后在菜单栏中选择【效果】|【裁剪标记】命令，如图 7.46 所示。

(2) 选择【裁剪标记】命令后，即可创建裁剪标记，如图 7.47 所示。

图 7.46　选择【裁剪标记】命令

图 7.47　建立裁剪标记

2. 删除裁剪标记

选择图形后，打开【外观】对话框，在该对话框中选择【裁剪标记】，并按住鼠标左键将其拖曳至 按钮上，删除裁剪标记。

7.8　路　　　径

在菜单栏中选择【效果】|【路径】命令，在弹出的子菜单中包含 3 种用于处理路径的

命令，分别是【位移路径】、【轮廓化对象】和【轮廓化描边】，如图 7.48 所示。

- 【位移路径】：可以将图形扩展或收缩。
- 【轮廓化对象】：可以将对象创建为轮廓。该菜单命令通常用于处理文字，将文字创建为轮廓。
- 【轮廓化描边】：可以将对象的描边创建为轮廓，创建为轮廓后，还可以继续对描边的粗细进行调整。

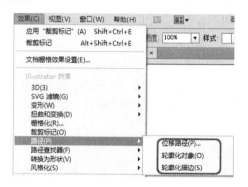

图 7.48 　【路径】子菜单

7.9　路径查找器

在菜单栏中选择【效果】|【路径查找器】命令，在弹出的子菜单中包含 13 种命令，如图 7.49 所示。这些效果与【路径查找器】面板中的命令作用相同，都可以在重叠的路径中创建新的形状。但是在【效果】菜单中的路径查找器效果仅可应用于组、图层与文本对象，应用后仍可以在【外观】面板中对应用的效果进行修改。而【路径查找器】面板可以应用于任何对象，但是应用后无法修改。

图 7.49 　【路径查找器】子菜单

7.10　转换为形状

在菜单栏中选择【效果】|【转换为形状】命令，在弹出的子菜单中包含 3 种命令，使用这些命令可以将矢量对象的形状转换为矩形、圆角矩形或椭圆形，如图 7.50 所示。

图 7.50　【转换为形状】子菜单

(1) 按 Ctrl+O 组合键弹出【打开】对话框，在该对话框中选择随书附带光盘中的"CDROM\素材\Cha07\素材 06.ai"文件，单击【打开】按钮，打开后的效果如图 7.51 所示。

(2) 在工具箱中选择【选择工具】 ，在画板中选择如图 7.52 所示的对象。

图 7.51　打开素材文件

图 7.52　选择对象

(3) 在菜单栏中选择【效果】|【转换为形状】命令，在弹出的子菜单中执行下列操作之一。

- 选择【矩形】命令：使用该命令可以将选择对象的形状转换为矩形。选择该命令后，可以弹出【形状选项】对话框，在该对话框中可以对选项参数进行设置，在这里将【额外宽度】和【额外高度】都设置为 2pt，如图 7.53 所示。单击【确定】按钮，转换为矩形后的效果如图 7.54 所示。

- 选择【圆角矩形】命令：使用该命令可以将选择对象的形状转换为圆角矩形。选择该命令后，可以弹出【形状选项】对话框，在该对话框中可以对选项参数进行设置，在这里将【额外宽度】和【额外高度】都设置为 2pt，将【圆角半径】设置为 25pt，如图 7.55 所示。单击【确定】按钮，转换为圆角矩形后的效果如图 7.56 所示。

图 7.53 【形状选项】对话框

图 7.54 转换为矩形后的效果

图 7.55 【形状选项】对话框

图 7.56 转换为圆角矩形后的效果

● 选择【椭圆】命令：使用该命令可以将选择对象的形状转换为椭圆形。选择该命令后，可以弹出【形状选项】对话框，在该对话框中可以对选项参数进行设置，在这里将【额外宽度】和【额外高度】都设置为 1pt，如图 7.57 所示。单击【确定】按钮，转换为椭圆形后的效果如图 7.58 所示。

图 7.57 设置参数

图 7.58 转换为椭圆形后的效果

7.11 风 格 化

在菜单栏中选择【效果】|【风格化】命令，在弹出的子菜单中包含 6 种命令，使用这些命令可以为对象添加外观样式，如图 7.59 所示。

图 7.59　【风格化】子菜单

7.11.1　内发光

使用【内发光】效果可以在选中的对象内部创建发光效果。

(1) 按 Ctrl+O 组合键，弹出【打开】对话框，在该对话框中选择随书附带光盘中的"CDROM\素材\Cha07\素材 07.ai"文件，单击【打开】按钮，效果如图 7.60 所示。

(2) 使用【选择工具】 在画板中选择草莓对象，如图 7.61 所示。

图 7.60　打开素材文件

图 7.61　选择对象

(3) 在菜单栏中选择【效果】|【风格化】|【内发光】命令，弹出【内发光】对话框，在该对话框中将【不透明度】设置为 75%，将【模糊】设置为 25pt，选中【中心】单选按钮，如图 7.62 所示。

- 【模式】：在该选项的下拉列表中可以选择内发光的混合模式，单击下拉列表右侧的颜色框，弹出【拾色器】对话框，在【拾色器】对话框中可以设置内发光的颜色。
- 【不透明度】：用来设置发光颜色的不透明度。
- 【模糊】：用来设置发光效果的模糊范围。
- 【中心】/【边缘】：选中【中心】单选按钮，可以从对象中心产生发散的发光效果；选中【边缘】单选按钮，可以从对象边缘产生发散的发光效果。

(4) 单击【确定】按钮，设置内发光后的效果如图 7.63 所示。

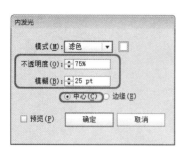

图 7.62 【内发光】对话框

图 7.63 内发光效果

7.11.2 圆角

使用【圆角】效果可以将对象的尖角转换为圆角。

(1) 按 Ctrl+O 组合键，弹出【打开】对话框，在该对话框中选择随书附带光盘中的 "CDROM\素材\Cha07\素材 07.ai" 文件，单击【打开】按钮，效果如图 7.64 所示。

(2) 使用【选择工具】 ![] 在画板中选择如图 7.65 所示的对象。

图 7.64 打开后的效果

图 7.65 选择对象

(3) 在菜单栏中选择【效果】|【风格化】|【圆角】命令，弹出【圆角】对话框，在该对话框中将【半径】设置为 15pt，如图 7.66 所示。

(4) 单击【确定】按钮，设置圆角后的效果如图 7.67 所示。

图 7.66 【圆角】对话框

图 7.67 圆角效果

7.11.3 外发光

使用【外发光】效果可以为选择的对象添加外发光。

(1) 打开文件"素材 07.ai"，然后使用【选择工具】 在画板中选择对象，如图 7.68 所示。

(2) 在菜单栏中选择【效果】|【风格化】|【外发光】命令，弹出【外发光】对话框，在该对话框中将【不透明度】设置为 100%，将【模糊】设置为 25pt，如图 7.69 所示。

(3) 单击【确定】按钮，设置外发光后的效果如图 7.70 所示。

图 7.68 选择对象	图 7.69 【外发光】对话框	图 7.70 外发光效果

7.11.4 投影

使用【投影】效果可以为选择的对象添加投影。

(1) 打开文件"素材 07.ai"，然后使用【选择工具】 在画板中选择如图 7.71 所示的对象。

(2) 在菜单栏中选择【效果】|【风格化】|【投影】命令，弹出【投影】对话框，在该对话框中将【不透明度】设置为 75%，将【X 位移】和【Y 位移】设置为 7pt，将【模糊】设置为 5pt，如图 7.72 所示。

图 7.71 选择对象

- 【模式】：在该选项的下拉列表中可以选择投影的混合模式。
- 【不透明度】：用来指定所需的投影不透明度。当该值为 0 时，投影完全透明；当该值为 100 时，投影完全不透明。
- 【X 位移】/【Y 位移】：用来指定投影偏离对象的距离。
- 【模糊】：用来指定投影的模糊范围。Illustrator 会创建一个透明栅格对象来模拟模糊效果。
- 【颜色】：用来指定投影的颜色，默认为黑色。如果要修改颜色，可以单击选项右侧的颜色框，在打开的【拾色器】对话框中进行设置。
- 【暗度】：用来设置应用投影效果后阴影的深度，选择该选项后，将以对象自身的颜色与黑色混合。

(3) 单击【确定】按钮，设置投影后的效果如图 7.73 所示。

图 7.72 【投影】对话框

图 7.73 投影后的效果

7.11.5 涂抹

使用【涂抹】效果可以将选中的对象转换为素描效果。

(1) 打开文件"素材 07.ai"，然后使用【选择工具】 ▶ 在画板中选择如图 7.74 所示的对象。

(2) 在菜单栏中选择【效果】|【风格化】|【涂抹】命令，弹出【涂抹选项】对话框，在该对话框中将【描边宽度】设置为 0.5mm，将【曲度】设置为 5%，如图 7.75 所示。

图 7.74 选择对象

图 7.75 【涂抹选项】对话框

- 【设置】：在该下拉列表中可以选择 Illustrator 中预设的涂抹效果，也可以根据需要自定义设置。
- 【角度】：用来控制涂抹线条的方向。
- 【路径重叠】：用来控制涂抹线条在路径边界内距路径边界的量，或在路径边界外距路径边界的量。
- 【变化】：用于控制涂抹线条彼此之间相对的长度差异。
- 【描边宽度】：用来控制涂抹线条的宽度。
- 【曲度】：用来控制涂抹曲线在改变方向之前的曲度。

- 【间距】：用来控制涂抹线条之间的折叠间距量。

(3) 单击【确定】按钮，设置涂抹后的效果如图 7.76 所示。

7.11.6 羽化

使用【羽化】效果可以柔化对象的边缘，使其产生从内部到边缘逐渐透明的效果。

(1) 打开文件"素材 07.ai"，然后使用【选择工具】 在画板中选择如图 7.77 所示的对象。

图 7.76　涂抹效果　　　　　　　　　图 7.77　选择对象

(2) 在菜单栏中选择【效果】|【风格化】|【羽化】命令，弹出【羽化】对话框，在该对话框中将【半径】设置为 5pt，如图 7.78 所示。

(3) 单击【确定】按钮，设置羽化后的效果如图 7.79 所示。

图 7.78　【羽化】对话框　　　　　　　图 7.79　羽化效果

7.12　滤镜的工作原理

由于位图图像是由像素构成的，其中每一个像素都有各自固定的位置和颜色值，滤镜可以按照一定规律调整像素的位置或者颜色值，因此便可以为图像添加各种特殊的效果。Illustrator 中的滤镜是一种插件模块，能够操作图像中的像素。

选中图像后，在菜单栏中选择【效果】，在下拉菜单中可以查看滤镜命令，如图 7.80 所示。

图 7.80　滤镜命令

7.13　效　果　画　廊

Illustrator 将【风格化】、【画笔描边】、【扭曲】、【素描】、【纹理】和【艺术效果】滤镜组中的主要滤镜集合在效果画廊对话框中。通过【效果画廊】可以将多个滤镜应用于图像，也可以对同一图像多次应用同一滤镜，并且可以使用其他滤镜替换原有的滤镜。

选择对象后，在菜单栏中选择【效果】|【效果画廊】命令，可以打开效果画廊对话框，如图 7.81 所示。对话框左侧区域是效果预览区；中间区域是 6 组滤镜；右侧区域是参数设置区和效果图层编辑区。

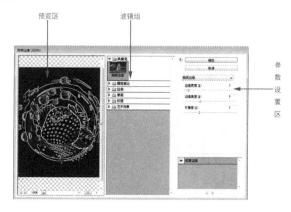

图 7.81　效果画廊对话框

7.14　【像素化】滤镜组

【像素化】滤镜组中的滤镜是通过使用单元格中颜色值相近的像素结成块来应用变化的，它们可以将图像分块或平面化，然后重新组合，创建类似像素艺术的效果。【像素化】滤镜组中包含了 4 种滤镜。下面介绍几种滤镜的使用方法。

7.14.1 【彩色半调】滤镜

【彩色半调】滤镜模拟在图像的每个通道上使用放大的半调网屏效果，对每个通道，滤镜将划分为矩形，再以和矩形区域亮度成比例的圆形替代这些矩形，从而使图像产生一种点构成的艺术效果。选择对象后，在菜单栏中选择【效果】|【像素化】|【彩色半调】命令，可以弹出【彩色半调】对话框，如图 7.82 所示；使用【彩色半调】滤镜后的效果，如图 7.83 所示。

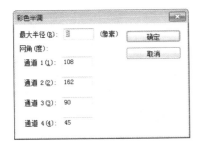

图 7.82 【彩色半调】对话框

图 7.83 【彩色半调】效果对比

- 【最大半径】：用来设置生成的网点的大小。
- 【网角(度)】：用来设置图像各个原色通道的网点角度。如果图像为灰度模式，则只能使用【通道 1】，如果图像为 RGB 模式，可以使用三个通道，如果图像为 CMYK 模式，则可以使用所有通道。当各个通道中的网角设置的数值相同时，生成的网点会重叠显示出来。

7.14.2 【晶格化】滤镜

【晶格化】滤镜可以使相近的像素集中得到一个像素的多角形的网格中，使图像明朗化，其对话框中的【单元格大小】文本框用于控制多边形的网格大小。选择对象后，在菜单栏中选择【效果】|【像素化】|【晶格化】命令，弹出【晶格化】对话框，如图 7.84 所示；使用【晶格化】滤镜后的效果，如图 7.85 所示。

图 7.84 【晶格化】对话框

图 7.85 【晶格化】效果对比

7.14.3 【点状化】滤镜

【点状化】滤镜可以将图像中的颜色分散为随机分布的网点，如同点状化绘画的效果，并使用背景色作为网点之间的画布区域。使用该滤镜时，可通过【单元格大小】选项来控制网点的大小。选择对象后，在菜单栏中选择【效果】|【像素化】|【点状化】命令，弹出【点状化】对话框，如图 7.86 所示。使用【点状化】滤镜后的效果，如图 7.87 所示。

图 7.86　【点状化】对话框　　　　　图 7.87　【点状化】效果对比

7.14.4 【铜版雕刻】滤镜

【铜版雕刻】滤镜可以将图像转换为黑白区域的随机图案或彩色图像中完全饱和颜色的随机图案。选择对象后，在菜单栏中选择【效果】|【像素化】|【铜版雕刻】命令，弹出【铜版雕刻】对话框，可以在【类型】选项中选择一种网点图案，包括【精细点】、【中等点】、【粒状点】、【粗网点】，【短线】、【中长直线】、【长线】，【短描边】、【中长描边】和【长边】，如图 7.88 所示。使用【铜版雕刻】滤镜后的效果如图 7.89 所示。

图 7.88　【铜版雕刻】对话框　　　　图 7.89　【铜版雕刻】效果对比

7.15　【扭曲】滤镜组

【扭曲】滤镜组中的滤镜可以对图像进行几何形状的扭曲及改变对象形状，在菜单栏中选择【效果】|【扭曲】命令，【扭曲】滤镜组包括【扩散高光】、【海洋波纹】和【玻璃】3 个滤镜。

7.15.1　【扩散亮光】滤镜

　　【扩散亮光】滤镜可以将图像渲染成像是透过一个柔和的扩散滤镜来观看的。此效果将透明的白杂色添加到图像，并从选区的中心向外渐隐亮光。使用该滤镜可以将照片处理为柔光照效果。选择对象后，在菜单栏中选择【效果】|【扭曲】|【扩散亮光】命令，弹出【扩散亮光】对话框，如图 7.90 所示。设置完成后，单击【确定】按钮，使用【扩散亮光】滤镜效果，如图 7.91 所示。

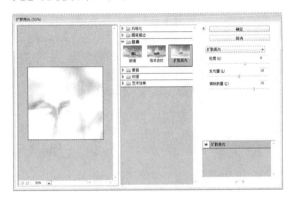

图 7.90　【扩散亮光】对话框

图 7.91　【扩散高光】效果对比

- 　【粒度】：用来设置在图像中添加的颗粒的密度。
- 　【发光量】：用来设置图像中辉光的强度。
- 　【清除数量】：用来设置限制图像中受到滤镜影响的范围，数值越高，滤镜影响的范围就越小。

7.15.2　【海洋波纹】滤镜

　　【海洋波纹】滤镜可以将随机分隔的波纹添加到对象中，它产生的波纹细小，边缘有较多抖动，使图像看起来像是在水中。选择对象后，在菜单栏中选择【效果】|【扭曲】|【海洋波纹】命令，弹出【海洋波纹】对话框，如图 7.92 所示。设置完成后，单击【确定】按钮，使用【海洋波纹】滤镜效果，如图 7.93 所示。

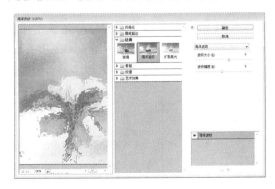

图 7.92　【海洋波纹】对话框

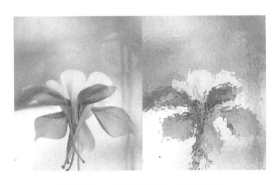

图 7.93　【海洋波纹】效果对比

- 【波纹大小】：可以控制图像中生成的波纹大小。
- 【波纹幅度】：可以控制波纹的变形程度。

7.15.3 【玻璃】滤镜

　　【玻璃】滤镜可以使图像看起来像是透过不同类型的玻璃来观看的。选择对象后，在菜单栏中选择【效果】|【扭曲】|【玻璃】命令，弹出【玻璃】对话框，如图 7.94 所示。设置完成后，使用【玻璃】滤镜效果，如图 7.95 所示。

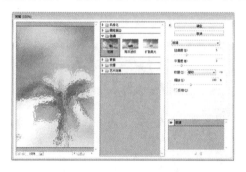 

图 7.94　【玻璃】对话框　　　　　　　　图 7.95　【玻璃】效果对比

- 【扭曲度】：用来设置扭曲效果的强度，数值越高，图像的扭曲效果越强烈。
- 【平滑度】：用来设置扭曲效果的平滑程度，数值越低，扭曲的纹理越细小。
- 【纹理】：在该选项的下拉列表中可以选择扭曲时产生的纹理，包括【块状】、【画布】、【磨砂】和【小镜头】。单击【纹理】右侧的 ▼≡ 按钮，选择【载入纹理】选项，可以载入一个用 Photoshop 创建的 PSD 格式的文件作为纹理文件，并使用它来扭曲当前的图像。
- 【缩放】：用来设置纹理的缩放程度。
- 【反相】：选择该选项，可以反转纹理的效果。

7.16　【模糊】滤镜组

　　【模糊】滤镜组可以在图像中对指定线条和阴影区域的轮廓边线旁的像素进行平衡，从而润色图像，使过渡显得更柔和。【效果】菜单中【模糊】子菜单中的命令是基于栅格的，无论何时对矢量对象应用这些效果，都将使用文档的栅格效果设置。

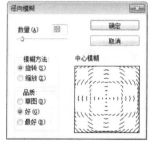

7.16.1 【径向模糊】滤镜

　　【径向模糊】滤镜可以模拟相机缩放或旋转而产生的柔和模糊效果。选择对象后，在菜单中选择【效果】|【模糊】|【径向模糊】命令，弹出【径向模糊】对话框，如图 7.96 所示，在该对话框中可以选择使用【旋转】和【缩放】两种模糊方法模糊图像。

图 7.96　【径向模糊】对话框

- 【数量】：用来设置模糊的强度，数值越高，模糊效果越强烈。
- 【模糊方法】：选中【旋转】单选按钮时，图像会沿同心圆环线产生旋转的模糊效果。应用旋转模糊方法的图像效果如图 7.97 所示。选中【缩放】单选按钮时，图像会产生放射状的模糊效果，犹如对图像进行放大或缩小。应用缩放模糊方法的图像效果如图 7.98 所示。

图 7.97　旋转效果

图 7.98　缩放效果

- 【中心模糊】：在该设置框内单击时，可以将单击点设置为模糊的原点，原点的位置不同，模糊的效果也不相同。在【径向模糊】对话框中设置模糊的中心点，如图 7.99 所示和图 7.100 所示为设置后的图像效果。

图 7.99　设置模糊中心

图 7.100　调整模糊中心后的效果

- 【品质】：用来设置应用模糊效果后图像的显示品质。选中【草图】单选按钮，处理的速度最快，会产生颗粒状的效果，选中【好】单选按钮和【最好】单选按钮都可以产生较为平滑的效果，在较大的图像上应用才可以看出两者的区别。

提 示

在使用【径向模糊】滤镜处理图像时，需要进行大量的计算，如果图像的尺寸较大，可以先设置较低的【品质】来观察效果，在确认最终效果后，再提高【品质】来处理。

7.16.2　【特殊模糊】滤镜

【特殊模糊】滤镜可以精确地模糊图像，提供了半径、阈值和模糊品质设置选项，可

以精确地模糊图像，选择对象后，在菜单栏中选择【效果】|【模糊】|【特殊模糊】命令。
弹出【特殊模糊】对话框，如图 7.101 所示。

- 【半径】：用来设置模糊的范围，数值越高，模糊效果越明显。
- 【阈值】：用来确定像素应具备多大差异时，才会被模糊处理。
- 【品质】：用来设置图像的品质，包括低、中等和高三种品质。
- 【模式】：在此下拉列表中可以选择产生模糊效果的模式。在【正常】模式下，不会添加特殊的效果，如图 7.102 所示。在【仅限边缘】模式下会以黑色显示图像，以白色描出图像边缘像素亮度值变化强烈的区域，如图 7.103 所示。在【叠加边缘】模式下则以白色描出图像边缘像素亮度值变化强烈的区域，如图 7.104 所示。

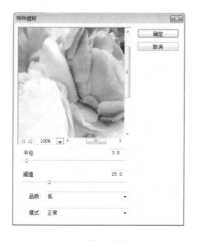

图 7.101　【特殊模糊】对话框

图 7.102　【正常】模式下的效果

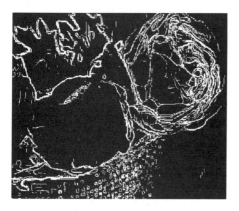

图 7.103　【仅限边缘】模式下的效果

图 7.104　【叠加边缘】模式下的效果

7.16.3　【高斯模糊】滤镜

【高斯模糊】滤镜以可调节的量快速模糊对象，移去高频出现的细节，并和参数产生一种朦胧的效果。选择对象后，在菜单栏中选择【效果】|【模糊】|【高斯模糊】命令，弹出【高斯模糊】对话框，如图 7.105 所示；设置完成后，使用【高斯模糊】滤镜的效果对

比如图 7.106 所示。

调整【半径】值可以设置模糊的范围,它以像素为单位,数值越高,模糊效果越强烈。

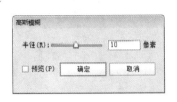

图 7.105 【高斯模糊】对话框

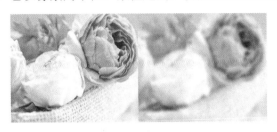

图 7.106 【高斯模糊】效果对比

7.17 【画笔描边】滤镜组

【画笔描边】效果是基于栅格的效果,无论何时对矢量对象应用该效果,都将使用文档的栅格效果设置。该组中的一部分滤镜通过不同的油墨和画笔勾画图像来产生绘画效果。有些滤镜则可以添加颗粒、绘画、杂色、边缘细节或纹理。

7.17.1 【喷溅】滤镜

【喷溅】滤镜能够模拟喷枪的效果,使图像产生笔墨喷溅的艺术效果。选择对象后,在菜单栏中选择【效果】|【画笔描边】|【喷溅】命令,弹出【喷溅】对话框,如图 7.107 所示。设置完成后,使用【喷溅】滤镜后的效果,如图 7.108 所示。

图 7.107 【喷溅】对话框

图 7.108 添加喷溅后的效果

- 【喷色半径】:用来处理不同颜色的区域,数值越高颜色越分散,图像越简化。
- 【平滑度】:用来确定喷射效果的平滑程度。

7.17.2 【喷色描边】滤镜

【喷色描边】滤镜可以使用图像的主导色,用成角的、喷溅的颜色线条重绘图像产生斜纹飞溅的效果。选择对象后,在菜单栏中选择【效果】|【画笔描边】|【喷色描边】命令,弹出【喷色描边】对话框,如图 7.109 所示。设置完成后,使用【喷色描边】滤镜后

的效果，如图 7.110 所示。

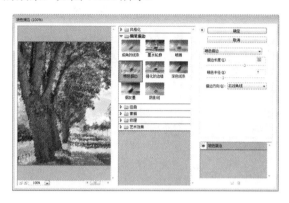

图 7.109　【喷色描边】对话框

图 7.110　添加喷色描边后的效果

- 【描边长度】：用来设置笔触的长度。
- 【喷色半径】：用来控制喷洒的范围。
- 【描边方向】：用来控制线条的描边方向。

7.17.3　【墨水轮廓】滤镜

【墨水轮廓】滤镜能够以钢笔画的风格，用纤细的线条在原细节上重绘图像。选择对象后，在菜单栏中选择【效果】|【画笔描边】|【墨水轮廓】命令，弹出【墨水轮廓】对话框，如图 7.111 所示。设置完成后，使用【墨水轮廓】滤镜后的效果如图 7.112 所示。

- 【描边长度】：用来设置图像中产生线条的长度。
- 【深色强度】：用来设置线条阴影的强度。数值越高，图像越暗。
- 【光照强度】：用来设置线条高光的强度。数值越高，图像越亮。

图 7.111　【墨水轮廓】对话框

图 7.112　添加墨水轮廓后的效果

7.17.4　【强化的边缘】滤镜

【强化的边缘】滤镜可以强化图像的边缘。在菜单栏中选择【效果】|【画笔描边】|【强化的边缘】命令，弹出【强化的边缘】对话框，如图 7.113 所示。

- 【边缘宽度】：用来设置需要强化的宽度。

- 【边缘亮度】：用来设置边缘的亮度。设置低的边缘亮度值时，强化效果类似黑色油墨，如图 7.114 所示。设置高的边缘高亮值时，强化效果类似白色粉笔，如图 7.115 所示。
- 【平滑度】：用来设置边缘的平滑程度，数值越高，画面越柔和。

图 7.113 【强化的边缘】对话框

图 7.114 【边缘亮度】低时的效果

图 7.115 【边缘亮度】高时的效果

7.17.5 【成角的线条】滤镜

【成角的线条】滤镜可以使用对角描边重新绘制图像。用一个方向的线条绘制亮部区域，再用相反方向的线条绘制暗部区域。在菜单栏中选择【效果】|【画笔描边】|【成角的线条】命令，弹出【成角的线条】对话框，如图 7.116 所示。设置完成后，使用【成角的线条】滤镜后的效果如图 7.117 所示。

图 7.116 【成角的线条】对话框

图 7.117 添加成角的线条后的效果

- 【方向平衡】：用来设置对角线条的倾斜角度。
- 【描边长度】：用来设置对角线条的长度。
- 【锐化程度】：用来设置对角线条的清晰程度。

7.17.6 【深色线条】滤镜

【深色线条】滤镜用短而紧密的深色线条绘制暗部区域，用长的白色线条绘制亮部区域。选择对象后，在菜单栏中选择【效果】|【画笔描边】|【深色线条】命令，弹出【深色线条】对话框，如图 7.118 所示。设置完成后，使用【深色线条】滤镜后的效果如图 7.119

所示。

图 7.118　【深色线条】对话框　　　　　图 7.119　添加深色线条后的效果

- 【平衡】：用来控制绘制的黑白色调的比例。
- 【黑色强度】：用来设置绘制的黑色调的强度。
- 【白色强度】：用来设置绘制的白色调的强度。

7.17.7　【烟灰墨】滤镜

【烟灰墨】滤镜能够以日本画的风格绘画图像，它使用非常黑的油墨在图像中创建柔和的模糊边缘，使图像看起来像是用蘸满油墨的画笔在宣纸上绘画。选择对象后，执行【效果】|【画笔描边】|【烟灰墨】命令，弹出【烟灰墨】对话框，如图 7.120 所示。设置【烟灰墨】滤镜的相关选项，设置完成后，使用【烟灰墨】滤镜后的效果如图 7.121 所示。

图 7.120　【烟灰墨】对话框　　　　　图 7.121　添加烟灰墨后的效果

- 【描边宽度】：用来设置笔触的宽度。
- 【描边压力】：用来设置笔触的压力。
- 【对比度】：用来设置颜色的对比程度。

7.17.8　【阴影线】滤镜

【阴影线】滤镜可以保留原始图像的细节和特征，同时使用模拟的钢笔阴影线添加纹理，并使彩色区域的边缘变得粗糙。选择对象后，在菜单栏中选择【效果】|【画笔描边】|

【阴影线】命令，弹出【阴影线】对话框，如图 7.122 所示。设置【阴影线】滤镜的相关
选项，设置完成后，使用【阴影线】滤镜后的效果如图 7.123 所示。

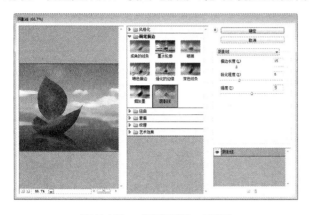

图 7.122　【阴影线】对话框　　　　　　　图 7.123　添加阴影线后的效果

- 【描边长度】：用来设置线条的长度。
- 【锐化程度】：用来设置线条的清晰程度。
- 【强度】：用来设置生成的线条的数量和清晰程度。

7.18　【素描】滤镜组

【素描】滤镜组中的滤镜可以将纹理添加到图像上，常用来模拟素描和速写等艺术效
果或手绘外观，其中大部分滤镜都使用黑白颜色来重绘图像。通过【滤镜库】来应用素描
滤镜。

7.18.1　【便条纸】滤镜

【便条纸】滤镜可以产生浮雕状的颗粒，使图像呈现出带有凹凸感的压印效果，就像
是用手工制作的纸张图像一样。选择对象后，在菜单栏中选择【效果】|【素描】|【便条
纸】命令，弹出【便条纸】对话框，如图 7.124 所示。设置完成后，使用【便条纸】滤镜
后的效果如图 7.125 所示。

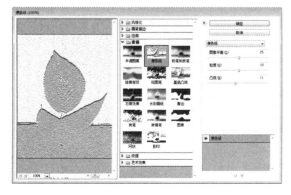

图 7.124　【便条纸】对话框　　　　　　图 7.125　添加【便条纸】滤镜后的效果

- 【图像平衡】：用来设置高光区域和阴影区域相对面积的划分。
- 【粒度】：用来设置图像中产生颗粒的数量。
- 【凸现】：用来设置颗粒的显示程度。

7.18.2 【半调图案】滤镜

【半调图案】滤镜可以在保持连续色调范围的同时，模拟半调用屏的效果。选择图像后，在菜单栏中选择【效果】|【素描】|【半调图案】命令，弹出【半调图案】对话框，如图 7.126 所示。

- 【大小】：用来设置生成网状图案的大小。
- 【对比度】：用来设置图像的对比度，即清晰程度。
- 【图案类型】：在该选项的下拉列表中可以选择图案的类型，包括【圆形】、【网点】和【直线】。如图 7.127 所示为选择【圆形】的效果；如图 7.128 所示为选择【网点】的效果；如图 7.129 所示为选择【直线】的效果。

图 7.126 【半调图案】对话框　　　　图 7.127 选择【圆形】的效果

图 7.128 选择【网点】的效果　　　　图 7.129 选择【直线】的效果

7.18.3 【图章】滤镜

【图章】滤镜可以简化图像，使之看起来就像是用橡皮或木制图章创建的一样，该滤镜用于处理黑白图像时效果最佳。选择对象后，在菜单栏中选择【效果】|【素描】|【图

章】命令，弹出【图章】对话框，如图 7.130 所示。设置【图章】滤镜的相关选项，设置完成后，单击【确定】按钮，使用【图章】滤镜后的效果如图 7.131 所示。

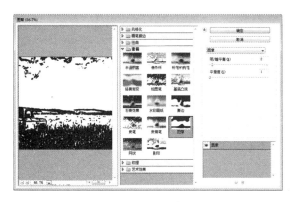

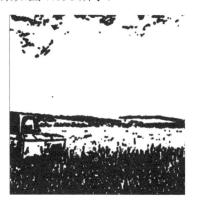

图 7.130　【图章】对话框　　　　　　图 7.131　添加【图章】滤镜后的效果

- 【明/暗平衡】：用来设置图像中亮调与暗调区域的平衡。
- 【平滑度】：用来设置图像的平滑程度。

7.18.4　【基底凸现】滤镜

【基底凸现】滤镜能够变换图像，使之呈现浮雕的雕刻状和突出光照下变化各异的表面。图像中的深色区域将被处理为黑色，而较亮的颜色则被处理为白色，选择对象后，在菜单栏中选择【效果】|【素描】|【基底凸现】命令，弹出【基底凸现】对话框，如图 7.132 所示。设置【基地凸现】滤镜的相关选项，设置完成后，单击【确定】按钮，使用【基底凸现】滤镜后的效果如图 7.133 所示。

- 【细节】：用来设置图像细节的保留程度。
- 【平滑度】：用来设置浮雕效果的平滑程度。
- 【光照】：在该选项的下拉列表中可以选择光照方向，包括下、左下、左、左上、上、右上、右和右下。

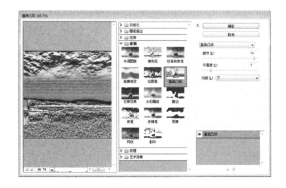

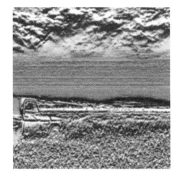

图 7.132　【基底凸现】对话框　　　　图 7.133　添加【基地凸现】滤镜后的效果

7.18.5　【影印】滤镜

【影印】滤镜可以模拟影印图像的效果。大的暗区趋向于只拷贝边缘四周，而中间色

调不是纯黑色。就是纯白色。选择对象后，在菜单栏中选择【效果】|【素描】|【影印】命令，弹出【影印】对话框，如图 7.134 所示。设置完成后，使用【影印】滤镜后的效果如图 7.135 所示。

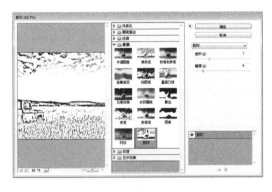

图 7.134　【影印】对话框　　　　图 7.135　添加【影印】滤镜后的效果

- 【细节】：用来设置图像细节的保留程度。
- 【暗度】：用来设置图像暗部区域的强度。

7.18.6　【撕边】滤镜

【撕边】滤镜可以重建图像，使之由粗糙、撕破的纸片状组成，然后使用黑色和白色为图像上色。此命令对于由文字或对比度高的对象所组成的图像尤其有用。在菜单栏中选择【效果】|【素描】|【撕边】命令，弹出【撕边】对话框，如图 7.136 所示。为【描边】滤镜库对话框，设置完成后，使用【撕边】滤镜后的效果对比，如图 7.137 所示。

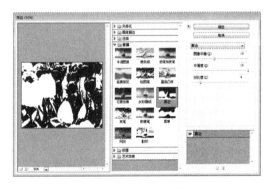

图 7.136　【撕边】对话框　　　　图 7.137　【撕边】效果对比

- 【图像平衡】：用来设置图像前景色和背景色的平衡比例。
- 【平滑度】：用来设置图像边界的平滑程度。
- 【对比度】：用来设置图像画面效果的对比程度。

7.18.7　【水彩画纸】滤镜

【水彩画纸】滤镜可以画成图像是画在湿润而有纹的纸上的涂抹方式，使颜色渗出并混合，图像会产生画而浸湿颜色扩散的水彩效果。选择对象后，在菜单栏中选择【效果】|

【素描】|【水彩画纸】命令，弹出【水彩画纸】对话框，如图 7.138 所示。设置完成后，使用【水彩画纸】滤镜后的效果如图 7.139 所示。

图 7.138　【水彩画纸】对话框　　　　图 7.139　添加【水彩画纸】滤镜后的效果

- 【纤维长度】：用来设置图像中生成的纤维的长度。
- 【亮度】：用来设置图像的亮度。
- 【对比度】：用来设置图像的对比度。

7.18.8　【炭笔】滤镜

【炭笔】滤镜可以重绘图像，产生色调分离的、涂抹的效果，主要边缘以粗线条绘制。而中间色调用对角描边进行素描，炭笔被处理为黑色，纸张被处理为白色。在菜单栏中选择【效果】|【素描】|【炭笔】命令，弹出【炭笔】滤镜对话框，如图 7.140 所示；设置完成后，使用【炭笔】滤镜后的效果如图 7.141 所示。

图 7.140　【炭笔】对话框　　　　图 7.141　添加【炭笔】滤镜后的效果

- 【炭笔粗细】：用来设置炭笔笔画的宽度。
- 【细节】：用来设置图像细节的保留程度。
- 【明/暗平衡】：用来设置图像中亮调与暗调的平衡。

7.18.9　【炭精笔】滤镜

【炭精笔】滤镜可以对暗色区域使用黑色，对亮色区域使用白色，在图像上模拟浓黑

和纯白的炭精笔纹理。选择对象后，在菜单栏中选择【效果】|【素描】|【炭精笔】命令，弹出【炭精笔】对话框，如图 7.142 所示。设置完成后，使用【炭精笔】滤镜后的效果对比，如图 7.143 所示。

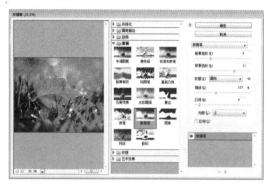

图 7.142　【炭精笔】对话框　　　　　　　图 7.143　【炭精笔】效果对比

- 【前景色阶】：用来调节前景色的平衡，数值越高前景色越突出。
- 【背景色阶】：用来调节背景色的平衡，数值越高背景色越突出。
- 【纹理】：在该选项下拉列表中可以选择纹理格式，包括砖形、粗麻布、画布和砂岩。
- 【缩放】：用来设置纹理的大小，变化范围为 50%～200%，数值越高纹理越粗糙。
- 【凸现】：用来设置纹理的凹凸程度。
- 【光照】：在该选项的下拉列表中可以选择光照的方向。
- 【反相】：可反转纹理的凹凸方向。

7.18.10　【石膏效果】滤镜

【石膏效果】滤镜可以使影像由石膏板所模造而出，然后将结果使用黑白色彩加以彩色化，深色区域上升凸出，浅色区域下沉。在菜单栏中选择【效果】|【素描】|【石膏效果】命令，弹出【石膏效果】对话框，如图 7.144 所示。设置完成后，使用【石膏效果】滤镜后的效果如图 7.145 所示。

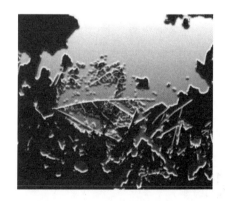

图 7.144　【石膏效果】对话框　　　　　　图 7.145　添加【石膏效果】滤镜后的效果

7.18.11　【粉笔和炭笔】滤镜

【粉笔和炭笔】滤镜可以重绘图像的高光和中间调，其背景为粗糙粉笔绘制的纯中间调。阴影区域用对角炭笔线条替换，炭笔用黑色绘制，粉笔用白色绘制。在菜单栏中选择【效果】|【素描】|【粉笔和炭笔】命令，弹出【粉笔和炭笔】对话框，如图 7.146 所示。设置完成后，使用【粉笔和炭笔】滤镜后的效果如图 7.147 所示。

- 【炭笔区】：用来设置炭笔区域的范围。
- 【粉笔区】：用来设置粉笔区域的范围。
- 【描边压力】：用来设置画笔的压力。

图 7.146　【粉笔和炭笔】对话框

图 7.147　添加【粉笔和炭笔】滤镜后的效果

7.18.12　【绘图笔】滤镜

【绘图笔】滤镜可以用纤细的线性油墨线条捕获原始图像的细节，此滤镜用黑色代表油墨，用白色代表纸张来替换原始图像中的颜色，在处理扫描图像时的效果十分出色。在菜单栏中选择【效果】|【素描】|【绘图笔】命令，弹出【绘图笔】对话框，如图 7.148 所示。设置完成后，使用【绘图笔】滤镜后的效果对比，如图 7.149 所示。

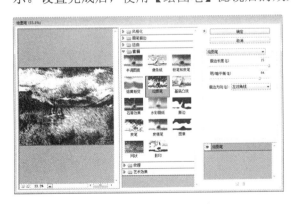

图 7.148　【绘图笔】对话框

图 7.149　【绘图笔】效果对比

- 【描边长度】：用来设置图像中产生的线条的长度。

- 【明/暗平衡】：用来设置图像的亮调与暗调的平衡。
- 【描边方向】：在该选项的下拉列表中可以选择线条的方向，包括右对角线、水平、左对角线和垂直。

7.18.13 【网状】滤镜

【网状】滤镜可以模拟胶片乳胶的可控收缩和扭曲来创建图像，使之在阴影处呈结块状，在高光处呈轻微的颗粒化。在菜单栏中选择【效果】|【素描】|【网状】命令，弹出【网状】对话框，如图 7.150 所示。设置完成后，使用【网状】滤镜的效果对比，如图 7.151 所示。

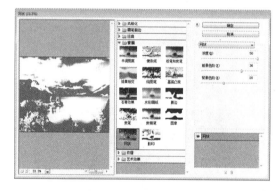

图 7.150 【网状】对话框

图 7.151 【网状】滤镜效果对比

- 【浓度】：用来设置图像中产生的网纹的密度。
- 【前景色阶】：用来设置图像中使用的前景色的色阶数。
- 【背景色阶】：用来设置图像中使用的背景色的色阶数。

7.18.14 【铬黄渐变】滤镜

【铬黄渐变】滤镜可以渲染图像，使之具有擦亮的铬黄表面般的效果，高光在反射表面上是高点，暗调是低点。在菜单栏中执行【效果】|【素描】|【铬黄渐变】命令，弹出【铬黄渐变】对话框，如图 7.152 所示。设置完成后，使用【铬黄渐变】滤镜后的效果如图 7.153 所示。

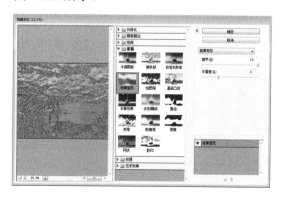

图 7.152 【铬黄渐变】对话框

图 7.153 【铬黄渐变】效果

- 【细节】：用来设置图像细节的保留程度。
- 【平滑度】：用来设置效果的光滑程度。

7.19 　【纹理】滤镜组

【纹理】滤镜组中的滤镜可以在图像中加入各种纹理，使图像具有深度感或物质感的外观。

7.19.1 　【拼缀图】滤镜

【拼缀图】滤镜可以将图像分解为由若干方形图块组成的效果。图块的颜色由该区域的主色决定。此滤镜可随机减小或增大拼贴的深度，以复现高光和暗调。在菜单栏中选择【效果】|【纹理】|【拼缀图】命令，弹出【拼缀图】对话框，如图 7.154 所示。设置完成后，使用【拼缀图】滤镜后的效果如图 7.155 所示。

- 【方形大小】：用来设置生成的方块的大小。
- 【凸现】：用来设置方块的凸出程度。

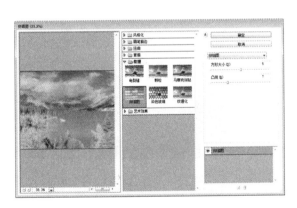

图 7.154　【拼缀图】对话框

图 7.155　【拼缀图】效果

7.19.2 　【染色玻璃】滤镜

【染色玻璃】滤镜可以将图像重新绘制成许多相邻的单色单元格，边框由前景色填充，使图像产生彩色玻璃的效果。在菜单栏中选择【效果】|【纹理】|【染色玻璃】命令，弹出【染色玻璃】对话框，如图 7.156 所示。设置完成后，使用【染色玻璃】滤镜后的效果如图 7.157 所示。

- 【单元格大小】：用来设置图像中生成的色块的大小。
- 【边框粗细】：设置色块边界的宽度。
- 【光照强度】：用来设置图像中心的光照强度。

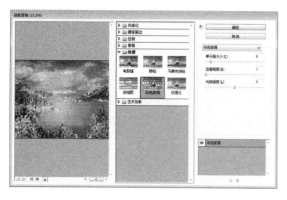

图 7.156 【染色玻璃】对话框

图 7.157 【染色玻璃】效果

7.19.3 【纹理化】滤镜

【纹理化】滤镜可以在图像中加入各种纹理，使图像呈现纹理质感。在菜单栏中选择【效果】|【纹理】|【纹理化】命令，弹出【纹理化】对话框，如图 7.158 所示。设置完成后，使用【纹理化】滤镜后的效果如图 7.159 所示。

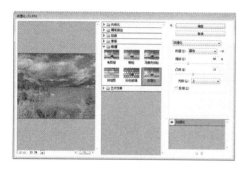

图 7.158 【纹理化】对话框

图 7.159 【纹理化】效果

- 【纹理】：可在该选项的下拉列表中选择一种纹理，将其添加到图像中。可选择的纹理包括砖形、粗麻布、画布和砂岩 4 种。
- 【缩放】：设置纹理的凸出程度。
- 【光照】：在该选项的下拉列表中可以选择光线照射的方向。
- 【反相】：可反转光线照射的方向。

7.19.4 【颗粒】滤镜

【颗粒】滤镜可通过模拟不同种类的颗粒在图像中添加纹理。在菜单栏中选择【效果】|【纹理】|【颗粒】命令，弹出【颗粒】对话框，如图 7.160 所示。设置完成后，使用【颗粒】滤镜后的效果如图 7.161 所示。

- 【强度】：用来设置图像中加入的颗粒的强度。
- 【对比度】：用来设置颗粒的对比度。
- 【颗粒类型】：在该选项的下拉列表中可以选择颗粒的类型，包括常规、柔和、喷洒、结块、强反差、扩大、点刻、水平、垂直和斑点。

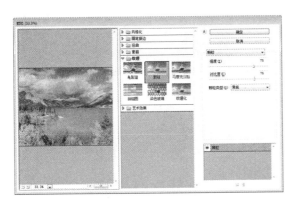

图 7.160　【颗粒】对话框

图 7.161　添加【颗粒】滤镜后的效果

7.19.5　【马赛克拼贴】滤镜

　　【马赛克拼贴】滤镜可以绘制图像，使图像看起来像是由小的碎片拼贴组成，然后在拼贴之间添加缝隙。在菜单栏中选择【效果】|【纹理】|【马赛克拼贴】命令，弹出【马赛克拼贴】对话框，如图 7.162 所示。设置完成后，使用【马赛克拼贴】滤镜后的效果如图 7.163 所示。

- 【拼贴大小】：用来设置图像中生成的块状图形的大小。
- 【缝隙宽度】：用来设置块状图形单元间的裂缝宽度。
- 【加亮缝隙】：用来设置块状图形缝隙的亮度。

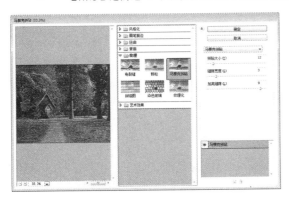

图 7.162　【马赛克拼贴】对话框

图 7.163　添加【马赛克拼贴】滤镜后的效果

7.19.6　【龟裂缝】滤镜

　　【龟裂缝】滤镜可以将图像绘制在一个高凸现在石膏表面上，以循着图像等高线生成很细的网状裂缝。使用该滤镜可以对包含多种颜色值或灰度值的图像创建浮雕效果。在菜单栏中选择【效果】|【纹理】|【龟裂缝】命令，弹出【龟裂缝】对话框，如图 7.164 所示。设置完成后，使用【龟裂缝】滤镜后的效果如图 7.165 所示。

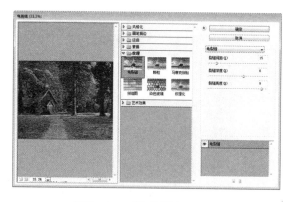

图 7.164 【龟裂缝】对话框　　　　　图 7.165　添加【龟裂缝】滤镜后的效果

- 【裂缝间距】：用来设置图像中生成裂缝的间距，数值越小，生成的裂缝越细密。
- 【裂缝深度】：用来设置裂缝的深度。
- 【裂缝亮度】：用来设置裂缝的亮度。

7.20　【艺术效果】滤镜组

　　【艺术效果】滤镜组中的滤镜可以模仿自然或传统介质，使图像看起来更贴近绘画或艺术效果。

7.20.1　【塑料包装】滤镜

　　【塑料包装】滤镜产生的效果类似在图像上罩上了一层光亮的塑料，可以强调图像的表面细节。选择对象后，在菜单栏中选择【效果】|【艺术效果】|【塑料包装】命令，弹出【塑料包装】对话框，在该对话框中可以对相关属性进行设置，如图 7.166 所示。使用【塑料包装】滤镜后的效果如图 7.167 所示。

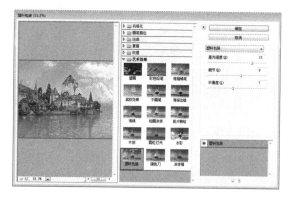

图 7.166　【塑料包装】对话框　　　　图 7.167　添加【塑料包装】滤镜后的效果

- 【高光强度】：用来设置高光区域的亮度。
- 【细节】：用来设置高光区域细节的保留程度。
- 【平滑度】：用来设置塑料效果的平滑程度，数值越高，滤镜产生的效果越明显。

7.20.2　【壁画】滤镜

【壁画】滤镜能够以一种粗糙的方式，使用短而圆的描边绘制图像，使图像看上去像是草草绘制的。选择对象后，在菜单栏中选择【效果】|【艺术效果】|【壁画】命令，弹出【壁画】对话框，在该对话框中可以对相关属性进行设置，如图 7.168 所示。使用【壁画】滤镜后的效果如图 7.169 所示。

- 【画笔大小】：用来设置画笔的大小。
- 【画笔细节】：用来设置图像细节的保留程度。
- 【纹理】：用来设置添加的纹理数量，数值越高，绘制的效果越粗犷。

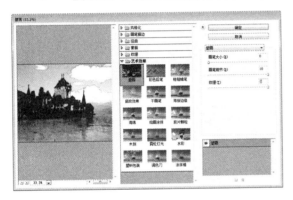

图 7.168　【壁画】对话框

图 7.169　添加【壁画】滤镜后的效果

7.20.3　【干画笔】滤镜

【干画笔】滤镜可使用介于油彩和水彩之间的干画笔绘制图像边缘，使图像产生一种不饱和的干枯油画效果。选择对象后，在菜单栏中选择【效果】|【艺术效果】|【干画笔】命令，弹出【干画笔】对话框，在该对话框中可以对相关属性进行设置，如图 7.170 所示。使用【干画笔】滤镜后的效果如图 7.171 所示。

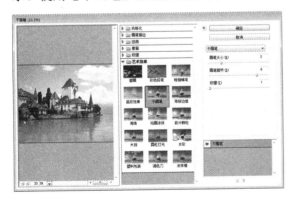

图 7.170　【干画笔】对话框

图 7.171　【干画笔】效果

- 【画笔大小】：用来设置画笔的大小，数值越小，绘制的效果越细腻。
- 【画笔细节】：用来设置画笔的细腻程度，数值越高，效果越与原图像越接近。

257

- 【纹理】：用来设置画笔纹理的清晰程度，数值越高，画笔的纹理越明显。

7.20.4 【底纹效果】滤镜

【底纹效果】滤镜可以在带纹理的背景上绘制图像，然后将最终图像绘制在该图像上。选择对象后，在菜单栏中选择【效果】|【艺术效果】|【底纹效果】命令，弹出【底纹效果】对话框，在该对话框中可以对相关属性进行设置，如图 7.172 所示。使用【底纹效果】滤镜后的效果如图 7.173 所示。

- 【画笔大小】：用来设置产生底纹的画笔的大小，数值越高，绘画效果越强烈。
- 【纹理覆盖】：用来设置纹理覆盖范围。
- 【纹理】：在该选项的下拉列表中可以选择纹理样式，包括【砖形】、【粗麻布】、【画布】和【砂岩】，单击选项右侧的 按钮，可以选择【载入纹理】命令，载入一个 PSD 格式的文件作为纹理文件。
- 【缩放】：用来设置纹理的大小。
- 【凸现】：用来设置纹理的凸出程序。
- 【光照】：在该选项的下拉列表中可以选择光照的方向。
- 【反相】：可以反转光照方向。

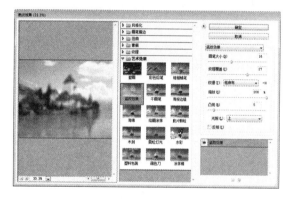

图 7.172 【底纹效果】对话框

图 7.173 添加【底纹效果】滤镜后的效果

7.20.5 【彩色铅笔】滤镜

【彩色铅笔】滤镜类似于使用彩色铅笔在纯色背景上绘制图像。该滤镜可以保留重要的边缘，外观呈粗糙的阴影线，纯色背景色透过比较平滑的区域显示出来。选择对象后，在菜单栏中选择【效果】|【艺术效果】|【彩色铅笔】命令，弹出【彩色铅笔】对话框，在该对话框中可以对相关属性进行设置，如图 7.174 所示。使用【彩色铅笔】滤镜后的效果如图 7.175 所示。

- 【铅笔宽度】：用来设置铅笔线条的宽度，数值越高，铅笔线条越粗。
- 【描边压力】：用来设置铅笔的压力效果，数值越高，线条越粗犷。
- 【纸张亮度】：用来设置画纸纸色的明暗程度。

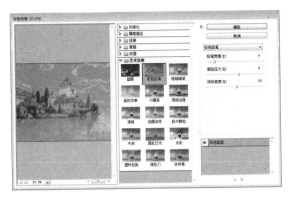

图 7.174 【彩色铅笔】对话框　　　　　图 7.175 添加【彩色铅笔】滤镜后的效果

7.20.6 【木刻】滤镜

【木刻】滤镜可以将图像中的颜色进行分色处理,并简化颜色,使图像看上去像是由从彩纸上剪下的边缘粗糙的剪纸片组成的。选择对象后,在菜单栏中选择【效果】|【艺术效果】|【木刻】命令,弹出【木刻】对话框,在该对话框中可以对相关属性进行设置,如图 7.176 所示。使用【木刻】滤镜后的效果如图 7.177 所示。

- 【色阶数】:用来设置简化后的图像的色阶数量。数值越高,图像的颜色层次越丰富。数值越小,图像的简化效果越明显。
- 【边缘简化度】:用来设置图像边缘的简化程度,该值越高,图像的简化程度越明显。
- 【边缘逼真度】:用来设置图像边缘的精确程度。

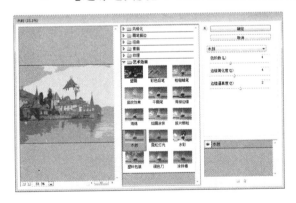

图 7.176 【木刻】对话框　　　　　图 7.177 添加【木刻】滤镜后的效果

7.20.7 【水彩】滤镜

【水彩】滤镜可以简化图像的细节,改变图像边界的色调和饱和度,使图像产生水彩画的效果,当边缘有显著的色调变化时,此滤镜会使颜色更加饱满。选择对象后,在菜单栏中选择【效果】|【艺术效果】|【水彩】命令,弹出【水彩】对话框,在该对话框中可以对相关属性进行设置,如图 7.178 所示。使用【水彩】滤镜后的效果如图 7.179 所示。

图 7.178 【水彩】对话框

图 7.179 添加【水彩】滤镜后的效果

- 【画笔细节】：用来设置画笔的精确程度，数值越高，画面越精细。
- 【阴影强度】：用来设置暗调区域的范围，数值越高，暗调范围越广。
- 【纹理】：用来设置图像边界的纹理效果，数值越高，纹理效果越明显。

7.20.8 【海报边缘】滤镜

【海报边缘】滤镜可根据设置的海报画选项值减少图像中的颜色数，然后找到图像的边缘，并在边缘上绘制黑色线条。选择对象后，在菜单栏中选择【效果】|【艺术效果】|【海报边缘】命令，弹出【海报边缘】对话框，在该对话框中可以对相关属性进行设置，如图 7.180 所示。使用【海报边缘】滤镜后的效果如图 7.181 所示。

- 【边缘厚度】：用来设置图像边缘像素的宽度，数值越高，轮廓越宽。
- 【边缘强度】：用来设置图像边缘的强化程度。
- 【海报化】：用来设置颜色的浓度。

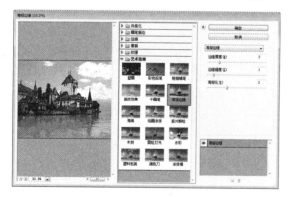

图 7.180 【海报边缘】对话框

图 7.181 【海报边缘】效果

7.20.9 【海绵】滤镜

【海绵】滤镜使用颜色对比强烈、纹理较重的区域创建图像，使图像看起来像是用海绵绘制的。选择对象后，在菜单栏中选择【效果】|【艺术效果】|【海绵】命令，弹出【海绵】对话框，在该对话框中可以对相关属性进行设置，如图 7.182 所示。使用【海绵】滤镜后的效果如图 7.183 所示。

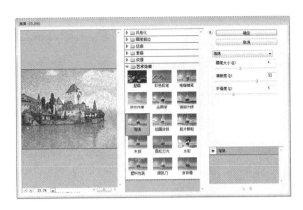

图 7.182　【海绵】对话框　　　　　　　　　图 7.183　【海绵】效果

- 【画笔大小】：用来设置海绵的大小。
- 【清晰度】：用来调整海绵上气孔的大小，数值越高，气孔的印记越清晰。
- 【平滑度】：用来模拟海绵的压力，数值越高，画面的浸湿感越强，图像越柔和。

7.20.10　【涂抹棒】滤镜

【涂抹棒】滤镜使用较短的对角线条涂抹图像中暗部的区域，从而柔化图像，亮部区域会因变亮而丢失细节。选择对象后，在菜单栏中选择【效果】|【艺术效果】|【涂抹棒】命令，弹出【涂抹棒】对话框，在该对话框中可以对相关属性进行设置，如图 7.184 所示。使用【涂抹棒】滤镜后的效果如图 7.185 所示。

- 【描边长度】：用来设置图像中产生的线条的长度。
- 【高光区域】：用来设置图像中高光范围的大小，该值越高，被视为高光区域的范围就越广。
- 【强度】：用来设置高光的强度。

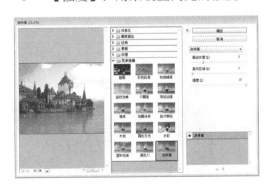

图 7.184　【涂抹棒】对话框　　　　　　　图 7.185　【涂抹棒】效果

7.20.11　【粗糙蜡笔】滤镜

【粗糙蜡笔】滤镜可以使图像看上去好像是用彩色蜡笔在带纹理的背景上描绘出来的。选择对象后，在菜单栏中选择【效果】|【艺术效果】|【粗糙蜡笔】命令，弹出【粗糙蜡笔】对话框，在该对话框中可以对相关属性进行设置，如图 7.186 所示。使用【粗糙蜡

笔】滤镜后的效果如图 7.187 所示。

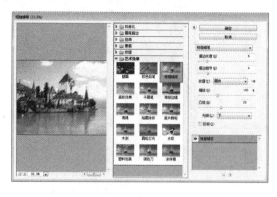

图 7.186 　【粗糙蜡笔】对话框　　　　　图 7.187 　【粗糙蜡笔】效果

- 【描边长度】：用来设置画笔线条的长度。
- 【描边细节】：用来设置线条的细腻程度。

7.20.12 　【绘画涂抹】滤镜

【绘画涂抹】滤镜可以使用不同大小和不同类型的画笔来创建绘画效果。选择对象后，在菜单栏中选择【效果】|【艺术效果】|【绘画涂抹】命令，弹出【绘画涂抹】对话框，在该对话框中可以对相关属性进行设置，如图 7.188 所示。使用【绘画涂抹】滤镜后的效果如图 7.189 所示。

- 【画笔大小】：用来设置画笔的大小，数值越高，涂抹的范围越广。
- 【锐化程度】：用来设置图像的锐化程度，数值越高，效果越锐利。
- 【画笔类型】：在该选项的下拉列表中可以选择画笔的类型，包括【简单】、【未处理光照】、【未处理深色】、【宽锐化】、【宽模糊】和【火花】。

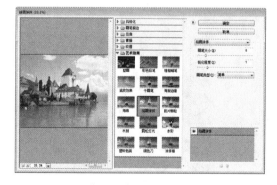

图 7.188 　【绘画涂抹】对话框　　　　　图 7.189 　【绘画涂抹】效果

7.20.13 　【胶片颗粒】滤镜

【胶片颗粒】滤镜可将平滑的图案应用于阴影和中间色调，将一种更平滑、饱和度更高的图案添加到亮区，产生类似胶片颗粒状的纹理效果。选择对象后，在菜单栏中选择【效果】|【艺术效果】|【胶片颗粒】命令，弹出【胶片颗粒】对话框，在该对话框中可以

对相关属性进行设置，如图 7.190 所示。使用【胶片颗粒】滤镜后的效果如图 7.191 所示。

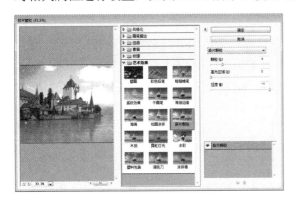 

图 7.190　【胶片颗粒】对话框　　　　　图 7.191　【胶片颗粒】效果

- 【颗粒】：用来设置产生的颗粒的密度，数值越高，颗粒越多。
- 【高光区域】：用来设置图像中高光的范围。
- 【强度】：用来设置颗粒的强度，当该值较小时，会在整个图像上显示颗粒，数值较高时，只在图像的阴影部分显示颗粒。

7.20.14　【调色刀】滤镜

【调色刀】滤镜可以减少图像中的细节以生成描绘得很淡的画布效果，并显示出下面的纹理。选择对象后，在菜单栏中选择【效果】|【艺术效果】|【调色刀】命令，弹出【调色刀】对话框，在该对话框中可以对相关属性进行设置，如图 7.192 所示。使用【调色刀】滤镜后的效果如图 7.193 所示。

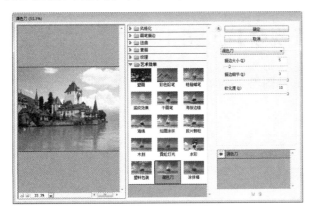 

图 7.192　【调色刀】对话框　　　　　图 7.193　【调色刀】效果

- 【描边大小】：用来设置图像颜色混合的程度，数值越高，图像越模糊。数值越小，图像越清晰。
- 【描边细节】：用来设置图像细节的保留程度，数值越高，图像的边缘越明确。
- 【软化度】：用来设置图像的柔化程度，数值越高，图像越模糊。

7.20.15　【霓虹灯光】滤镜

　　【霓虹灯光】滤镜可以为图像中的对象添加各种颜色的灯光效果。选择对象后，在菜单栏中选择【效果】|【艺术效果】|【霓虹灯光】命令，弹出【霓虹灯光】对话框，在该对话框中可以对相关属性进行设置，如图 7.194 所示。使用【霓虹灯光】滤镜后的效果如图 7.195 所示。

- 【发光大小】：用来设置发光范围的大小，数值为正值时，光线向外发射，为负值时，光线向内发射。
- 【发光亮度】：用来设置发光的亮度。
- 【发光颜色】：单击该选项右侧的颜色块，可以在弹出的对话框中设置发光颜色。

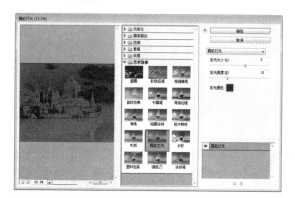

图 7.194　【霓虹灯光】对话框

图 7.195　【霓虹灯光】效果

7.21　【视频】滤镜组

　　【视频】滤镜组中的滤镜用来解决视频图像交换时系统差异的问题，它们可以处理从隔行扫描方式的设备中提取的图像。

7.21.1　【NTSC 颜色】滤镜

　　【NTSC 颜色】滤镜会将色域限制在电视机重现可接受的范围内，防止过饱和的颜色渗透到电视扫描行中。

7.21.2　【逐行】滤镜

　　通过隔行扫描方式显示画面的电视，以及从视频设备中捕捉的图像都会出现扫描线。【逐行】滤镜可以去除视频图像中的奇数或偶数隔行线，使在视频上捕捉的运动图像变得平滑。应用该滤镜时会弹出【逐行】对话框，如图 7.196 所示。

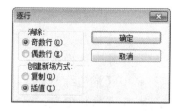

图 7.196　【逐行】对话框

- 【消除】：用来设置需要消除的扫描线，选中【奇数行】单选按钮可删除奇数扫描线；选中【偶数行】单选按钮可删除偶数扫描线。
- 【创建新场方式】：用来设置消除扫描线后以何种方式来填充空白区域，选中【复制】单选按钮可复制被删除部分周围的像素来填充空白区域，选中【插值】单选按钮则利用被删除部分周围的像素，通过插值的方法进行填充。

7.22 【风格化】滤镜组

在【风格化】滤镜组中包含一个【照亮边缘】滤镜，使用该滤镜可以标识颜色的边缘，并向其添加类似霓虹灯的光亮。选择对象后，在菜单栏中选择【效果】|【风格化】|【照亮边缘】命令，弹出【照亮边缘】对话框，在该对话框中可以对相关属性进行设置，如图 7.197 所示。使用【照亮边缘】滤镜后的效果如图 7.198 所示。

- 【边缘宽度】：用来设置发光边缘的宽度。
- 【边缘亮度】：用来设置边缘的发光亮度。
- 【平滑度】：用来设置发光边缘的平滑程度。

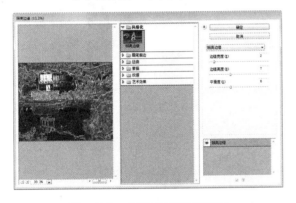

图 7.197 【照亮边缘】对话框

图 7.198 【照亮边缘】效果

7.23 上 机 练 习

下面通过实例来巩固本章所学习的基础知识，使读者对本章的内容有进一步的了解和掌握。

7.23.1 制作水墨画

下面来介绍如何制作水墨画，制作完成后的效果如图 7.199 所示。

(1) 启动软件后，在菜单栏中选择【文件】|【新建】命令，弹出【新建文档】对话框，在该对话框中将【宽度】、【高度】分别设置为 198mm、139mm，其他保持默认设置，如图 7.200 所示。

(2) 单击【确定】按钮即可新建文档，在菜单栏中选择【文件】|【置入】命令，弹出【置入】对话框，在该对话框中选择随书附带光盘中的"CDROM\素材\Cha07\lpl14.jpg"

文件，如图 7.201 所示。

图 7.199　水墨画

图 7.200　【新建文档】对话框

图 7.201　选择素材

（3）单击【置入】按钮，然后拖曳鼠标在画板中绘制矩形，在工具栏中单击【嵌入】按钮，即可将图片嵌入，如图 7.202 所示。

（4）选择置入的图片，在菜单栏中选择【效果】|【素描】|【影印】命令，弹出【影印】对话框，在该对话框中将【细节】设置为 21，将【暗度】设置为 3，如图 7.203 所示。

图 7.202　单击【嵌入】按钮

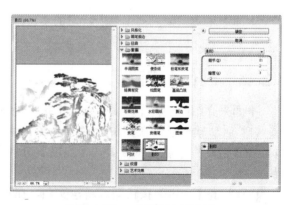

图 7.203　【影印】对话框

(5) 单击【确定】按钮即可将图片转换为水墨画，在菜单栏中选择【文件】|【导出】命令，弹出【导出】对话框，在该对话框中将【文件名】设置为"水墨画"，将【保存类型】设置为 TIFF，如图 7.204 所示。

(6) 单击【导出】按钮，弹出【TIFF 选项】对话框，在该对话框中保持默认设置，单击【确定】按钮即可将图片导出，如图 7.205 所示。导出完成后将场景进行保存。

图 7.204 【导出】对话框

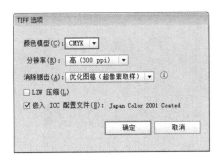

图 7.205 【TIFF 选项】对话框

7.23.2 制作真情卡片

下面介绍如何制作真情卡片，完成后的效果如图 7.206 所示。

图 7.206 真情卡片

(1) 启动软件后，按 Ctrl+N 组合键，在弹出的对话框中将【单位】设置为【像素】，将【宽度】、【高度】分别设置为1110px、750px，单击【确定】按钮，如图 7.207 所示。

(2) 在工具箱中选择【矩形工具】，将【描边】设置为无，然后在画板中绘制与画板相同大小的矩形，如图 7.208 所示。

(3) 确定绘制的矩形处于选中状态，在工具箱中双击【渐变工具】，弹出【渐变】对话框，在该对话框中将【类型】设置的为【线性】，将【角度】设置为 90°，如图 7.209 所示。

(4) 双击左侧的色标，在弹出的面板中单击右上角的 按钮，在弹出的对话框中选择 CMYK，将 CMYK 值设置为 6、0、2、0，如图 7.210 所示。

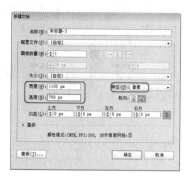

图 7.207 【新建文档】对话框

图 7.208 绘制矩形

图 7.209 【渐变】面板

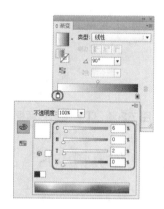

图 7.210 设置渐变颜色

(5) 双击右侧的色标，在弹出的面板中将 CMYK 值设置为 65、42、20、0，返回到渐变面板中，此时即可为绘制的矩形添加渐变，效果如图 7.211 所示。

(6) 选择矩形，在菜单栏中选择【效果】|【纹理】|【纹理化】命令，弹出【纹理化】对话框，将【纹理】设置为【画布】，将【缩放】设置为 135，将【凸现】设置为 5，将【光照】设置为【上】，如图 7.212 所示。

图 7.211 填充渐变后的效果

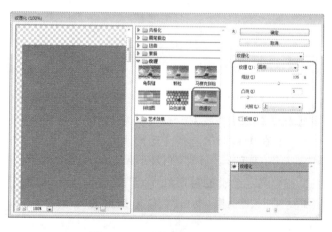

图 7.212 【纹理化】对话框

(7) 单击【确定】按钮，即可为选择的矩形添加纹理，效果如图 7.213 所示。

(8) 在菜单栏中选择【文件】|【置入】命令，弹出【置入】对话框，在该对话框中选择随书附带光盘中的"CDROM\素材\Cha07\lpl15.png"素材图片，如图 7.214 所示。

(9) 单击【置入】按钮，然后拖曳鼠标绘制矩形，在工具栏中单击【嵌入】按钮，即可将图片置入场景中，效果如图 7.215 所示。

图 7.213　添加纹理后的效果

图 7.214　选择素材图片

(10) 在工具箱中选择【矩形工具】，将【描边】设置为无，双击【填色】弹出【拾色器】对话框，在该对话框中将 CMYK 值设置为 0、0、0、31，如图 7.216 所示。

图 7.215　添加图片后的效果

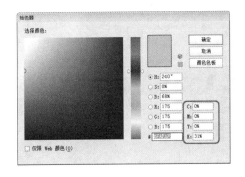

图 7.216　设置 CMYK

(11) 在画板中拖曳鼠标绘制矩形，完成后的效果如图 7.217 所示。

(12) 在菜单栏中选择【效果】|【模糊】|【高斯模糊】命令，弹出【高斯模糊】对话框，将【半径】设置为 20，如图 7.218 所示。

图 7.217　绘制矩形

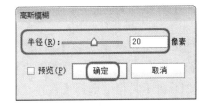

图 7.218　【高斯模糊】对话框

(13) 单击【确定】按钮即可为矩形添加高斯模糊，效果如图 7.219 所示。

(14) 选择刚刚绘制的矩形，按 Ctrl+C 组合键进行复制，然后按 Ctrl+V 组合键，进行粘贴，选择复制的矩形，在菜单栏中选择【窗口】|【外观】命令，弹出【外观】面板，选择【高斯模糊】，然后单击 🗑 按钮，将【高斯模糊】删除，如图 7.220 所示。

图 7.219　添加【高斯模糊】后的效果

图 7.220　【外观】面板

(15) 确定选择的矩形处于选中状态，在工具箱中将【填色】设置为白色，将【描边】设置为无，然后使用【选择工具】调整矩形的位置，如图 7.221 所示。

(16) 在工具箱中选择【矩形工具】，将【描边】设置为无，将【填色】CMYK 值设置为 6、88、37、0，然后在画板中绘制矩形，然后选择【直接选择工具】，选择矩形的锚点并进行调整，调整完成后的效果如图 7.222 所示。

图 7.221　调整完成后的效果

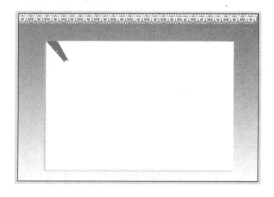

图 7.222　调整绘制的矩形

(17) 在工具箱中选择【矩形工具】，将【描边】设置为无，将【填色】设置为白色，在画板中绘制矩形，然后使用【选择工具】将其进行旋转，效果如图 7.223 所示。

(18) 继续使用【矩形工具】，绘制矩形，绘制完成后的效果如图 7.224 所示。

(19) 选择绘制的矩形，然后右击，在弹出的快捷菜单中选择【编组】命令，如图 7.225 所示。

(20) 在菜单栏中选择【窗口】|【路径查找器】命令，弹出【路径查找器】面板，在【路径查找】选项组中单击【修边】按钮，如图 7.226 所示。

(21) 在工具箱中选择【直接选择工具】，选择矩形，按 Delete 键将选择的矩形删除，完成后的效果如图 7.227 所示。

(22) 使用同样的方法绘制其他图形，效果如图 7.228 所示。

图 7.223　绘制的矩形

图 7.224　绘制的矩形效果

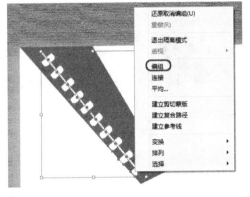

图 7.225　选择【编组】命令

图 7.226　单击【修边】按钮

图 7.227　删除矩形

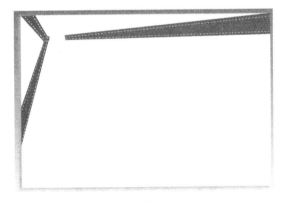

图 7.228　绘制完成后的效果

(23) 在工具箱中选择【钢笔工具】，将【填色】CMYK 值设置为 41、99、59、2，将【描边】设置为无，然后绘制如图 7.229 所示的图形，打开【透明度】面板，将【混合模式】设置为【正片叠底】。

(24) 继续使用【钢笔工具】，将【填色】CMYK 值设置为 6、88、37、0，将【描边】设置为无，然后绘制如图 7.230 所示的图形。

图 7.229　绘制图形

图 7.230　绘制图形

(25) 使用【选择工具】调整图形的位置，按住 Shift 键选择刚刚绘制的两个图形，右击，在弹出的快捷菜单中选择【编组】命令，如图 7.231 所示。

(26) 编组完成后，使用【选择工具】将其调整至适当的位置，如图 7.232 所示。

图 7.231　选择【编组】命令

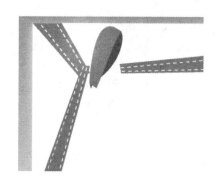

图 7.232　调整其位置

(27) 在工具箱中选择【钢笔工具】，将【填色】设置为无，将【描边】设置为白色，然后使用【钢笔工具】在画板中绘制曲线，参照前边的方法将曲线转变为虚线，完成后的效果如图 7.233 所示。

(28) 使用同样的方法绘制其他图形并进行编组，完成后的效果如图 7.234 所示。

图 7.233　绘制虚线

图 7.234　设置完成后的效果

(29) 在工具箱中选择【钢笔工具】，将【填色】设置为无，将【描边】CMYK 值设置为 0、29、14、0，在工具栏中将【描边粗细】设置为 1.5，然后在画板中绘制如图 7.235

所示的图形。

(30) 使用同样的方法绘制其他线条，绘制完成后的效果如图 7.236 所示。

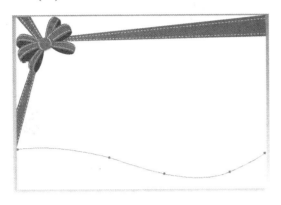

图 7.235　绘制的图形

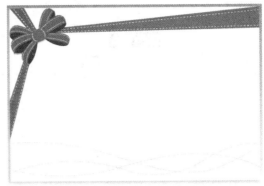

图 7.236　绘制完成后的效果

(31) 在菜单栏中选择【文件】|【置入】命令，弹出【置入】对话框，在该对话框中选择随书附带光盘中的"CDROM\素材\Cha07\lpl16.png"素材图片，单击【置入】按钮，如图 7.237 所示。

(32) 拖曳鼠标，在画板绘制矩形，然后在工具栏中单击【嵌入】按钮即可将图片置入画板中，完成后的效果如图 7.238 所示。

图 7.237　【置入】对话框

图 7.238　将图片置入画板中

(33) 在工具箱中选择【文字工具】，在画板中输入文字"LOVE"，选中输入的文字，将【填色】CMYK 值设置为 69、46、58、9，按 Ctrl+T 组合键，打开【字符】面板，在该面板中将字体系列设置为【汉仪行楷简】，将字体大小设置为 55pt，将字符的间距设置为 200，如图 7.239 所示。

(34) 使用同样的方法输入其他文字并在【字符】面板中进行相应的设置，完成后的效果如图 7.240 所示。

(35) 至此，真情卡片就制作完成了，将图片导出，然后将场景进行保存即可。

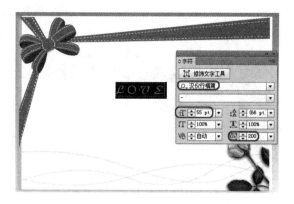

图 7.239　设置文字参数

图 7.240　设置完成后的效果

思考与练习

1. Illustrator 效果中的【风格化】滤镜组中包括几种滤镜？分别是什么？

2. 简述【素描】滤镜组的作用。

3. 如何改变【径向模糊】的中心模糊？

第 8 章 外观、图形样式和图层

一个作品一般包含许多图层，为了能更好地管理这些图层，需要使用【外观】面板和【图层】面板。通过本章的学习能够对外观、图形样式和图层等内容有更深入的认识。

8.1 外 观 对 象

外观属性是一组不改变对象基础结构的前提下影响对象外观的属性。外观属性包括填色、描边、透明度和效果。

【外观】面板是使用外观属性的入口，因为可以把外观属性应用于层、组和对象，所以图稿中的属性层次可能会变得十分复杂。例如，如果您对整个图层应用了一种效果，而对该图层中的某个对象应用了另一种效果，就可能很难分清到底是哪种效果导致了图稿的更改。【外观】面板可显示已应用于对象、组或图层的填充、描边、图形样式和效果。

8.1.1 【外观】面板

在菜单栏中选择【窗口】|【外观】命令，打开【外观】面板或按 Shift+F6 组合键，如图 8.1 所示。通过该对话框来查看和调整对象、组或图层的外观属性，各种效果会按其在图稿中的应用顺序从上到下排列。

【外观】面板可以显示层、组或对象(包括文字)的描边、填充、透明度、效果等，在【外观】面板中，上方所示为对象的名称，下方列出对象属性的序列，如描边、填充、圆角矩形等效果。若单击项目左边的 ▶ 和 ▼ 按钮，可以展开或折叠项目。

图 8.1　【外观】面板

- 【对象缩览图】：【外观】面板顶部的缩览图为当前选择对象的缩览图，其右侧的名称为选择对象的类别，如路径、文字、群组、位图图像等。
- 【描边】：显示对象的描边属性。
- 【填色】：显示对象的填充属性。
- 【不透明度】：用来显示对象整体的不透明度和混合模式。当对这两种属性进行了修改后，可在该选项中显示，设置【不透明度】面板，如图 8.2 所示。显示在【外观】面板中的效果，如图 8.3 所示。

【外观】面板中各个按钮的应用。

- 【添加新描边】按钮 ▢：可以新添加一个描边颜色。
- 【添加新填色】按钮 ▣：可以新添加一个填色颜色。
- 【添加效果图】按钮 fx：若要为选取设置效果，如径向模糊，将打开相应的对话框，如图 8.4 所示，设置选项后，单击【确定】按钮，如图 8.5 所示设置径向

模糊后的面板。

图 8.2　设置不透明度

图 8.3　设置不透明度后

- 【清除外观】按钮 ：单击该按钮，可清除当前对象的效果，使对象无填充、无描边。
- 【复制所选项目】按钮 ：用来复制外观属性。
- 【删除所选项目】按钮 ：用来删除外观属性。

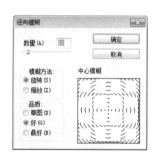

图 8.4　【径向模糊】对话框

图 8.5　设置径向模糊后的【外观】面板

8.1.2　编辑图形的外观属性

在新建对象后，希望继承外观属性或只具有基本外观，若要将新对象只应用单一的【填充】和【描边】效果，可以单击【外观】面板右上方的 按钮，在打开的下拉菜单中选择【新建图稿具有基本外观】命令，如图 8.6 所示。

要通过拖曳复制或移动外观属性，在【外观】面板中，选择要复制其外观的对象或组，也可以在【图层】面板中定位到相应的图层，打开下列操作。

(1) 将【外观】面板顶部的缩览图拖曳到要复制外观属性的对象上。若没有显示缩览图，可单击

图 8.6　【新建图稿具有基本外观】命令

【外观】面板右上方的  按钮，在打开的下拉菜单中选择【显示缩览图】命令，如图 8.7 所示。

（2）按住 Alt 键，将【图层】面板中的要复制外观属性的对象的定位图标 ○ 或 ◉ ，拖曳到要复制的项目按钮 ○ 或 ◉ 上，可复制外观属性。

（3）若要移动外观属性，将使用【图层】面板中的要复制外观属性的对象的定位图标 ○ 或 ◉ ，拖曳到要复制的项目按钮 ○ 或 ◉ 上，如图 8.8 所示。

图 8.7　选择【显示缩览图】命令

图 8.8　移动外观属性

8.2　认识与应用【图形样式】

样式是一系列外观属性的集合，这些集合存储在【图形样式】面板中，将图形样式应用于对象时可以快速改变对象的外观。

8.2.1　认识与应用面板

【图形样式】面板用来创建、命名和应用外观属性。在菜单栏中选择【窗口】|【图形样式】命令，打开【图形样式】面板，如图 8.9 所示。

- 【默认图形样式】 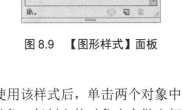：单击该样式，可以将当前选择的对象设置为默认的基本样式，即黑色描边和白色填充。

- 【投影】：单击该样式后并设置填色，可以将当前选择的对象以该样式显示，为其添加阴影。

图 8.9　【图形样式】面板

- 【圆角 2pt】：单击该样式后，可以将当前选择的对象的边角圆滑 2 个像素。

- 【实时对称 X】：单击该样式后并设置填色，可以将当前选择对象以 Y 轴为轴进行复制；使用该样式后，单击两个对象中的一个，只有原始对象显示选中状态；修改原始对象，复制出的对象也会做出相应的变化。

- 【柔化斜面】：单击该样式后，可以将当前选择的对象的斜面进行柔化。

- 【黄昏】 ：单击该样式后，可以将当前选择的对象设置为该样式。
- 【植物】 ：单击该样式后，可以将当前选择的对象设置为该样式，以该样式图案进行填充；调整对象时，该图案不会受影响，以原大小比例进行填充。
- 【高卷式发型】 ：单击该样式后，可以将当前选择的对象设置为该样式，以该样式图案进行填充；调整对象时，该图案不会受影响，以原大小比例进行填充。
- 【图形样式库菜单】 ：单击该按钮，可在打开的下拉列表中选择一个图形样式库。
- 【断开图形样式链接】 ：用来断开当前对象使用的样式与面板中样式的链接。断开链接后，可单独修改应用于对象的样式，而不会影响面板中的样式。
- 【新建图形样式】 ：可以将当前对象的样式保存到【图形样式】面板中。
- 【删除图形样式】 ：选择面板中的图形样式后，单击该按钮，可将选中的图形样式删除。

> **提 示**
>
> 　选择对象，单击【图形样式】面板中的 按钮，即可将该对象的外观保存为一个图形样式。

　　【图形样式】库是一组预设的图形样式集合。Illustrator 提供了一定数量的样式库。读者可以使用预计的样式库，也可以将多个图形样式创建为自定义的样式库。

　　在【窗口】|【图形样式库】下拉菜单中，选择一个菜单命令，即可打开选择的库，如图 8.10 所示。当打开一个图形样式库时，这个库将打开在一个新的面板中，如图 8.11 所示。

图 8.10　打开图形样式库

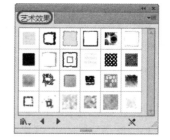

图 8.11　【艺术效果】面板

8.2.2　从其他文档中导入图形样式

　　将其他文档的图形样式导入到当前文档中使用，其具体操作步骤如下。

　　(1) 在菜单栏中选择【窗口】|【图形样式库】|【其他库】命令，或单击【图形样式】

面板中的【图形样式库菜单】按钮 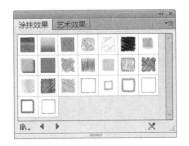，在弹出的下拉菜单中选择【其他库】菜单命令，在弹出的【选择要打开的库】对话框中选择要从中导入图形样式的文件，如图 8.12 所示。

　　(2) 单击【打开】按钮，该文件的图形样式将导入到当前文档中，并出现在一个单独的面板中，如图 8.13 所示。

图 8.12　【选择要打开的库】对话框

图 8.13　【涂抹效果】面板

8.3　编辑图形样式

　　使用图形样式可以快速更改对象的外观，包括填色、描边、透明度与效果。应用图形样式可以明显地提高绘图效率。可以将图形样式应用于对象、组和图层，将图形样式应用于组或图层时，组和图层内的所有对象都具有图形样式的属性，但若将对象移出该图层，将恢复其原有的对象外观。

8.3.1　新建图形样式

　　在图形样式面板中，提供了一些默认的图形样式，用户也可以自己创建图形样式。

　　创建图形样式，可以选择一个对象并对其应用任意外观属性组合，包括填色、描边、不透明度或效果，在【外观】面板中调整和排列外观属性，并创建多种填充和描边。例如，在一种图形样式中包含有多种填充，每种填充均带有不同的不透明度和混合模式，可以进行下列操作。

　　选择绘制的图形，单击【图形样式】面板中的【新建图形样式】按钮 ，如图 8.14 所示，将该样式存储到【图形样式】面板中，如图 8.15 所示。

　　单击【图形样式】面板右上方的 按钮，在打开的快捷菜单中选择【新建图形样式】命令，如图 8.16 所示，或按住 Alt 键单击【图形样式】面板中的【新建图形样式】按钮 ，打开【图形样式选项】对话框，如图 8.17 所示，单击【确定】按钮，将该样式添加图形样式完成。

　　将【外观】面板中的对象缩览图拖曳到【图形样式】面板中，如图 8.18 所示；将该样式存储到【图形样式】面板中，如图 8.19 所示。

图 8.14 需要存储的外观样式

图 8.15 【图形样式】面板

图 8.16 选择【新建图形样式】命令

图 8.17 【图形样式选项】对话框

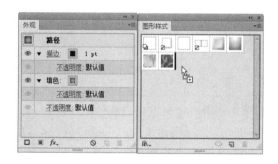

图 8.18 拖曳外观样式

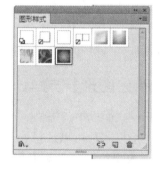

图 8.19 将外观样式存储到【图形样式】面板中

8.3.2 复制和删除样式

下面介绍如何复制和删除图形样式。

1. 复制图形样式

在【图形样式】面板中选择需要复制的图形样式，并将其拖曳到【新建图形样式】按钮 处，如图 8.20 所示；复制出图形样式，如图 8.21 所示。

在【图形样式】面板中选择需要复制的图形样式，在面板的右上角单击 按钮，在弹出的快捷菜单中选择【复制图形样式】命令，如图 8.22 所示。复制出图形样式，如图 8.23 所示。

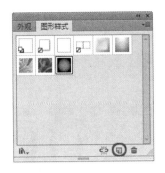

图 8.20 拖曳图形样式

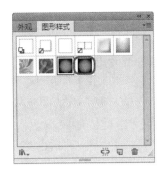

图 8.21 复制出图形样式

图 8.22 选择【复制图形样式】命令

图 8.23 复制出图形样式

2. 删除图形样式

删除图形样式有 3 种方法，下面分别对其进行介绍。

(1) 拖曳需要删除的图形样式至【删除图形样式】按钮 上，删除图形样式，如图 8.24 所示。

(2) 选择需要删除的图形样式，单击【图形样式】面板底部的【删除图形样式】按钮 ，删除图形样式。

(3) 选择需要删除的图形样式，在【图形样式】面板的右上角单击 按钮，在弹出的菜单中选择【删除图形样式】命令，如图 8.25 所示。

图 8.24 拖曳图形样式删除

图 8.25 选择【删除图形样式】命令

8.3.3　合并样式

合并两种或者更多的图形样式，可以创建出新的图形样式。合并样式的步骤如下。

(1) 在【图形样式】面板中，按住 Ctrl 键可以选择多个对象，选择要合并的图形样式，然后单击【图形样式】面板右上方的按钮，在下拉菜单中选择【合并图形样式】命令，如图 8.26 所示。

(2) 弹出【图形样式选项】对话框，从中可以在【样式名称】后为合并后的图形样式命名，如图 8.27 所示。

(3) 将形状应用合并图形样式命令后，在【图形样式】面板中就会出现合并后的图形样式，如图 8.28 所示。

下面详细介绍存储并应用图形样式。

(1) 打开随书附带光盘中的"CDROM\素材\Cha08\女孩.ai"文件，场景如图 8.29 所示。

(2) 在工具箱中选择【直排文字工具】，在画板中输入"快乐童年，健康成长"，在【字符】面板中将【字体】设置为【方正行楷简体】，设置【字体大小】参数为 36pt，效果如图 8.30 所示。

图 8.26　选择【合并图形样式】命令

图 8.27　【图形样式选项】对话框

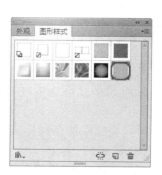

图 8.28　【图形样式】面板

图 8.29　打开的素材文件

图 8.30　输入文本

（3）在画板中选择打开的素材文件中的绿色星星，单击【图形样式】面板下方的【新建图形样式】按钮 ，新建图形样式，如图 8.31 所示。

（4）新建图形样式后，在工具箱中选择【选择工具】 ，在画板中选择文本，在【图形样式】面板中单击新建的样式，将其施加给文本，完成的效果如图 8.32 所示。

图 8.31　存储的图形样式

图 8.32　为文本施加样式

8.4　创建与编辑图层

在【图层】面板中可以创建新的图层，然后将图形的各个部分放置在不同的图层上，每个图层上的对象都可以单独编辑和修改，所有的图层相互堆叠，如图 8.33 所示为图稿效果，如图 8.34 所示为【图层】面板。

图 8.33　原图稿

图 8.34　【图层】面板

8.4.1　【图层】面板

在【图层】面板中可以选择、隐藏、锁定对象，以及修改图稿的外观，通过【图层】面板可以有效地管理复杂的图形对象，简化制作流程，提高工作效率。在菜单栏中选择【窗口】|【图层】命令，可以打开【图层】面板，面板中列出了当前文档中所有的图层，如图 8.35 所示。

- 【图层颜色】：在默认情况下，Illustrator 会为每一个图层指定一个颜色。最多可指定 9 种颜色。此颜色会显示在图层名称的旁边，当选择一个对象后，它的定界框、路径、锚点及中心点也会显示与此相同的颜色，如图 8.36 所示为选择的图形效果和【图层】面板。

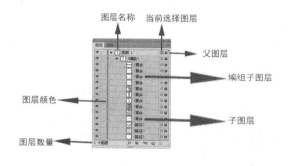

图 8.35　【图层】面板

图 8.36　选择的图形效果与【图层】面板

- 【图层名称】：显示了图层的名称，当图层中包含子图层或者其他项目时，图层名称的左侧会出现一个▶三角形，单击三角形可▼展开列表，显示出图层中包含的项目，再次单击三角形可▶隐藏项目，如果没有出现三角形，则表示图层中不包含其他任何项目。
- 【建立/释放剪切蒙版】：用来创建剪切蒙版。
- 【创建新子图层】：单击该按钮，可以新建一个子图层。
- 【创建新图层】：单击该按钮，可以新建一个图层。
- 【删除图层】：用来删除当前选择的图层，如果当前图层中包含子图层，则子图层也会被同时删除。

8.4.2　新建图层

在创建一个新的 Illustrator 文件后，Illustrator 会自动创建一个图层即【图层 1】，在绘制图形后，便会添加一个子图层，即子图层包含在图层之内。对图层进行隐藏、锁定等操作时，子图层也会同时被隐藏和锁定，将图层删除时，子图层也会被删除。单击图层前面的▶图标可以展开图层，可以查看到该图层所包含的子图层以及子图层的内容。

(1) 在菜单栏中选择【文件】|【打开】命令，打开随书附带光盘中的"CDROM\素材\Cha08\小树.eps"文件，效果如图 8.37 所示。

(2) 在菜单栏中选择【窗口】|【图层】命令，打开【图层】面板，如图 8.38 所示。

图 8.37　打开的素材文件

图 8.38　【图层】面板

(3) 如果要在当前选择的图层之上添加新图层，单击【图层】面板上的【新建图形样式】按钮 ，可创建一个新的图层，如图 8.39 所示。

(4) 如果要在当前选择的图层内创建新子图层，可以单击【图层】面板上的【创建新子图层】按钮，完成后的【图层】面板如图 8.40 所示。

图 8.39　创建新图层

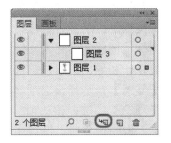

图 8.40　创建新子图层

8.4.3　设置图层选项

在输出打印时，可以通过设置【图层选项】对话框，只打印需要的图层，对不需要的图层进行设置。

(1) 选择【文件】|【打开】菜单命令，打开随书附带光盘中的 "CDROM\素材\Cha08\小树.eps" 素材文件，效果如图 8.41 所示。

(2) 在菜单栏中选择【窗口】|【图层】命令，打开【图层】面板，选择【图层 1】，然后单击【面板】右上角的 按钮，在下拉快捷菜单中选择【"图层 1"的选项】，弹出【图层选项】对话框，如图 8.42 所示。

图 8.41　打开素材

图 8.42　【图层选项】对话框

在【图层选项】对话框中，可以修改图层名称、颜色和其他选项，各选项介绍如下。

● 【名称】：可输入图层的名称。在图层数量较多的情况下，为图层命名可以更加方便地查找和管理对象。

● 【颜色】：在该选项的下拉列表中可以为图层选择一种颜色，也可以双击选项右侧的颜色块，弹出【颜色】对话框，在该对话框中设置颜色，在默认情况下，Illustrator 会为每一个图层指定一种颜色，该颜色将显示在【图层】面板图层缩览图的前面，在选择该图层中的对象时。所选对象的定界框、路径、锚点及中心点也会显示与此相同的颜色。

- 【模板】：选择该选项，可以将当前图层创建为模板图层。模板图层前会显示 ▦ 图标，图层的名称为倾斜的字体，并自动处于锁定状态，如图 8.43 所示，模板能被打印和导出。取消该选项的选择时，可以将模板图层转换为普通图层。
- 【显示】：选择该选项，当前图层为可见图层，取消选择时，则隐藏图层。
- 【预览】：选择该选项时，当前图层中的对象为预览模式，图层前会显示出 👁 图标，取消选择时，图层中的对象为轮廓模式，图层前会显示出 ◯ 图标。
- 【锁定】：选择该选项，可将当前图层锁定。
- 【打印】：选择该选项，可打印当前图层。如果取消选择，则该图层中的对象不能被打印，图层的名称也会变为斜体，如图 8.44 所示。

图 8.43 模板效果图

图 8.44 取消打印效果图

- 【变暗图像至】：选择该选项，然后再输入一个百分比值，可以淡化当前图层中为图像和链接图像的显示效果。该选项只对位图有效，矢量图形不会发生任何变化。这一功能在描摹位图图像时十分有用。在【图层 1】上双击，在弹出的【图层选项】对话框，勾选【变暗图像至】复选框，并在右侧的文本框中输入数值(默认值 50%)。【图层选项】对话框如图 8.45 所示，单击【确定】按钮。完成后的画板效果如图 8.46 所示。

图 8.45 设置【变暗图像至】

图 8.46 设置后的效果图

8.4.4　调整图层的排列顺序

在【图层】面板中图层的排列顺序，与在画板中创建图像的排列顺序是一致的，在【图层】面板中顶层的对象，在画板中则排列在最上方，在最底层的对象，在画板中则排列在最底层，同　图层中的对象也是按照该结构进行排列的。

(1) 在菜单栏中选择【文件】|【打开】命令，打开随书附带光盘中的"CDROM\素材\Cha08\心.ai"素材文件，效果如图 8.47 所示。

(2) 在【图层】面板中单击拖曳一个图层的名称至所要移动的位置，当出现黑色插入标记时释放鼠标，即可调整图层的位置，如果将图层拖曳至另外的图层内，则可将该图层设置为目标图层的子图层，如图 8.48 所示。

图 8.47　打开素材

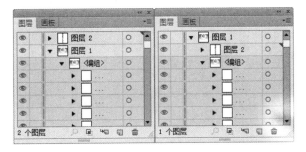

图 8.48　调整图层顺序后的效果

(3) 如果要反转图层的排列顺序，选择需要调整排列顺序的图层，单击【图层】面板右上角的 按钮，在弹出的下拉菜单中选择【反向顺序】命令，如图 8.49 所示，完成后的【图层】面板效果如图 8.50 所示。

> **提 示**
>
> 不能将路径、群组或者元素集体移动到【图层】面板中的顶层位置，只有图层才可以位于【图层】面板层次结构的顶层。

图 8.49　选择【反向顺序】命令

图 8.50　反转图层顺序的效果

8.4.5 复制、删除和合并图层

在【图层】面板中，可以通过选择该图形所在的图层，复制出多个图层，就可以复制出多个相同的图形。

1. 复制图层

(1) 在菜单栏中选择【文件】|【打开】命令，打开随书附带光盘中的"CDROM\素材\Cha08\心.ai"素材文件，场景如图 8.51 所示。

(2) 在【图层】面板中，将需要复制的图层拖曳至【新建图形样式】按钮 上，如图 8.52 所示。即可复制该图层，复制后得到的图层将位于原图层之上，如图 8.53 所示。

图 8.51 打开素材

图 8.52 拖曳需要复制的图层

图 8.53 复制后的效果

提示

如果在拖曳调整图层的排列顺序时，按住 Alt 键，光标会显示为 状，如图 8.54 所示。当光标达到需要的位置后释放鼠标，可以复制图层并将复制所得到的图层调到指定的位置，如图 8.55 所示。

图 8.54 拖曳图层

图 8.55 复制图层效果

2. 删除图层

在删除图层时，会同时删除图层中的所有对象，例如，如果删除了一个包含子图层、组、路径和剪切组的图层，那么，所有这些对象会随图层一起被删除，删除子图层时，不会影响图层和图层中的其他子图层。

如果要删除某个图层或组，首先在【图层】面板中选择要删除的图层或组，如图 8.56 所示，然后单击【删除图层】按钮 🗑 ，即可删除选择的图层，也可以将图层拖曳至【删除图层】按钮 🗑 上，进行删除。

图 8.56　删除图层后的效果

3. 合并图层

合并图层的功能与拼合图层的功能类似，二者都可以将对象、群组和子图层合并到同一图层或群组中。而使用拼合功能，则只能将图层中的所有可见对象合并到同一图层中。无论使用哪种功能，图层的排列顺序都保持不变，但其他的图层级属性将不会保留，例如，剪切蒙版。

在合并图层时，图层只能与【图层】面板中相同层级上的其他图层合并，同样子图层也只能与相同层级的其他子图层合并。

(1) 在菜单栏中选择【文件】|【打开】命令，打开随书附带光盘中的 "CDROM\素材\Cha08\01.ai" 素材文件，效果如图 8.57 所示。如果要将对象合并到一个图层或组中，可在【图层】面板中选择要合并的图层或组，如图 8.58 所示。

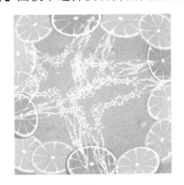

图 8.57　打开素材文件

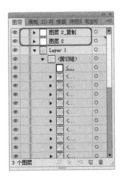

图 8.58　选择需要合并的图层

(2) 单击【图层】面板右上角的 ≣ 按钮，在弹出的下拉菜单中选择【合并所选图层】命令，如图 8.59 所示，完成后的【图层】面板效果如图 8.60 所示。

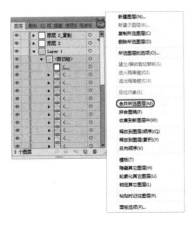

图 8.59　选择【合并所选图层】命令

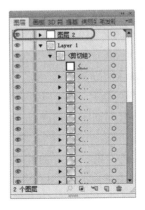

图 8.60　合并后的效果

（3）拼合图层是将所有的图层全部拼合成一个图层，首先选择图层后单击【图层】面板右上角的 按钮。在弹出的下拉菜单中选择【拼合图稿】命令，如图 8.61 所示。

（4）拼合图层后，【图层】面板效果如图 8.62 所示。

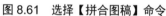

图 8.61　选择【拼合图稿】命令

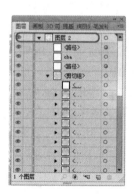

图 8.62　拼合后的效果

8.5　管理图层

图层用来管理组成图稿的所有对象，图层就像是结构清晰的文件夹，在这个文件夹中，包含了所有的图稿内容，可以在图层间移动对象，也可以在图层中创建子图层。如果重新调整了图层的顺序，就会改变对象的排列顺序，调整图层排列顺序后就会影响到对象的最终显示效果。

8.5.1　选择图层及图层中的对象

通过图层可以快速、准确地选择比较难选择的对象，减少了选择对象的难度。

（1）在菜单栏中选择【文件】|【打开】命令，打开随书附带光盘中的"CDROM\素材\Cha08\02.ai"文件，如图 8.63 所示。如果要选择单一的对象，可在【图层】面板中单击 图标，当该图标变为 时，表示该图层被选中，如图 8.64 所示。

（2）按住 Shift 键并单击其他子图层，可以添加选择或取消选择对象。如果要取消选择图层或群组中的所有对象，在画板的空白处单击，则所有的对象都不被选中，如图 8.65 所示。

如果要在当前所选择对象的基础上，再选择其所在图层中的所有对象，在菜单栏中选择【选择】|【对象】|【同一图层上的所有对象】命令，即可选择该图层上的所有对象，如图 8.66 所示。

图 8.63 打开的素材文件

图 8.64 选中整个图层

图 8.65 未选中对象

图 8.66 选择【同一图层上的所有对象】命令

8.5.2 显示、隐藏与锁定图层

在【图层】面板中通过对图层的显示、隐藏与锁定，使设计师在绘制复杂图像时更加方便，可以更加快速地绘制复杂图形以及选取某个对象。

1. 显示图层

在菜单栏中选择【文件】|【打开】命令，打开随书附带光盘中的"CDROM\素材\Cha08\02.ai"素材文件，效果如图 8.67 所示。当面板中的对象呈显示状态时，【图层】面板中该对象所在的图层缩览图前面会显示一个眼睛的图标，如图 8.68 所示为【图层】面板效果。

图 8.67 打开的素材文件

图 8.68 【图层】面板

2. 隐藏图层

如果要隐藏图层，单击 👁 眼睛图标，可以隐藏图层；如果隐藏了图层或者群组，则图层或群组中所有的对象都会被隐藏，并且这些对象的缩览图前面的眼睛图标会显示为灰色，如图 8.69 所示为隐藏图层后的【图层】面板效果，如图 8.70 所示为隐藏图层后的画板效果。

图 8.69　隐藏图层

图 8.70　隐藏后的效果

在处理复杂的图像时，将暂时不用的对象隐藏，这样可以减少不用图像的干扰，同时还可以加快屏幕的刷新速度，如果要显示图层，在原 👁 图标的位置再次单击即可。

> **提　示**
>
> 　隐藏所选对象：选择对象后，选择【对象】|【隐藏】|【所选对象】菜单命令，可以隐藏当前选择的对象。隐藏上方所有图稿：选择一个对象后，打开【对象】|【上方所有图稿】菜单命令，可以隐藏图层中位于该对象上方的所有对象。隐藏其他图层：打开【对象】|【隐藏】|【其他对象】菜单命令，可以隐藏所有未选择的图层。显示全部：隐藏对象后，打开【对象】|【显示全部】菜单命令，可以显示所有被隐藏的对象。

3. 锁定图层

在【图层】面板中，单击一个图层的 👁 图标右侧的方块，可以锁定图层。锁定图层后，该方块中会显示出一个 🔒 状图标，当锁定父图层时，可同时锁定其中的路径、群组和子图层，如图 8.71 所示为未锁定的【图层】面板效果，如图 8.72 所示为锁定后的【图层】面板效果。如果要解除锁定，可以单击 🔒 状图标，即可解除锁定。

在 Illustrator 中，被锁定的对象不能被选择和修改，但锁定的图层是可见的，并且能被打印出来。

> **提　示**
>
> 　锁定所选对象：如果要锁定当选择的对象，可以选择【对象】|【锁定】|【所示对象】菜单命令，即可锁定所选对象。锁定上方所有图稿：如果要锁定与所选对象生叠、且位于同一图层中的所有对象，可以选择【打开】|【锁定】|【其他图层】菜单命令。锁定所有图层：如果要锁定所有图层，可在【图层】面板中选择所有的图层，单击【图层】面板右上角的三角形按钮，在弹出的下拉菜单中选择【锁定所有图层】命令，即可将锁定的图层全部解锁。

图 8.71　未锁定【图层】的效果

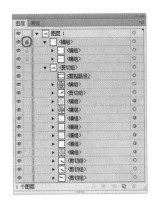

图 8.72　锁定图层

8.5.3　更改【图层】面板的显示模式

更改图层面板中的显示模式，便于在处理复杂图像时，更加方便地选择对象；在实际操作中往往只需切换个别对象的视图模式，可以通过【图层】面板进行设置，对显示模式进行切换。

更改图层显示模式的具体操作步骤如下。

(1) 打开【文件】|【打开】菜单命令，打开随书附带光盘中的"CDROM\素材\Cha08\02.ai"素材文件，如图 8.73 所示。

(2) 单击【图层】面板右上角的 按钮，在弹出的下拉菜单中选择【轮廓化所有图层】命令，如图 8.74 所示。

图 8.73　打开的素材文件

图 8.74　选择【轮廓化所有图层】命令

(3) 切换为轮廓模式的图层前的眼睛图标将变为 状，【图层 1】切换为轮廓模式的【图层】面板效果如图 8.75 所示。

(4) 将图层转换为轮廓模式的画板效果，如图 8.76 所示。按住 Ctrl 键单击眼睛图标 可将对象切换为预览模式。

图 8.75　切换为轮廓模式

图 8.76　最终效果

8.6　上机练习

8.6.1　制作背景图

下面通过背景制图来介绍【外观形式】、【图层】面板的应用，完成的效果如图 8.77 所示。

(1) 运行 Illustrator CC，在菜单栏中选择【文件】|【新建】命令，在弹出的【新建文档】对话框中设置【名称】为【背景图】，将【宽度】参数设置为 960mm、【高度】设置为 1024mm，单击【确定】按钮，如图 8.78 所示。

(2) 新建文档后，在工具箱中选择【矩形工具】，在场景中绘制一个与画板一样大小的矩形，如图 8.79 所示。

图 8.77　背景图

图 8.78　新建文档

图 8.79　绘制矩形

(3) 选择该矩形，在菜单栏中选择【窗口】|【渐变】命令，打开【渐变】面板，双击左侧滑块，在弹出的快捷面板中，单击右上角的▼≡按钮，将颜色模式设置为 CMYK，如

图 8.80 所示。

(4) 将其 CMYK 值设置为 57.45、20.41、5.6、0，将【角度】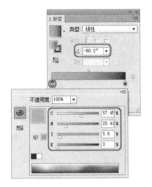设置为-80.2 度，将
【位置】设置为 0.54，如图 8.81 所示。

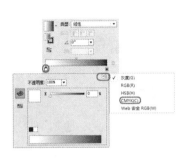

图 8.80　选择 CMYK 模式

图 8.81　设置颜色

(5) 双击右侧的滑块，使用同样的方法将颜色模式设置为 CMYK，将其 CMYK 值设置
为 80.58、55.58、11.65、0，将【位置】值设置为 100%，如图 8.82 所示。

(6) 填充效果如图 8.83 所示。

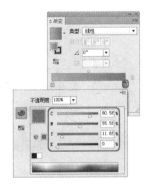

图 8.82　设置颜色

图 8.83　打开素材

(7) 打开随书附带光盘中的"CDROM\素材\Cha08\花瓣.ai"素材文件，然后将花瓣拖
曳至背景图文档中，对其进行调整，如图 8.84 所示。

(8) 选中置入素材，按住 Alt 键对其进行复制，效果如图 8.85 所示。

图 8.84　置入素材

图 8.85　复制素材

(9) 选中复制素材，在工具栏中将【不透明度】设置为 70%，并对其位置大小进行调整，效果如图 8.86 所示。

(10) 用相同的方法继续复制素材，并对其进行设置【不透明度】、颜色、大小、位置，效果如图 8.87 所示。

图 8.86　调整复制素材

图 8.87　复制调整素材

(11) 选择工具箱中的【椭圆工具】 ，在文档中绘制一个椭圆，如图 8.88 所示。

(12) 双击工具箱中的【渐变工具】，弹出【渐变】对话框，将【类型】设置为【径向】，双击左侧渐变滑块用上述方法将 CMYK 值设置为 0、0、0、0，如图 8.89 所示。

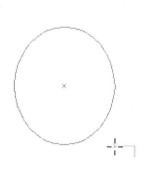

图 8.88　绘制椭圆

图 8.89　设置渐变颜色

(13) 双击右侧的渐变滑块，用上述方法将 CMYK 值设置为 92.97、87.97、89.02、80，双击上侧渐变滑块，将【位置】调整至 61.5%，如图 8.90 所示。

(14) 渐变效果如图 8.91 所示。

(15) 选中创建的渐变椭圆，选择【窗口】|【外观】命令，在弹出的【外观】面板中单击【不透明度】，弹出如图 8.92 所示的面板。

(16) 将【混合模式】设置为【滤色】，将【不透明度】设置为 30%，如图 8.93 所示。

(17) 选择菜单栏中的【效果】|【风格化】|【羽化】命令，在弹出的【羽化】对话框中将【羽化半径】设置为 40mm，如图 8.94 所示。

(18) 设置完成后效果如图 8.95 所示。

(19) 使用相同的方法继续绘制其他图形，如图 8.96 所示。

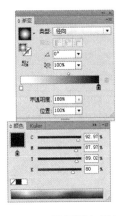

图 8.90　设置渐变颜色

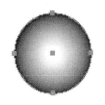

图 8.91　渐变效果

图 8.92　【外观】面板

图 8.93　设置【不透明度】、【混合模式】

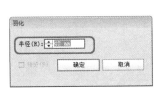

图 8.94　设置羽化半径

图 8.95　设置渐变后的效果

(20) 选择菜单栏中的【窗口】|【画笔】命令，弹出【画笔】面板，在该面板中将选择【炭笔-羽毛】命令，如图 8.97 所示。

(21) 选择工具箱中的【画笔工具】，双击工具箱中的【填色】，在弹出的【拾色器】对话框中将 CMYK 值设置为 0、0、0、0，在工具栏中将【描边】设置为 1pt，然后绘制如图 8.98 所示的图形。

图 8.96 绘制图形

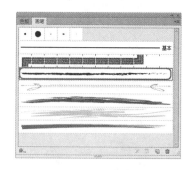

图 8.97 设置画笔

　　(22) 选中画笔绘制的两条线条，在【外观】面板中按照上述做法将不透明度调整至 40%，效果如图 8.99 所示。

　　(23) 选择【文件】|【另存为】菜单命令，在弹出的对话框中将名称设置为"背景图.ai"，格式存为 AI 格式。

图 8.98 使用画笔

图 8.99 设置不透明度

8.6.2 人物画报

　　下面通过绘制人物画报来介绍【图层】面板的应用，完成的效果如图 8.100 所示。

　　(1) 运行 Illustrator CC，在菜单栏中选择【文件】|【新建】命令，在弹出的【新建文档】对话框中设置【名称】为"人物画报"，将【宽度】参数设置为 215mm、【高度】为 300mm，单击【确定】按钮，如图 8.101 所示。

　　(2) 新建的文档后，在工具箱中选择【矩形工具】 ，在场景中绘制一个与画框一样大小的矩形，如图 8.102 所示。

　　(3) 选择该矩形，在菜单栏中选择【窗口】|【渐变】命令，打开【渐变】面板，双击左侧滑块，在弹出的快捷面板中，单击右上角的 按钮，将颜色模式设置为 CMYK，如图 8.103 所示。

图 8.100 人物画报

(4) 将 CMYK 值设置为 40、100、100、7，如图 8.104 所示。

图 8.101　新建文档

图 8.102　绘制矩形

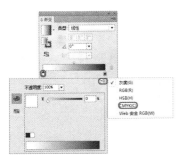

图 8.103　选择 CMYK 模式

图 8.104　设置颜色

(5) 双击右侧的滑块，使用同样的方法将颜色模式设置为 CMYK，将 CMYK 值设置为 4、45、0、0，将【位置】值设置为 80%，如图 8.105 所示。

(6) 在两个滑块之间单击，产生一个新的滑块，双击新滑块，将其 CMYK 值设置为 100、60、0、0，将【位置】设置为 38%，将【角度】 △ 值设置为 124°，如图 8.106 所示。

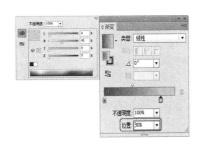

图 8.105　设置颜色

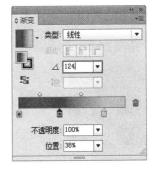

图 8.106　设置颜色

(7) 使用相同的方法制作第 4 个滑块，将 CMYK 值设置为 39、25、0、0，将【位置】设置为 66%，如图 8.107 所示。

(8) 设置完成后，效果如图 8.108 所示。

图 8.107　设置颜色

图 8.108　场景效果

(9) 在菜单栏中选择【窗口】|【图层】命令，打开【图层】面板，双击【图层 1】将其命名为"背景"，如图 8.109 所示。

(10) 在【图层】面板中，单击【创建新图层】按钮 ，创建【图层 2】，然后将其名称更改为"花"，如图 8.110 所示。

图 8.109　更改图层名称

8.110　新建并命名新图层

(11) 在菜单栏中选择【文件】|【置入】命令，弹出【置入】对话框，选择随书附带光盘中的"CDROM\素材\Cha08\花.psd"文件，单击【置入】按钮，如图 8.111 所示。

(12) 在菜单栏中选择【选择工具】 ，选择置入的花，然后右击，在弹出的快捷菜单中选择【变换】|【对称】命令，如图 8.112 所示。

图 8.111　选择素材文件

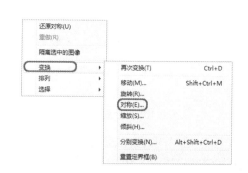

图 8.112　选择【对称】命令

(13) 选择【对称】命令后，弹出【镜像】对话框，保持默认设置，并勾选【预览】复选框，单击【确定】按钮，如图 8.113 所示。

(14) 置入文件后，当图标变为 ↙ 时，按住 Shift 键并按住鼠标左键进行拖曳，调整素材的大小；当鼠标变为 ↰ 时，按住鼠标左键拖曳，旋转素材文件并调整素材位置，如图 8.114 所示。

图 8.113　【镜像】对话框

图 8.114　调整图形

(15) 继续选择该花素材，按住 Alt 键并拖曳鼠标左键，复制一个新的图形，并对其调整，如图 8.115 所示。

(16) 使用相同的方法制作两个图形，效果如图 8.116 所示。

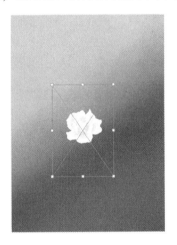

图 8.115　调整图形

图 8.116　场景效果

(17) 在【图层】面板中，单击【创建新图层】按钮 ▢，新建【图层 3】，并将其命名为"人物"，如图 8.117 所示。

(18) 创建新图层后，在菜单栏中选择【文件】|【置入】命令，在弹出的【置入】对话框中，选择随书附带光盘中的 "CDROM\素材\Cha08\人物.psd" 文件，单击【置入】按钮，如图 8.118 所示。

(19) 置入素材文件后，在工具箱中选择【选择工具】 ▶，选择该图形，调整其在画板中的位置，如图 8.119 所示。

图 8.117　创建新图层

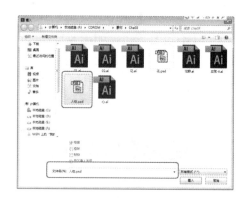

图 8.118　选择素材文件

（20）在【图层】面板的【背景】、【花】、【人物】图层前的空白处，出现 🔒 时，将图层锁定，如图 8.120 所示。

图 8.119　调整图形位置

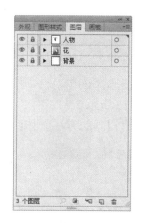

图 8.120　锁定图层

（21）在【图层】面板中，单击【创建新图层】按钮 🔲，创建【图层 4】，选择该图层并按住鼠标左键拖曳，将其拖曳至【花】图层下方，如图 8.121 所示。

（22）在菜单栏中选择【文件】|【打开】命令，在弹出的【打开】对话框中，选择随书附带光盘中的"CDROM\素材\Cha08\背景.ai"素材文件，单击【打开】按钮，如图 8.122 所示。

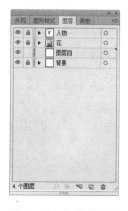

图 8.121　创建新图层

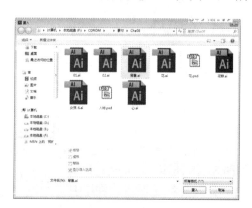

图 8.122　选择素材文件

(23) 打开的场景，如图 8.123 所示。

(24) 在菜单栏中选择【选择工具】，在场景中选择箭头图形，按 Ctrl+C 组合键，复制图形；回到【人物画报】场景中，按 Ctrl+V 组合键，将图形粘贴至场景中，并调整其在画板中的位置，如图 8.124 所示。

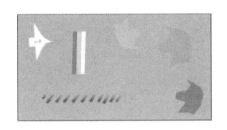

图 8.123　打开的场景　　　　　　　　　图 8.124　粘贴图形并调整

(25) 继续选择该图形，按住 Alt 键复制一个图形，调整其在画板中的位置，如图 8.125 所示。

(26) 在【背景】场景中，选择第二个图形，使用相同的方法将其复制到【人物画报】场景中，调整至合适的位置，如图 8.126 所示。

图 8.125　复制图形　　　　　　　　　　图 8.126　调整位置

(27) 使用相同的方法，将【背景素材】中的其他图形复制到该场景中，并调整其不透明度，进行调整如图 8.127 所示。

(28) 在【图层】面板中，选择【人物】图层，然后单击【创建新图层】按钮，新建【图层 5】，并将其命名为"装饰"，如图 8.128 所示。

(29) 选择工具箱中的【钢笔工具】，双击工具箱中的【填色】，在打开的对话框中将 CMYK 值设置为 10、0、52、0，将工具箱中的【描边】设置为无，绘制图形，效果如图 8.129 所示。

图 8.127　调整素材

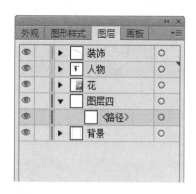

图 8.128　新建图层

图 8.129　绘制文本效果

(30) 场景制作完成后，在菜单栏中选择【文件】|【存储为】命令，打开【存储为】对话框，将其【文件名】设置为"人物画报"，【保存类型】为 Adobe Illustrator(*.AI)格式，单击【保存】按钮。

思考与练习

1. 如何更改图层的显示模式？
2. 如何新建图层？
3. 如何从其他文档中导入图形样式？

第9章 Web 图形设计

Illustrator 设计的 Web 图形能够存储于 HTML 页面中并通过浏览器显示出来。本章将介绍 Web 图形的概念、优化图像以及切片和图像映射等内容。

9.1 Web 图形

Illustrator CC 提供了大量的网页编辑功能，包括制作切片、优化图像、输出图像等。此外，可将 Illustrator 中创建的图稿导入或粘贴到 Flash 里面，作为动画帧来使用。下面将为读者介绍在 Illustrator CC 中的 Web 图形设计。

9.1.1 Web 安全颜色

在电脑屏幕上看到的颜色在不同的电脑系统 Web 浏览器上所显示的效果不一定相同，而颜色又是网页设计的重要内容。如果需要使 Web 图形的颜色能够在所有的显示器上看起来是一致的，就需要使用 Web 安全颜色。

在【颜色】面板或【拾色器】对话框中调整颜色时，经常会出现一个警告图标 ⬡，如图 9.1 所示，它表示当前设置的颜色不能在网页上正确显示。该警告旁边为 Illustrator 提供的与当前颜色最为接近的 Web 安全颜色，单击该小方块，可将当前颜色替换为与其最接近的 Web 安全颜色，如图 9.2 所示。

在创建 Web 图形时。可以单击【颜色】面板右上角的 ▾≣ 按钮，在弹出的快捷菜单中选择【Web 安全 RGB(W)】命令，如图 9.3 所示。或者在【拾色器】对话框中选中【仅限 Web 颜色】复选框，如图 9.4 所示，这样就可以始终在 Web 安全颜色模式下工作。

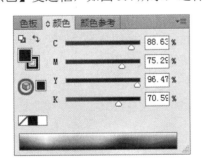

图 9.1 超出 Web 安全色

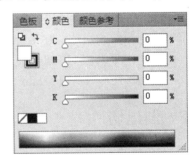

图 9.2 校正颜色

9.1.2 选择最佳的 Web 图形文件格式

不同类型的 Web 图形需要存储为不同的文件格式，才会以最佳的方式显示，并创建为适合在 Web 上发布和浏览的文件大小。

Web 图形格式可以是位图文件格式，也可以是矢量文件格式。位图格式(GIF、JPEG、

PNG 和 WBMP)与分辨率有关,因此,位图图像的尺寸会随着显示器分辨率的不同而发生变化,图像品质也可能会发生改变。而矢量格式(SVG 和 SWF)与分辨率无关,可以对图像进行放大和缩小,而不会降低它的品质。

图 9.3　选择【Web 安全 RGB(W)】命令

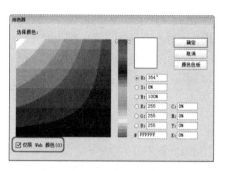

图 9.4　选中【仅限 Web 颜色】复选框

9.2　切片和图像映射

在制作网页时,通常要对图像的区域进行分割,即制作切片。下面就向读者介绍如何在 Illustrator CC 中创建和编辑切片。

9.2.1　切片

网页包含许多元素,如 HTML 文本、位图图像等。在 Illustrator 中,可以使用切片来定义图稿中不同 Web 元素的边界,这样就可以对不同的区域分别进行优化。例如,图稿包含需要以 JPEG 格式进行优化的位图图像,而图像的其他部分更适合用 GIF 格式优化,则可以使用切片来隔离位图图像。通过将图像切分成若干个部分,然后分别对它们进行优化。可以减小文件的大小,使下载更加容易。

在 Illustrator 中包含两种类型的切片。即子切片和自动切片。子切片是设计者手动创建的用于分割图像的切片,它带有缩号并显示切片标记。自动切片是未定义为切片的图稿区域,它是创建切片时,Illustrator 自动在当前切片周围生成的用于占据图像其余区域的附加切片。在编辑切片时,Illustrator 将根据需要重新生成子切片和自动切片。

9.2.2　创建切片

(1) 单击工具箱中的【切片工具】 ，在需要创建切片的图稿上单击并拖曳出一个矩形框,如图 9.5 所示。释放鼠标左键后,即可创建一个切片,如图 9.6 所示。

> **提示**
>
> 在创建切片时,按住 Shift 键拖曳鼠标创建正方形切片,按住 Alt 键拖曳鼠标可以从中心向外创建切片。

(2) 单击工具箱中的【选择工具】 ，在画板中拖曳鼠标选中一个或多个对象,如图 9.7 所示。在菜单栏中选择【对象】|【切片】|【建立】命令,可以为每一个被选中的对象创建

一个切片，如图 9.8 所示。

图 9.5　绘制切片区域

图 9.6　生成切片

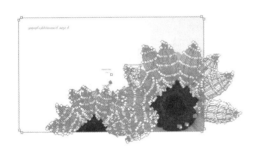

图 9.7　选中对象

图 9.8　创建切片

(3) 单击工具箱中的 (选择工具)，在画板中拖曳鼠标选中一个或多个对象，如图 9.9 所示。在菜单栏中选择【对象】|【切片】|【从所选对象创建】命令，可以将所选中的对象创建为一个切片，如图 9.10 所示。

图 9.9　选中对象

图 9.10　创建为一个切片

(4) 单击工具箱中的 (切片选择工具)，选中画板中的某一个切片，如图 9.11 所示。在菜单栏中选择【对象】|【切片】|【复制切片】命令，可以基于当前切片上再创建一个新的切片，如图 9.12 所示。

(5) 在画板中选择对象，然后在菜单栏中选择【视图】|【显示标尺】命令，显示出标

尺，从标尺中拖出参考线。将参考线放在要创建切片的位置，如图 9.13 所示。在菜单栏中选择【对象】|【切片】|【从参考线创建】命令，可以按照参考线的划分方式创建切片，如图 9.14 所示。

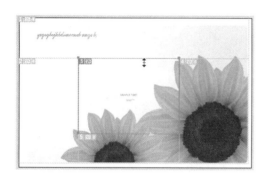

图 9.11　选中切片

图 9.12　选择【复制切片】命令

图 9.13　拖出参考线

图 9.14　创建切片

9.2.3　选择与编辑切片

(1) 单击工具箱中的【切片选择工具】![图标]，将鼠标移至切片上单击即可选中该切片，如图 9.15 所示。如果需要同时选中多个切片，可以按住 Shift 键，逐个单击需要选中的切片，即可同时选中多个切片，如图 9.16 所示。

图 9.15　选中单个切片

图 9.16　选中多个切片

提示

自动切片是无法选中的，这些切片显示为灰色。

(2) 选中切片后，拖曳切片可以移动切片的位置，Illustrator 将根据需要重新生成自动切片，如图 9.17 所示。将光标移至切片定界框的边缘上，单击并拖曳鼠标可以调整切片的大小，如图 9.18 所示。

图 9.17　移动切片位置　　　　　　　　图 9.18　调整切片大小

在移动切片时，如果按住 Shift 键，可以将移动限制在水平、垂直或 45° 对角线方向上。如果按住 Alt 键拖曳，则可以复制切片。

如果需要将所有切片的大小调整到画板边界，可以选择【对象】|【切片】|【剪切到画板】菜单命令，超出画板边界的切片会被截断，画板内部的自动切片会扩展到画板边界，而所有图稿都保持原样不变。

9.2.4　设置切片选项

使用【切片选择工具】选中某一个切片，在菜单栏中选择【对象】|【切片】|【切片选项】命令，弹出【切片选项】对话框，切片选项决定了切片内容如何在生成的网页中显示，以及如何发挥作用。在【切片类型】下拉列表中可以选择切片的输出类型，包括【无图像】、【图像】、【HTML 文本】。

1. 切片类型：无图像

如果希望切片区域在生成的网页中包含 HTML 文本和背景颜色，可以在【切片选项】对话框的【切片类型】下拉列表中选择【无图像】选项，如图 9.19 所示。

- 单元格中显示的文本：用来输入所需的文本。但要注意的是，输入的文本不要超过切片区域可以显示的长度。如果输入了太多的文本，它将扩展到邻近的切片并影响网页的布局。
- 文本是 HTML：选择该选项，可以使用标准的 HTML 标记设置文本格式。
- 水平/垂直：设置【水平】和【垂直】选项，可以更改表格单元格中文本的、对齐方式。
- 背景：用来设置切片图像的背景颜色，包括【无】、【杂边】、【吸管颜色】【白色】和【黑色】。如果需要创建自定义的颜色，可能选择【其他】选项，在弹出的【拾色器】对话框中进行设置。

2. 切片类型：图像

如果希望切片区域在生成的网页中为图像文件，可以在【切片选项】对话框的【切片类型】下拉列表框中选择【图像】选项，如图 9.20 所示。

图 9.19　选择【无图像】选项

图 9.20　选择【图像】选项

- 名称：在该文本框中可以输入切片的名称。
- URL/目标：如果希望图像是 HTML 链接，可以输入 URL 和目标框架。设置切片的 URL 链接地址后，在浏览器中单击该切片图像时，即可链接到 URL 选项中设置的地址上。
- 信息：可以输入图像的信息。当鼠标移至该图像上时，浏览器状态区域中所显示的信息。
- 替代文本：当浏览器下载图像时，在图像前显示所替代文本。

3. 切片类型：HTML

当选择文本对象，并打开【对象】|【切片】|【建立】菜单命令创建切片时，才能够在【切片选项】对话框的【切片类型】下拉列表框中选择【HTML 文本】选项，如图 9.21 所示。

图 9.21　选择【HTML 文本】选项

9.2.5　划分与组合切片

创建切片后，可以根据需要将一个切片划分为多个切片，或者将多个切片组合为一个切片。选择对象，单击工具箱中的 ，选中需要划分的切片，如图 9.22 所示。

(1) 选择【对象】|【切片】|【划分切片】菜单命令，弹出【划分/切片】对话框，如图 9.23 所示，在该对话框中可以设置切片的划分数量。

(2) 选中【水平划分为】复选框，可以设置切片的水平划分数量。选中【纵向切片，均匀分隔】单选按钮时，可以在该文本框中输入划分的精确数量。例如，希望水平划分为 3 个切片，可以输入 3，如图 9.24 所示为划分的结果。选中【像素/切片】单选按钮时，可以在该文本框中输入水平切片的间距，Illustrator 会以该值为基准自动计算切片的划分数量，如图 9.25 所示是设置【像素/切片】为 70 像素的划分结果。

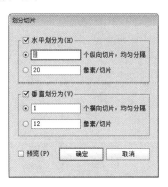

图 9.22　选择切片　　　　　　　　　图 9.23　【划分切片】对话框

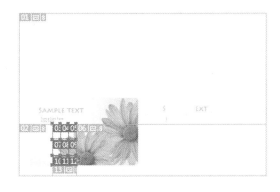

图 9.24　水平划分为 3 个切片　　　　图 9.25　使用【像素/切片】选项分割效果

(3) 选中【垂直划分为】复选框，可以设置切片的垂直划分数量。如图 9.26 所示设置【横向切片，均匀分隔】为 3 的划分结果。如图 9.27 所示是设置【像素/切片】为 70 像素的划分结果。

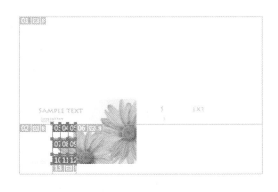

图 9.26　垂直划分切片　　　　　　　图 9.27　【像素/切片】选项分割效果

(4) 按住 Shift 键，单击选中多个需要组合的多个切片，如图 9.28 所示。然后在菜单栏中选择【对象】|【切片】|【组合切片】命令，可以将它们组合为一个切片，如图 9.29 所示。

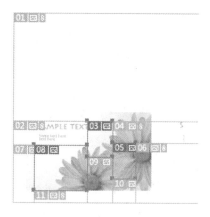

图 9.28　选中多个切片

图 9.29　组合切片

9.2.6　显示、隐藏与锁定切片

在菜单栏中选择【视图】|【隐藏切片】命令，可隐藏文档窗口中的切片。再次在菜单栏中选择【视图】|【显示切片】命令，可以重新显示出切片。

如果需要锁定单个切片，可以在【图层】面板中将其锁定，如图 9.30 所示。

锁定切片后的效果如图 9.31 所示。锁定切片可以防止由于操作不当而调整了切片的大小或移动了切片。

如果需要锁定所有切片，可以打开【视图|锁定切片】菜单命令。再次打开该命令，可以解除所有切片的锁定。

图 9.30　【锁定切片】面板

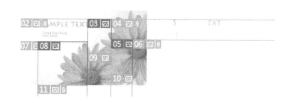

图 9.31　锁定切片效果

9.2.7　释放与删除切片

(1) 单击工具箱中的【切片选择工具】，选中需要删除的切片，选择【对象】|【切片】|【释放】菜单命令，可以释放切片，所有对象将恢复为创建切片前的状态。

(2) 按住 Shift 键，使用【切片选择工具】，单击同时选中多个需要删除的切片，按 Delete 键可以同时删除多个切片。

(3) 如果需要删除当前文档中的所有切片，可以选择【对象】|【切片】|【全部删除】

菜单命令。

9.2.8 创建图像映射

图像映射是一种链接功能，通过创建图像映射，能够将图像的一个或多个区域(称为热区)链接到 个 URL 地址上。当用户单击热区时，Web 浏览器会自动载入所链接的文件。选中需要建图像映射对象，如图 9.32 所示。在菜单栏中选择【窗口】|【属性】命令，打开【属性】面板，如图 9.33 所示。

图 9.32 选择对象

图 9.33 【属性】面板

在【属性】面板上的【图像映射】下拉列表中选择图像映射的形状，这里选择【矩形】选项，在 URL 文本框中输入一个完成的 URL 地址，如图 9.34 所示。完成【属性】面板上的设置后，可以单击该面板上的【浏览器】按钮，弹出系统中默认浏览器，并自动链接到 URL 地址，如图 9.35 所示。

图 9.34 【属性】面板

图 9.35 链接到 URL 地址

提 示

如果需要在 URL 菜单中增加可见项的数量，可以从【属性】面板菜单中选择【面板选项】，然后输入一个介于 1~30 之间的值，以定义要在 URL 列表中显示的 URL 项数。

9.3 图像的优化操作

创建切片后，可以选择【文件】|【存储为 Web 所用格式】菜单命令，在弹出的【存储为 Web 所用格式】对话框中对切片进行优化，以减小图像文件的大小。在 Web 上发布图像时，较小的文件可以使 Web 服务器更加高效地存储和传输图像，用户则能够更快地下载图像。

9.3.1 【存储为 Web 所用格式】对话框

选择文件打开【文件】|【存储为 Web 所用格式】菜单命令。弹出【存储为 Web 所用格式】对话框，如图 9.36 所示，在该对话框中可以选择优化选项以及预览优化的结果。

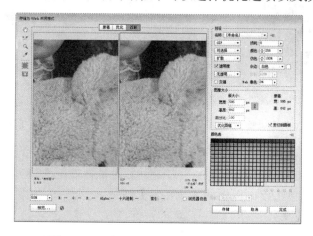

图 9.36 【存储为 Web 所用格式】对话框

- 显示选项：选择【原稿】选项卡，可以显示没有优化的图像；选择【优化】选项卡，可以显示应用了当前优化设置的图像；选择【双联】选项卡，可以并排显示图像的两个版本，即优化前和优化后的图像；显示多个版本时，每一个窗口的下面都显示了图像的格式、文件大小以及下载时间等信息，通过观察这些信息，可以非常清楚地对比参数和优化结果，进而选择一个最佳的优化方案。
- 抓手工具：放大窗品的显示比例后，可以使用该工具在窗口内移动图像。
- 切片选择工具：当图像包含多个切片时，可以使用该工具选择窗口中的切片，以便对其进行优化。
- 缩放工具：单击可以放大图像的显示比例，按住 Alt 键单击则缩小图像的显示比例。
- 吸管工具：使用该工具在图像上单击，可以拾取单击的颜色。
- 吸管颜色：显示了吸管工具拾取的颜色。
- 切换切片可视性：可以显示或隐藏图稿中的切片。
- 预设菜单：如果图像包含的颜色多于显示器能够显示的颜色，那么浏览器将会进行仿色或靠近。要显示或隐藏浏览器仿色的预览，可以选择该菜单中的【浏览器仿色】命令。此外，在菜单中还可以选择图像下载时调制解调器的传输速度。

● 图像大小：在该区域中，每个图像下面的注释区域都会显示一些信息。其中，原稿图像的注释显示了文件名和文件大小，如图 9.37 所示。

优化图像的注释区域显示了当前优化选项、优化文件的大小以及使用选中的调制解调器速度时的估计下载时间，如图 9.38 所示。

图 9.37　原图像注释区域　　　　　　　图 9.38　优化图像注释区域

● 缩放文本框：可以在该文本框中输入百分比值来缩放窗口，也可以在下拉列表中选择预设的缩放值。

● 状态栏：当光标在图像上移动时，状态栏中会显示光标所在位置图像的颜色信息，如图 9.39 所示。在默认浏览器中单击该按钮，可以使用系统默认的浏览器预览优化的图像，同时，还可以在浏览器中查看图像的文件类型、像素尺寸、文件大小、压缩规格和其他 HTML 信息，如图 9.40 所示。

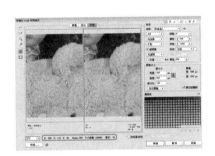

图 9.39　状态栏显示图像的颜色信息

图 9.40　在浏览器中预览

Adobe Device Central：单击该按钮，可以切换到 Adobe Device Central 中对优化的图像进行测试。

9.3.2　JPEG 优化

JPEG 是用于压缩连续色调图像的标准格式。将图像优化为 JPEG 格式后采用有损压缩。系统会有选择性地扔掉部分数据，以减小文件的大小。在【存储为 Web 所用格式】对话框的【优化的文件格式】下拉列表中选择 JPEG 选项，可以切换到 JPEG 设置面板，如图 9.41 所示。

● 品质：用来设置压缩程序。该值越高，图像的细节越多，但生成的文件也越大。如设置【品质】为 1 时，效果如图 9.42 所示。设置【品质】为 100 时，效果如图 9.43 所示。

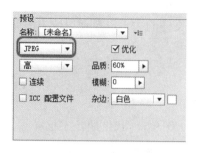

图 9.41 JPEG 设置面板

图 9.42 【品质】为 1 的效果

- 优化：选择该选项后，可创建文件大小稍小的增强 JPEG。如果要最大限度地压缩文件，建议使用优化的 JPEG 格式，但是，某些旧版的浏览器不支持此功能。

- 连续：选择该选项后，可在 Web 浏览器中以渐进的方式显示图像。

- 模糊：可指定应用于图像的模糊量。它可产生与【高斯模糊】滤镜相同的效果。并允许进一步压缩文件，以获得更小的文件，数值在 0.1～0.5 之间为最佳。

- ICC 配置文件：可随文件一起保留图片的 ICC 配置文件，某些浏览器使用 ICC 配置文件进行色彩校正。

- 杂边：可为原始图像中的透明像素指定一个填充颜色。

图 9.43 【品质】为 100 的效果

9.3.3 GIF 优化

GIF 是用于压缩具有音调颜色和清晰图像的标准格式，如艺术线条、徽标或带文字的插图等。它是一种无损的压缩格式，在【存储为 Web 所用格式】对话框的文件格式下拉列表中选择 GIF 选项，可切换到 GIF 设置面板，如图 9.44 所示。

- 损耗：可通过有选择地扔掉数据来减小文件的大小。通常情况下，可以将文件减小 5%～40%。【损耗】值不会对图像产生太大的影响，而过高的数值将会影响图像的品质。如图 9.45 所示是设置该值为 5 时图像的压缩效果；如图 9.46 所示是设置该值为 100 时的压缩效果。

- 颜色：指定用于生成颜色查找表的方法，以及想要在颜色查找表中使用的颜色数量，如图 9.47 所示是设置【减低颜色深度算法】为【可感知】、【颜色】为 5 的图像效果。如图 9.48 所示是设置【减低颜色深度算法】为【可感知】、【颜色】为 50 的图像效果。

图 9.44　GIF 设置面板　　图 9.45　【损耗】为 5 的效果　　图 9.46　【损耗】为 100 的效果

图 9.47　【颜色】为 5 的图像效果　　　　图 9.48　【颜色】为 50 的图像效果

- 仿色：可确定应用程序仿色的方法和数量，【仿色】是指当计算机的颜色显示系统中未提供某些颜色，采用什么样的方法进行模拟。较高的仿色百分比会使图像中出现更多的颜色和更多的细节，但同时也会增大文件的大小。为了获得最佳的压缩比，应使用可提供所需颜色细节的最低百分比的仿色数量。如果图像包含的颜色主要是纯色，则在不应用仿色时通常也能正常显示，包含连续色调(尤其是渐变)的图像，可能需要仿色以防止出现颜色条带现象。如图 9.49 所示是设置【颜色】为 50、【仿色】为 0%的 GIF 图像效果；如图 9.50 所示是设置【颜色】为 50、【仿色】为 100%的 GIF 图像效果。

- 透明度/杂边：可确定如何优化图像中的透明像素。要使完全透明的像素透明并将部分透明的像素与一种颜色混合，可选中【透明度】复选框。然后选择一种杂边颜色。要使用一种颜色填充完全透明的像素并将部分透明的像素与同一种颜色混合，应选择一种杂颜色，然后取消选中【透明度】复选框。要选择杂边颜色，可单击【杂边】色块，然后在【拾色器】中选择一种颜色，也可以从【杂边】菜单中选择一个选项。

- 交错：选择该选项后，在下载图像的过程中，将在浏览器中显示图像的低分辨率版本，交错使下载时间感觉更短，并使浏览者确信正在进行下载，但也会 增加文件的大小。

- Web 靠色：可指定将转换为最接近的 Web 调板等效颜色的容差级别，并防止颜色在浏览器中进行仿色，数值越高，转换的颜色越多。

图 9.49　GIF 图像效果(1)　　　　　　　　　　图 9.50　GIF 图像效果(2)

9.3.4　PNG-8 优化

PNG-8 格式与 GIF 格式类似，也可以有效地压缩纯色区域，同时保留清晰的细节。

PNG-8 格式还具备 GIF 支持透明、JPEG 色彩范围广泛的特点，并且可包含所有的 Alpha 通道。在【存储为 Web 所用格式】对话框的文件格式下拉列表框中选择 PNG-8 选项，可切换到 PNG-8 设置面板，如图 9.51 所示。如图 9.52 所示为【颜色】为 32、【仿色】为 50%的效果；如图 9.53 所示为【颜色】为 8、【仿色】为 0%的效果。

图 9.51　PNG 设置面板　　　　图 9.52　PNG-8 图像效果(1)　　　　图 9.53　PNG-8 图像效果(2)

9.3.5　PNG-24 优化选项

PNG-24 适合于压缩连续色调图像，但它所生成的文件比 JPEG 格式生成的文件大得多。使用 PNG-24 的优点在于可以在图像中保留多达 256 个透明度级别。在【存储为 Web 所用格式】对话框的文件格式下拉列表中选择 PNG-24 选项，可以切换到 PNG-24 设置面板。

- 透明度/杂边：可确定如何优化图像中的透明像素。要使完全透明的像素优化并将部分透明的像素与一种颜色混合，可选中【透明度】复选框。然后选择一种杂边颜色，要使用一种颜色填充完全透明的像素并将部分透明的像素与同一种颜色混合。应选择一种杂边颜色，然后取消选中【透明度】复选框。要选择杂边颜色，可单击【杂边】色块，然后在【拾色器】中选择一种颜色，也可以从【杂边】菜单中选择一个选项。

- 交错：选择该选项后，在下载图像的过程中，将在浏览器中显示图像的低分辨率版本，交错可使下载时间感觉更短，并使浏览者确信正在进行下载，但也会增加文件的大小。

9.3.6　为 GIF 和 PNG-8 图像自定颜色表

GIF 和 PNG-8 文件支持 8 位颜色，它们可以显示多达 256 种颜色。确定使用哪些颜色的过程称为建立索引，因此，GIF 和 PNG-8 格式图像有时也称为索引颜色图像。为了将图像转换为索引颜色，Photoshop 会构建一个颜色查找表，该表存储图中的颜色并为这些颜色建立索引。如果原始图像中的某种颜色未出现在颜色查找表中，应用程序将在该表中选取最接近的颜色，或使用可用颜色的组合模拟该颜色。

使用【存储为 Web 所用格式】对话框中的颜色表来定义优化图像时，可定义 GIF 和 PNG-8 图像中的颜色。减少颜色数量通常可以减少图像的文件大小，同时保持图像的品质。单击对话框中的【颜色表】选项卡，可以显示颜色表，如图 9.54 所示。

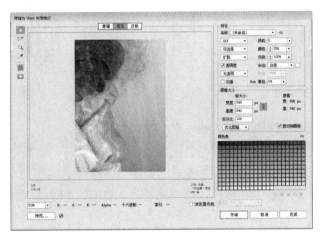

图 9.54　【存储为 Web 所用格式】对话框

1. 在颜色表中添加新颜色

使用 (吸管工具)拾取图像中的颜色后，单击颜色表底部的 按钮，可以将当前颜色添加至颜色表中，新建的颜色右下角有一个白色的小方块，表示颜色处于锁定状态，通过新建颜色可以添加在构建颜色表时遗漏的颜色。

> **提　示**
>
> 颜色表左下角的数字显示了颜色数量和总和。

2. 选择颜色表中的颜色

单击颜色表中的一个可选择颜色，被选择的颜色周围会出现一个白色的边框，当光标停留在颜色上时，还会显示该颜色的颜色值，如图 9.55 所示。如果要选择多个颜色，可以按住 Ctrl 键分别单击即可，如图 9.56 所示，按住 Shift 键单击两个颜色时，可以选择这两个颜色之间行中的所有颜色。

如果要取消选择所有颜色，可在颜色表的空白处单击，或单击颜色表右上角的 按钮，在弹出的下拉菜单中选择【取消选择所有颜色】命令，即可取消所有选择的颜色。

3. 转换颜色

双击颜色表中的颜色，如图 9.57 所示，弹出【拾色器】对话框。在对话框中可以将选择的颜色调整为其 RGB 颜色值，如图 9.58 所示。当重新生成优化图像时，不管出现在图像的什么地方，选中的颜色都更改为新颜色，关闭【拾色器】对话框后，调整前的颜色会显示在色板的左上角，新颜色显示在右下角，色板右下角的小方块表示颜色被锁定，如果转换为 Web 安全颜色，色板中心将出现一个白色的菱形。

如果要将转换的颜色恢复为原始颜色，可双击该颜色，在弹出的【拾色器】对话框中选中原稿颜色，单击【确定】按钮即可恢复颜色。

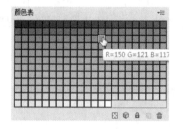

图 9.55　选择一个颜色表 图 9.56　选择多个颜色表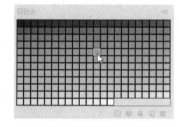

图 9.57　双击颜色

4. 将颜色转换为最接近的 Web 调板等效颜色

选择一种或多种颜色后，单击颜色表底部的 按钮，可以将当前颜色转换为 Web 调板中与其最接近的 Web 安全颜色。例如，如图 9.59 所示的颜色值为 R199、G222、B255，选择该颜色后，单击 按钮，可将它转换为#CCCCFF。转换颜色后，原始颜色将出现在色板的左上角，新颜色出现在右下角。色板中心的小白色菱形表示颜色为 Web 安全颜色，色板右下角的小方块表示颜色被锁定。

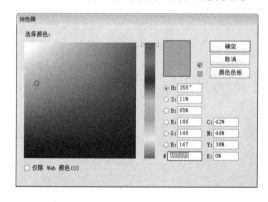

图 9.58　【拾色器】对话框

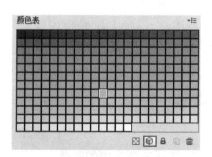

图 9.59　颜色表

如果要恢复进行 Web 转换的颜色，可选择该颜色，单击 按钮，即可恢复颜色。

5. 将颜色映射至透明度

如果要在优化的图像中添加透明度，可在优化图像或颜色表中选择一种或多种颜色，然后单击颜色表底部的 □ 按钮，即可将当前颜色映射至透明。如图 9.60 所示为原始效果，如图 9.61 所示为设置后的效果，此时透明度网格图将出现在每种映射颜色的 1/2 位置，色板右下角的小方块表示颜色被锁定。

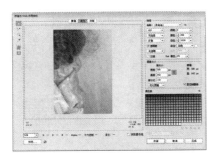

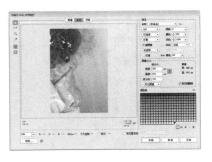

图 9.60　原始效果　　　　　　　　　　图 9.61　设置后的效果

如果要恢复映射透明度的颜色为原始颜色，可选择要恢复的颜色，单击 □ 按钮，可恢复颜色。

6. 锁定或解除锁定颜色

选择颜色表中的一种或多种颜色，如图 9.62 所示。单击颜色表底部的 △ 按钮，可以锁定所选的颜色。被锁定的右下角会出现一个白色方块。在减少颜色表中的颜色数量时，如果想要保留某些重要的颜色，可以将其锁定。减少颜色的数量后，这些颜色样本都会被保留。如图 9.63 所示为将颜色减少为 64 色时，被锁定的颜色都保留了下来。

图 9.62　将颜色锁定后的效果　　　　　　图 9.63　减少颜色后的效果

如果要取消颜色的锁定，选择锁定的颜色，单击 🔒 按钮，即可解除锁定。解除锁定后，白色方块将从色板上消失。

7. 删除颜色

选择一种或多种颜色后，单击颜色表底部的 🗑 按钮，可以将选择的颜色删除。从颜色表中删除颜色可以减小文件的大小。删除某种颜色时，将使用调板中剩下的最接近颜色来重新显示以前包含该颜色的图像区域。如图 9.64 所示为选择了多种颜色；如图 9.65 所示删除选择颜色后的效果。

图 9.64　选择多种颜色

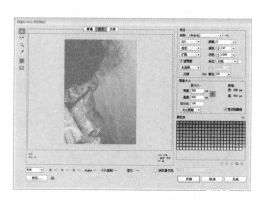

图 9.65　删除颜色后的效果

9.3.7　调整图稿大小

单击【存储为 Web 所用格式】对话框中的【图像大小】选项卡，可以显示【图像大小】设置选项，如图 9.66 所示【原始大小】选项组中显示了原始图像的大小，在【新建大小】选项组中输入新的像素尺寸，或指定调整图像大小的百分比，单击【完成】按钮即可调整图像的大小。此外，在对话框中还可以设置以下选项。

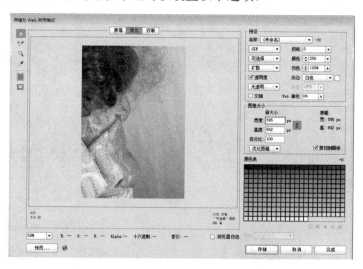

图 9.66　【存储为 Web 所用格式】对话框

- 约束比例：可保持像素宽度对像素高度的当前比例。
- 消除锯齿：可通过应用消除锯齿去除图稿中的锯齿边缘。

- 剪切到画板：可剪切图片图稿以匹配文档的画板边缘，画板边界外部的图稿将被删除。

思考与练习

1. 如何创建切片？
2. 图像映射是什么？

第10章 打印输出

在 Illustrator 中，精心设计的作品完成后，可以根据具体的需要对作品打印输出。本章将介绍打印设置、设置打印机以及输出文件等内容。

10.1 打印设置

当在 Illustrated CC 中创建完成后，需要对完成后的文件进行打印，不管是为外部服务提供商提供彩色文档，还是只将文档的快速草图发送到喷墨打印机或激光打印机上，了解与掌握基本的打印知识都将使打印更加顺利，并有助于确保文档的最终效果与预期效果一致。

在菜单栏中选择【文件】|【打印】命令，如图 10.1 所示。或按 Ctrl+P 组合键，执行该操作后，即可打开【打印】对话框，如图10.2 所示。

图 10.1 选择【打印】命令

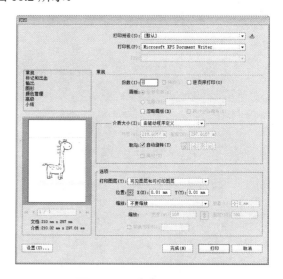

图 10.2 【打印】对话框

10.1.1 设置常规

在【打印】对话框中，单击左侧列表中的【常规】选项卡，下面将对常用的参数选项进行介绍。

- 【打印预设】：用户可以在【打印预设】列表中，选择一种打印预设。
- 【打印机】：用户可以在该下拉列表中选择可以使用的打印机。
- PPD：用户可以在该下拉列表中选择可用的 PPD，当在该下拉列表中选择【其他】命令时，将会弹出【打开 PPD】对话框，如图 10.3 所示。
- 【份数】：用来设置打印的份数。

- 【拼版】：如果要将文件拼版至多个页面，此选项代表了所要打印的页面，该选项只有在将【份数】设置为 2 或 2 以上时才可用。

- 【逆页序打印】：选中该复选框时，可将文件按照由后向前的顺序打印。

- 【画板】：选择【全部页面】选项时，可打印所有页面；选择【范围】选项时，可输入页面的范围，可以用连字符分隔的数字"_"指示相邻的页面范围，或者使用一个逗号"，"，区分相邻的页面或范围。

- 【忽略画板】：选中该复选框，可以忽略画板。

- 【跳过空白画板】：选中该复选框时，可跳过空白的画板。

- 【介质大小】：在该选项下拉列表中可以选择一种页面大小。可用大小是由当前打印和 PPD 文件决定的。如果打印机的 PPD 文件允许，可以选择【自定】，然后在【宽度】和【高度】文本框中指定一个自定义的页面大小。

- 【取向】：选中该复选框时，页面将自动进行旋转。

- ：单击该按钮后可纵向打印，正面朝上。

- ：单击该按钮后可横向打印，向左旋转。

- ：单击该按钮后可纵向打印，正面朝下。

- ：单击该按钮后可横向打印，向右旋转。

- 【横向】：如果使用支持横向打印和自定页面大小 PPD，则可以选择【横向】，使打印图稿旋转 100 像素角。

- 【打印图层】：用户可以在该下拉列表中选择打印图层的类型。

- 【位置】：用户可以通过单击其右侧的参考点来移动页面的位置，例如单击中间的参考点，选中的参考点将以黑色显示，如图 10.4 所示。即可将页面移动至中间，在打印时将只对所显示的部分进行。

- 【缩放】：用户可以通过在该下拉列表中选择不同的缩放类型。

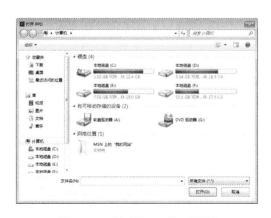

图 10.3　【打开 PPD】对话框

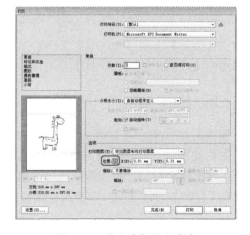

图 10.4　单击中间的参考点

10.1.2　标记和出血

当要打印时，用户可以在页面中添加不同的标记，例如裁剪标记、套准标记等，除此之外，用户还可以根据需要设置出血等。

在【打印】对话框中，单击左侧列表中的【标记和出血】选项卡，如图 10.5 所示。

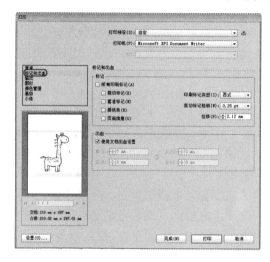

图 10.5 【标记和出血】选项卡

在【标记】选项组中，裁切标记为水平和垂直的细标线，用以划定对页面进行修边的位置。且有助于各分色相互对齐。套准标记为页面范围外的小靶标，用于对齐彩色文档中的各分色。颜色条所表示的是彩色小方块。表示 CMYK 油墨和色调灰度。用以调整印刷机中的油墨密度。页面信息包括文件名、输出时间和日期、所用线网数、分色线角度以及版面的颜色。色调条在准备打印文档时，需要添加一些标记以帮助在生成样稿时确定在何处裁切纸张及套准分色片，或测量胶片以得到正确的校准数据及网点密度等。

如果选中【所有印刷标记】复选框，将打印所有标记，否则可以分别选取要打印的标记，如裁切标记、套准标记，页面信息、颜色条。

在【印刷标记类型】下拉列表中，可以选取标记类型，如西式标记。在【裁切标记粗细】下拉列表中可选取标记的宽度，在【位移】框中设置标记距页面边缘的宽度。

在【出血】选项组中，可在【顶】、【底】、【左】和【右】文本框中设置出血参数，如果选中【使用文档出血设置】复选框，则【顶】、【底】、【左】和【右】都不可用。

10.1.3 输出

在输出设置中，可以确定如何将文档中的复合颜色发送到打印机中。启用颜色管理时，颜色设置默认值将使输出颜色得到校准。在颜色转换中的专色信息将被保留；只有印刷色将根据指定的颜色空间转换为等效值。

在【打印】对话框中，切换到左侧列表中的【输出】选项卡。【输出】选项卡如图 10.6 所示。

在【模式】列表中将显示复合选项。在【药膜】列表中，可以选取【向上(正读)】或【向下(正读)】。

10.1.4 设置图形

打印包含复杂图形的文档时，通常需要更改分辨率或栅格化设置，以获得最佳的输出效果。在 Illustrator CC 中，将根据需要下载字体。

在【打印】对话框中，切换到左侧列表中的【图形】选项卡，如图 10.7 所示。

- 【路径】：在【路径】选项组中，若选中【自动】复选框，将自动选取设备的最佳平滑度，否则可以自行设置平滑度。

- 【字体】：在【字体】选项组中，在【下载】列表中，若选择【完整】选项，在打印开始时将下载文档所需的所有字体；若选择【子集】选项，将只下载文档中使用的字符。

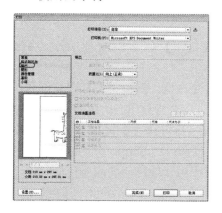

图 10.6　【输出】选项卡

图 10.7　【图形】选项卡

- PostScript(R)：在 PostScript(R)下拉列表中，若选择【语言级 2】选项，将提高打印速度和输出质量。若选择【语言级 3】选项，将提供最高速度和输出质量。

- 【数据格式】：在【数据格式】下拉列表中，若选择【二进制】选项，图像数据将导出为二进制代码，这要比 ASCII 代码更紧凑，但却不一定与所有系统都兼容。若选择 ASCII 选项，图像数据将导出为 ASCII 文本。并与较老式的网络和并行打印机兼容，对于在多平台上使用的图形来说，这往往是最佳选择。

- 【兼容渐变和渐变网格打印】：如果选中【兼容渐变和渐变网格打印】复选框，将兼容 Illustrator 的渐变和渐变网格。但应用该选项将降低无渐变时的打印速度，所以只有遇到打印问题时才选取该选项。

10.1.5　颜色管理

当使用色彩管理进行打印时，可以让 Illustrator 来管理色彩，或让打印机来管理色彩。使用打印机的配置文件替代当前文档的配置文件。若使用 PostScript 打印机时，可以选择使用 PostScript 颜色管理选项。以便进行与设备无关的输出。

在【打印】对话框中，切换到左侧列表中的【颜色管理】选项卡，如图 10.8 所示。

- 【颜色处理】：在【颜色处理】下拉列表中，若选择【让 Illustrator 确定颜

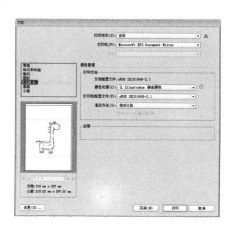

图 10.8　【颜色管理】选项卡

色】选项，将由应用程序 Illustrator 确定颜色。若选择【让 PostScript 打印机确定颜色】选项，将由打印机确定颜色。

- 【打印机配置文件】：若有可用于输出设备的配置文件。可在【打印机配置文件】下拉列表中选择输出设备的配置文件。
- 【渲染方法】：在【渲染方法】下拉列表中，可指定应用程序将颜色转换为目标色彩空间的方式，如相对比色等。

10.1.6 高级

在高级设置中可以设置透明度和拼合预设。在【打印】对话框中，切换到左侧列表中的【高级】选项卡，如图 10.9 所示。

- 【打印成位图】：如果选中【打印成位图】复选框，图稿将被打印成位图。
- 【叠印】：用户可以在【叠印】下拉列表中选取一种叠印方式，如放弃、模拟等。
- 【预设】：在【预设】下拉列表中，若选择【低分辨率】选项，可在打印机中打印快速校样，若选择【中分辨率】选项，可在 PostScript 彩色打印机中打印文档，若选择【高分辨率】选项，可用于最终出版，或打印高品质校样。
- 【自定】：如果单击【自定】按钮，即可打开如图 10.10 所示的【自定透明度拼合器选项】对话框，用户可以在其中可设置特定的拼合选项。

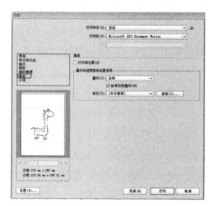

图 10.9 【高级】选项卡

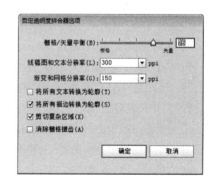

图 10.10 【自定透明度拼合器选项】对话框

10.2 设置打印机

在【打印】对话框中，单击左下方的【设置】按钮，在弹出的对话框中单击【继续】按钮，打开如图 10.11 所示的【打印】对话框，在【选择打印机】列表中选取打印机；如单击【首选项】按钮，将打开如图 10.12 所示的【打印首选项】对话框，用户可以在该对话框中设置打印的方向等，在该选项卡中单击【高级】按钮，在弹出的对话框中可以设置纸张的规格以及文档选项等，如图 10.13 所示。

切换至【XPS 文档】选项卡中，用户可以在该选项卡中选中【自动使用 XPS 查看器打开 XPS 文件】复选框，如图 10.14 所示，使打印的文件可以使用 XPS 查看器打开。设置完成后，单击【确定】按钮，返回至【打印】对话框，单击【打印】按钮，再次返回至【打印】对话框中，单击【打印】按钮，即可对文件进行打印。

图 10.11　【打印】对话框

图 10.12　【打印首选项】对话框

图 10.13　【Microsoft XPS Document Writer
高级选项】对话框

图 10.14　【XPS 文档】选项卡

10.3　输　出　文　件

当用户对完成后的场景进行存储或导出图稿时，Illustrator 将图稿数据写入到文件。数据的结构取决于选择的文件格式，本节将简单介绍如何对完成后的场景进行存储和导出。

10.3.1　将文件存储为 AI 格式

下面将介绍如何将文件存储为 AI 格式，其具体操作步骤如下。

(1) 在菜单栏中选择【文件】|【存储】命令，如图 10.15 所示。

(2) 在弹出的对话框中为文件指定存储路径，输入相应的文件名，将【保存类型】设置为 Adobe Illustrator(*.AI)，如图 10.16 所示。

(3) 设置完成后，单击【保存】按钮，即可弹出如图 10.17 所示的对话框。设置完成后，单击【确定】按钮即可。

图 10.15　选择【存储】命令

图 10.16　【存储为】对话框

该对话框中的各个参数选项的功能如下。

- 【版本】：用于设置保存的版本，用户可以在该下拉列表中选择不同的版本，如图 10.18 所示，旧版格式不支持当前版本 Illustrator 中的所有功能。因此，当用户选择当前版本以外的版本时，某些存储选项不可用，并且一些数据将更改。
- 【小于】：该文本框主要用于设置字符的百分比。

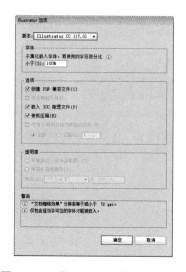

图 10.17　【Illustrator 选项】对话框

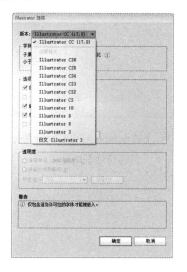

图 10.18　【版本】下拉列表

- 【创建 PDF 兼容文件】：选中该复选框后，Illustrator 文件可以与其他 Adobe 应用程序兼容。
- 【包含链接文件】：选中该复选框后，可以嵌入与图稿链接的文件。
- 【嵌入 ICC 配置文件】：用于创建色彩受管理的文档。
- 【使用压缩】：选中该复选框后，可以在存储时对文件进行压缩。
- 【将每个画板存储到单独的文件】：选中该复选框后，程序会将每个画板存储为单独的文件，同时还会单独创建一个包含所有画板的主文件。涉及某个画板的所有内容都会包括在与该画板对应的文件中。如果不选择此选项，则画板会合并到一个文档中。

10.3.2　将文件存储为 EPS 格式

EPS 格式保留许多使用 Adobe Illustrator 创建的图形元素，这意味着可以重新打开 EPS 文件并作为 Illustrator 文件编辑。因为 EPS 文件基于 PostScript 语言，所以它们可以包含矢量和位图图形。如果图稿包含多个画板，则将其存储为 EPS 格式时，会保留这些画板，下面将对其进行简单介绍

(1) 在菜单栏中选择【文件】|【存储】命令，如图 10.19 所示。

(2) 在弹出的对话框中为文件指定存储路径，输入相应的文件名，将【保存类型】设置为 Illustrator EPS(*.EPS)，如图 10.20 所示。

图 10.19　选择【存储】命令

图 10.20　设置存储名称及类型

(3) 设置完成后，单击【保存】按钮，即可弹出如图 10.21 所示的对话框。设置完成后，单击【确定】按钮即可。

该对话框中的各个参数选项的功能如下。

- 【版本】：用于设置存储 EPS 的版本，用户可以在该下拉列表中选择不同的版本，如图 10.22 所示。

图 10.21　【EPS 选项】对话框

图 10.22　【版本】下拉列表

- 【格式】：确定文件中存储的预览图像的特性。预览图像在不能直接显示 EPS 图稿的应用程序中显示。如果不希望创建预览图像，可以在该下拉列表中选择【无】命令，相反，则可以选择【TIIF(黑白)】或【TIIF(8 位颜色)】命令。

- 【透明度】：用于生成透明背景，该单选按钮只有在将【格式】设置为【TIIF(8位颜色)】时才可用。
- 【不透明】：该选项用于生成实色背景。

> **提 示**
>
> 如果 EPS 文档将在 Microsoft Office 应用程序中使用，需要选择【不透明】单选按钮。

- 【为其他应用程序嵌入字体】：选中该复选框可以嵌入所有从字体供应商获得相应许可的字体。嵌入字体确保如果文件置入到另一个应用程序(例如 Adobe InDesign)，将显示和打印原始字体。但是，如果在没有安装相应字体的计算机上的 Illustrator 中打开该文件，将仿造或替换该字体。这样是为防止非法使用嵌入字体。

> **提 示**
>
> 选择【嵌入字体】选项会增加存储文件的大小。

- 【包含链接文件】：选中该复选框后，可以嵌入与图稿链接的文件。
- 【包含文档缩览图】：选中该复选框后，可以创建图稿的缩览图图像。
- 【在 RGB 文件中包括 CMYK PostScript】：选中该复选框后，可以允许从不支持 RGB 输出的应用程序打印 RGB 颜色文档。在 Illustrator 中重新打开 EPS 文件时，将会保留 RGB 颜色。
- 【兼容渐变和渐变网格打印】：使旧的打印机和 PostScript 设备可以通过将渐变对象转换为 JPEG 格式来打印渐变和渐变网格。
- Adobe PostScript：确定用于存储图稿的 PostScript 级别。PostScript 语言级别为 2 时，表示彩色以及灰度矢量和位图图像，并支持用于矢量和位图图形的 RGB、CMYK 和基于 CIE 的颜色模型。PostScript 语言级别为 3 时，将会提供语言级别 2 没有的功能，包括打印到 PostScript® 3™打印机时打印网格对象的功能。由于打印到 PostScript 语言级别 2 设备将渐变网格对象转换为位图图像，因此建议将包含渐变网格对象的图稿打印到 PostScript 3 打印机。

用户可以使用同样的方法将文件存储为其他类型，在此不再进行赘述。

10.3.3 导出 JPEG 格式

在 Illustrator CC 中，用户可以将完成后的文件导入为多种格式，本节将介绍如何将文件导出为 JPEG 格式，其具体操作步骤如下。

(1) 在菜单栏中选择【文件】|【导出】命令，如图 10.23 所示。

(2) 在弹出的对话框中为文件指定存储路径，输入相应的文件名，将【保存类型】设置为 JPEG(*.JPG)，如图 10.24 所示。

(3) 设置完成后，单击【保存】按钮，即可弹出如图 10.25 所示的对话框。设置完成后，单击【确定】按钮即可。

【JPEG 选项】对话框中的各个选项的功能如下。

- 【颜色模型】：用于指定 JPEG 文件的颜色模型。

- 【品质】：决定 JPEG 文件的品质和大小。从【品质】菜单选择一个选项，或在【品质】文本框中输入 0~10 之间的数值。

图 10.23 选择【导出】命令

图 10.24 设置导出名称及类型

- 【压缩方法】：用于设置压缩的方法，其中包括【基线(标准)】、【基线】(优化)】、【连续】三个选项，如图 10.26 所示。

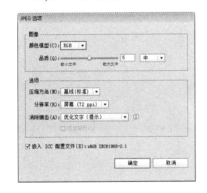

图 10.25 【JPEG 选项】对话框

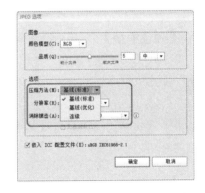

图 10.26 【压缩方法】下拉列表

- 【分辨率】：用于设置 JPEG 文件的分辨率。当在该下拉列表中选择【其他】选项后，用户可以自定义分辨率。
- 【消除锯齿】：通过超像素采样消除图稿中的锯齿边缘。
- 【图像映射】：为图像映射生成代码。
- 【嵌入 ICC 配置文件】：在 JPEG 文件中存储 ICC 配置文件。

10.3.4 导出 Photoshop 格式

在 Illustrator CC 中，用户可以根据需要将文件导出为 Photoshop 格式，其具体操作步骤如下。

(1) 在菜单栏中选择【文件】|【导出】命令，在弹出的对话框中为文件指定存储路径，输入相应的文件名，将【保存类型】设置为 Photoshop(*.PSD)，如图 10.27 所示。

(2) 设置完成后，单击【保存】按钮，即可弹出如图 10.28 所示的对话框。设置完成后，单击【确定】按钮即可。

> **提示**
>
> 如果文档包含多个画板，而用户想将每个画板导出为独立的 PSD 文件，可以在【导出】对话框中选中【使用画板】复选框。如果只想导出某一范围内的画板，可以在该对话框中指定范围。

图 10.27　【导出】对话框

图 10.28　【Photoshop 导出选项】对话框

- 【颜色模型】：用于设置导出文件的颜色模型。用户可以在该下拉列表中选择 RGB、CMYK、灰度三种模型，如图 10.29 所示。

> **提示**
>
> 如果将 CMYK 文档导出为 RGB(或相反)可能在透明区域外观引起意外的变化，尤其是那些包含混合模式的区域。如果想要更改颜色模型，必须将图稿导出为平面化图像(【写入图层】选项不可用)。

- 【分辨率】：用户可以在该下拉列表中选择导出文件的分辨率，在该下拉列表中选择【其他】选项后，可自定义文件的分辨率。

- 【平面化图像】：合并所有图层并将 Illustrator 图稿导出为栅格化图像。选择此选项可保留图稿的视觉外观。

- 【写入图层】：将组、复合形状、嵌套图层和切片导出为单独的、可编辑的 Photoshop 图层。嵌套层数超过五层的图层将被合并为单个 Photoshop 图层。选择【最大可编辑性】可将透明对象(即带有不透明蒙版的对象、恒定不透明度低于 100% 的对象或处于非【常规】混合模式的对象)导出为实时的、可编辑的 Photoshop 图层。

- 【保留文本可编辑性】：将图层(包括层数不超过五层的嵌套图层)中的水平和垂直点文字导出为可编辑的 Photoshop 文字。如果执行此操作，则会影响图稿的外观，可以取消选择此选项以改为栅格化文本。

- 【最大可编辑性】：将每个顶层子图层写入到单独的 Photoshop 图层(如果这样

做不影响图稿的外观)。顶层图层将成为 Photoshop 图层组。透明对象将保留可编辑的透明对象。还将为顶层图层中的每个复合形状创建一个 Photoshop 形状图层(如果这样做不影响图稿的外观)。要写入具有实线描边的复合形状，请将【连接】类型更改为【圆角】。无论您是否选择此选项，嵌套层数超过 5 层的所有图层都将被合并为单个 Photoshop 图层。

提 示

Illustrator 无法导出应用有图形样式、虚线描边或画笔的复合形状。导出的复合形状将成为栅格化形状。

- 【消除锯齿】：通过超像素采样消除图稿中的锯齿边缘。取消选择此选项有助于栅格化线状图时维持其硬边缘，该下拉列表如图 10.30 所示。
- 【嵌入 ICC 配置文件】：创建色彩受管理的文档。

图 10.29　设置颜色模式

图 10.30　【消除锯齿】下拉列表

10.3.5　导出 PNG 格式

下面将介绍如何导出 PNG 格式的文件，其具体操作步骤如下。

(1) 在菜单栏中选择【文件】|【导出】命令，在弹出的对话框中为文件指定存储路径，输入相应的文件名，将【保存类型】设置为 PNG(*.PNG)，如图 10.31 示。

(2) 设置完成后，单击【保存】按钮，即可弹出如图 10.32 所示的对话框。设置完成后，单击【确定】按钮即可。

图 10.31　设置导出选项

图 10.32　【PNG 选项】对话框

- 【分辨率】：决定栅格化图像的分辨率。分辨率值越大，图像品质越好，但文件也越大。

一些应用程序以 72 ppi 打开 PNG 文件，不考虑指定的分辨率。在此类应用程序中，将更改图像的尺寸。例如，以 150 ppi 存储的图稿将超过以 72 ppi 存储的图稿两倍大小。因此，应仅在了解目标应用程序支持非 72 ppi 分辨率时才可更改分辨率。

- 【消除锯齿】：通过超像素采样消除图稿中的锯齿边缘。取消选择此选项有助于栅格化线状图时维持其硬边缘。
- 【交错】：在文件下载过程中在浏览器中显示图像的低分辨率版本。【交错】使下载时间显得较短，但也会增大文件大小。
- 【背景色】：用于指定导出文件的背景颜色，选择【透明度】保留透明度，选择【白色】以白色填充透明度，选择【黑色】以黑色填充透明度，选择【其他】来选择另一种颜色填充透明。

10.3.6　导出 TIFF 格式

下面将介绍如何导出 TIFF 格式的文件，其具体操作步骤如下。

(1) 在菜单栏中选择【文件】|【导出】命令，在弹出的对话框中为文件指定存储路径，输入相应的文件名，将【保存类型】设置为 TIFF(*.TIF)，如图 10.33 所示。

(2) 设置完成后，单击【保存】按钮，即可弹出如图 10.34 所示的对话框。设置完成后，单击【确定】按钮即可。

图 10.33　设置导出选项

图 10.34　【TIFF 选项】对话框

- 【颜色模型】：用于设置导出文件的颜色模型。
- 【分辨率】：决定栅格化图像的分辨率。分辨率值越大，图像品质越好，但文件也越大。
- 【消除锯齿】：通过超像素采样消除图稿中的锯齿边缘。取消选择此选项有助于栅格化线状图时维持其硬边缘。
- 【LZW 压缩】：应用 LZW 压缩，这是一种不会丢弃图像细节的无损压缩方法。
- 【嵌入 ICC 配置文件】：创建色彩受管理的文档。

10.4 上机练习

下面通过实例来巩固本章所学习的基础知识，使读者进一步加深对本章知识的了解和加深。

10.4.1 制作咖啡宣传单

本例将用到复合路径、剪切蒙版等操作，完成后的效果如图 10.35 所示。

图 10.35 咖啡宣传单效果

(1) 启动软件后，按 Ctrl+N 组合键，弹出【新建文档】对话框，将【名称】设置为"咖啡宣传单"，【单位】设置为毫米，【宽度】设置为 420mm，【高度】设置为 320mm，如图 10.36 所示。

(2) 在工具箱中选择【矩形工具】，将【描边】设置为无，【填色】CMYK 设置为 43、100、100、11，然后在画板中绘制矩形。确定绘制的矩形处于选择状态，打开【变换】面板，将【宽】和【高】分别设置为 210mm、320mm，如图 10.37 所示。

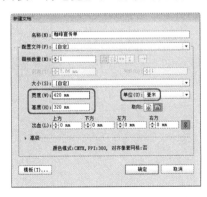

图 10.36 【新建文档】对话框

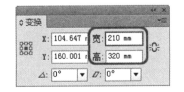

图 10.37 【变换】对话框

(3) 使用【选择工具】调整矩形的位置，完成后的效果如图 10.38 所示。

(4) 打开随书附带光盘中的"CDROM\素材\Cha10\背景花纹.ai"素材文件，然后使用

【选择工具】将其拖拽至咖啡宣传单画板中，再调整花纹的大小及位置，完成后的效果如图 10.39 所示。

图 10.38 绘制矩形的效果

图 10.39 调整花纹后的效果

(5) 选择花纹，然后在菜单栏中选择【窗口】|【透明度】命令，打开【透明度】面板，在该面板中将【混合模式】设置为【正片叠底】，如图 10.40 所示。

(6) 使用同样的方法绘制矩形，将【描边】设置为无，【填色】CMYK 设置为 0、17、100、0，【宽】、【高】设置为 210mm、320mm，完成后的效果如图 10.41 所示。

图 10.40 选择正片叠底

图 10.41 完成后的效果

(7) 框选所有对象，在菜单栏中选择【对象】|【锁定】|【所选对象】命令，将对象锁定如图 10.42 所示。

(8) 打开随书附带光盘中的"CDROM\素材\Cha10\咖啡杯.ai"素材文件，在该文件中选择咖啡杯，按 Ctrl+C 组合键进行复制，然后按 Ctrl+V 组合键进行粘贴，调整咖啡杯的位置，完成后的效果如图 10.43 所示。

图 10.42 选择【所选对象】命令

图 10.43 调整完成后的效果

(9) 在工具箱中选择【椭圆工具】，将【描边】设置无，【填色】CMYK 设置为 53、89、100、33，在画板中绘制椭圆，完成后的效果如图 10.44 所示。

(10) 选择绘制的椭圆，在菜单栏中选择【效果】|【风格化】|【投影】命令，弹出【投影】面板，将【模式】设置为正片叠底，【不透明度】设置为 50%，【X 位移】、【Y 位移】均设置为 3mm，【模糊】设置为 1.76mm，如图 10.45 所示。

图 10.44　绘制椭圆的效果

图 10.45　【投影】对话框

(11) 单击【确定】按钮，即可为椭圆添加投影，在工具箱中选择【星形工具】，然后在画板中绘制五角星，使用同样的方法绘制其他五角星，完成后的效果如图 10.46 所示。

(12) 选择绘制的所有的五角星，右击，在弹出的快捷菜单中选择【编组】命令，将其编组。打开【外观】面板，单击【添加新效果】 *fx.* 按钮，在弹出的菜单中选择【风格化】|【投影】命令，弹出【投影】面板，将【不透明度】设置为 50%，【X 位移】、【Y 位移】均设置为 1.5mm，如图 10.47 所示。

图 10.46　绘制的五角星

图 10.47　【投影】对话框

(13) 在工具箱中选择【钢笔工具】，将【填色】设置为无，【描边】设置为无，然后绘制如图 10.48 所示的路径。

(14) 在工具箱中选择【文字工具】，在路径上单击，输入文本"Distinguished enjoy"，选择输入的文本，将【填色】设置为白色，按 Ctrl+T 组合键，打开【字符】面板，将【字体系列】设置为【华文隶书】，【字体大小】设置为 30pt，如图 10.49 所示。

(15) 使用【文字工具】在画板中继续输入文本"Caiato Coffee"，将【字体系列】设置为【华文行楷】，【字体大小】设置为 35pt，完成后的效果如图 10.50 所示。

(16) 在工具箱中选择【圆角矩形工具】，在画板中绘制九个相同大小的圆角矩形，完成后的效果如图 10.51 所示。

图 10.48　绘制路径

图 10.49　【字符】面板

图 10.50　设置完成后的效果

图 10.51　绘制的圆角矩形

(17) 选择所绘制的所有圆角矩形，右击，在弹出的快捷菜单中选择【建立复合路径】命令，如图 10.52 所示。

(18) 在菜单栏中选择【文件】|【置入】命令，打开【置入】对话框，在该对话框中选择随书附带光盘中的"CDROM\素材\Cha10\lpl01.jpg"文件，如图 10.53 所示。

图 10.52　选择【建立复合路径】命令

图 10.53　选择素材图片

(19) 单击【置入】按钮，然后在画板中拖拽鼠标绘制矩形，使图片覆盖住绘制的圆角矩形，在【控制】面板中单击【嵌入】按钮，将图片置入，完成后的效果如图 10.54 所示。

(20) 选择置入的图片，右击，在弹出的快捷菜单中选择【排列】|【后移一层】命令，如图 10.55 所示。

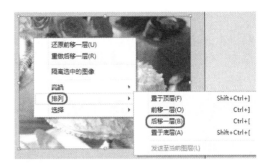

图 10.54　置入的图片　　　　　　图 10.55　选择【后移一层】命令

(21) 框选所有圆角矩形和图片，然后在菜单栏中选择【对象】|【剪切蒙版】|【建立】命令，这样即可为所选对象建立剪切蒙版，完成后的效果如图 10.56 所示。

(22) 选择对象，打开【描边】面板，然后将【粗细】设置为 4pt，完成后的效果如图 10.57 所示。

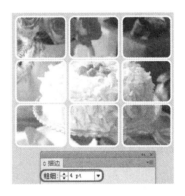

图 10.56　完成后的效果　　　　　　图 10.57　添加描边后的效果

(23) 使用【文字工具】，在画板中输入文本"一杯咖啡，一段时光，专属你的 Caiato Coffee"，选中输入的文本，打开【字符】面板，将【字体系列】设置为华文行楷，【字体大小】设置为45pt，如图 10.58 所示。

(24) 确定文字处于选中状态，在工具箱中选择【吸管工具】，然后将光标移动至场景中绘制的椭圆上，然后单击鼠标即可为文字更改颜色，完成后的效果如图 10.59 所示。

图 10.58　【字符】面板　　　　　　图 10.59　完成后的效果

(25) 使用相同的方法添加其他文本和绘制矩形，完成后的效果如图 10.60 所示。

(26) 至此，咖啡宣传单就制作完成了，下面介绍如何输出文件。在菜单栏中选择【文件】|【存储】命令，弹出【存储为】对话框，在该对话框中选择存储路径，将【文件名】设置为"咖啡宣传单"，【保存类型】设置为 Illustrator EPS(*.EPS)，如图 10.61 所示。

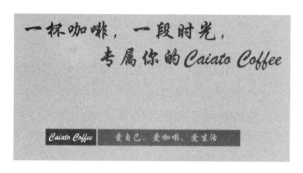

图 10.60　完成后的效果

图 10.61　【存储为】对话框

(27) 单击【保存】按钮，弹出【EPS 选项】对话框，保存默认设置单击【确定】按钮即可将文件存储为 EPS 格式。在菜单栏中选择【文件】|【导出】命令，弹出【导出】对话框，在该对话框中选择存储路径，将【文件名】设置为"咖啡宣传单"，然后将【保存类型】设置为 TIFF，如图 10.62 所示。

(28) 单击【导出】按钮，弹出【TIFF 选项】对话框，在该对话框中将【分辨率】设置为【高】，【消除锯齿】设置为【优化图稿(超像素取样)】，如图 10.63 所示。

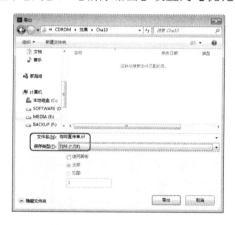

图 10.62　【导出】对话框

图 10.63　【TIFF 选项】对话框

10.4.2　制作特价吊牌

下面来介绍一下特价吊牌的制作，主要用到【矩形工具】、【椭圆 工具】、【文字工具】等，最后将制作的产品输出，完成后的效果如图 10.64 所示。

(1) 按 Ctrl+N 组合键，弹出【新建文档】对话框，在该对话框中将【名称】设置为

"特价吊牌"，【单位】设置为毫米，【宽度】、【高度】设置为 220mm、330mm，如图 10.65 所示。

图 10.64 特价吊牌效果

(2) 单击【确定】按钮，即可新建一个空白文档，然后在工具箱中选择【椭圆工具】，在画板中按住 Shift 键绘制正圆，如图 10.66 所示。

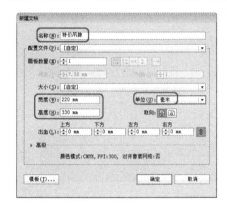

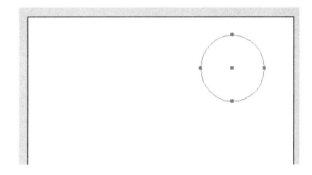

图 10.65 【新建文档】对话框   图 10.66 绘制正圆

(3) 确定新绘制的正圆处于选择状态，然后在工具箱中将【描边】设置为无，将【填色】CMYK 设置为 50、0、100、0，设置完成后即可为正圆填充颜色，完成后的效果如图 10.67 所示。

(4) 继续使用【椭圆工具】在画板中绘制正圆，然后在工具箱中双击填色，在弹出的【拾色器】对话框中将 C、M、Y、K 值设置为 65、12、100、0，如图 10.68 所示。

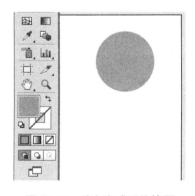

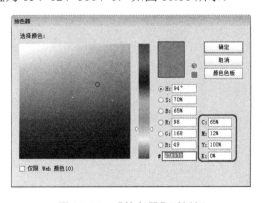

图 10.67 填色完成后的效果   图 10.68 【拾色器】对话框

(5) 将【描边】设置为无，完成后的效果如图 10.69 所示。

(6) 继续使用【椭圆工具】 绘制正圆，将【填色】CMYK 设置为 85、10、100、10，将描边设置为无，完成后的效果如图 10.70 所示。

图 10.69 完成后的效果

图 10.70 绘制正圆后的效果

(7) 使用同样的方法绘制其他正圆并进行填色，完成后的效果如图 10.71 所示。

(8) 选择绘制的所有的正圆，右击，在弹出的快捷菜单中选择【编组】命令，将其编组，在工具箱中选择【矩形工具】 ，将【描边】设置为无，然后在画板中绘制矩形，效果如图 10.72 所示。

图 10.71 绘制正圆完成后的效果

图 10.72 绘制矩形

(9) 确定绘制的矩形处于选择状态，右击，在弹出的快捷菜单中选择【排列】|【置于底层】命令，如图 10.73 所示。

(10) 选择绘制的矩形，按 Ctrl+F9 组合键打开【渐变】面板，将【类型】设置为【径向】，双击左侧的渐变滑块，在弹出的【面板】将 CMYK 设置为 50、0、100、0，返回到【渐变】面板中将【位置】设置为 32%，双击右侧的渐变滑块，在弹出的面板中将 CMYK 设置为 100、0、100、0，返回到【渐变】面板中，如图 10.74 所示。

图 10.73 选择【置于底层】命令

图 10.74 【渐变】面板

(11) 将【角度】设置为 40°，在工具箱中选择【渐变工具】 ![icon]，此时在矩形上出现渐变条，然后拖动鼠标移动其位置并调整其长度，效果如图 10.75 所示。

(12) 在工具箱中选择【文字工具】 ![icon]，然后在画板中输入文字"特价"，选择输入的文字，在【字符】面板中将字体设置为【汉仪秀英体简】，将字体大小设置为 65pt，如图 10.76 所示。

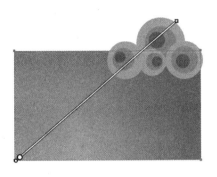

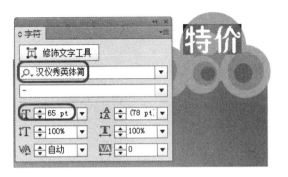

图 10.75　设置渐变　　　　　　　　　　图 10.76　设置字体

(13) 确定选择的文字处于选择状态，双击【填色】图标，在弹出的对话框中将 CMYK 设置为 0、100、0、0，在【控制】面板中将【描边粗细】设置为 3pt，完成后的效果如图 10.77 所示。

(14) 使用同样的方法，输入文字"产品"，将文字的大小设置为 50pt，如图 10.78 所示。

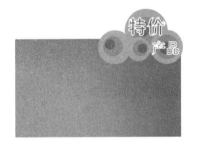

图 10.77　设置完成后的效果　　　　　　图 10.78　输入文字后的效果

(15) 在菜单栏中选择【文件】|【置入】命令，弹出【置入】对话框，在该对话框中选择随书附带光盘中的"CDROM\素材\Cha10\lpl02.psd"文件，如图 10.79 所示。

(16) 单击【置入】按钮，即可将选择的图片置入，然后使用【选择工具】调整图片的位置及大小，效果如图 10.80 所示。

(17) 选择绘制的矩形，按 Ctrl+C 组合键，按 Ctrl+V 组合键，进行粘贴，调整其位置，然后选择复制的矩形和置入的图片，右击，在弹出的快捷菜单中选择【建立剪切蒙版】命令，如图 10.81 所示。

(18) 选择该命令后即可建立剪切蒙版，完成后的效果如图 10.82 所示。

(19) 在工具箱中选择【文字工具】 ![icon]，在画板中输入文字"怡"，然后选择输入的文字，在【字符】面板中将字体设置为【汉仪雁翎体简】，将字体大小设置为 70pt，将【描边】设置为白色，如图 10.83 所示。

(20) 选择文字，双击工具箱中的【填色】，在弹出的对话框中将 CMYK 设置为 0、

90、95、0，如图 10.84 所示。

图 10.79 【置入】对话框

图 10.80 调整完成后的效果

图 10.81 选择【建立剪切蒙版】命令

图 10.82 建立剪切蒙版后的效果

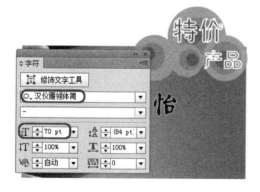

图 10.83 【字符】面板

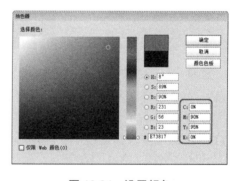

图 10.84 设置颜色

(21) 单击【确定】按钮，即可改变字体颜色。按 Shift+F8 组合键，弹出【变换】面板，将【旋转】设置为-5°，如图 10.85 所示。

(22) 使用同样的方法输入文字，并为输入的文字设置字体、大小和倾斜角度，效果如图 10.86 所示。

(23) 在工具箱中选择【画笔工具】 ，在【控制】面板中单击【画笔定义】右侧的下三角 按钮，在弹出的下拉面板中选择【炭笔-羽毛】，如图 10.87 所示。

(24) 使用【画笔工具】在画板中绘制如图 10.88 所示的图形。

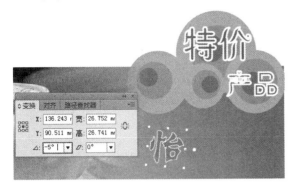

图 10.85　设置【旋转】角度

图 10.86　输入文字后的效果

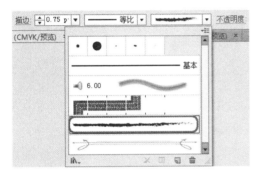

图 10.87　选择【炭笔-羽毛】

图 10.88　绘制的图形

(25) 在工具箱中选择【文字工具】，在画板中输入文本，然后选择输入的文本，按 Ctrl+T 组合键，弹出【字符】面板，将【字体系列】设置为【华文新魏】，【字体大小】设置为 20pt，如图 10.89 所示。

(26) 确定文字处于选择状态，在工具箱中双击【填色】，在弹出的对话框中将 CMYK 设置为 55、83、94、33，单击【确定】按钮，按 Shift+F8 组合键，打开【变换】面板，将【旋转】设置为 15°，完成后的效果如图 10.90 所示。

图 10.89　【字符】面板

图 10.90　旋转文字后的效果

(27) 使用同样的方法输入文本并设置文本，完成后的效果如图 10.91 所示。

(28) 在画板中选择编成组的正圆和"特价"、"产品"对象，按 Ctrl+C 组合键进行复制，按 Ctrl+V 组合键进行粘贴，然后使用【选择工具】调整其位置，完成后的效果如

图 10.92 所示。

图 10.91 完成后的效果

图 10.92 调整完成后的效果

(29) 选择复制的正圆，在工具箱中双击【镜像工具】 ，打开【镜像】对话框，在该对话框中选中【垂直】单选按钮，如图 10.93 所示。

(30) 单击【确定】按钮，即可将图形进行垂直翻转，使用【选择工具】调整文字的位置，完成后的效果如图 10.94 所示。

图 10.93 【镜像】对话框

图 10.94 完成后的效果

(31) 选择正圆，右击，在弹出的快捷菜单中选择【取消编组】命令，然后选择如图 10.95 所示的正圆，按 Delete 键将其删除。

(32) 选择绘制的矩形，按住 Alt 键拖动鼠标进行复制，将其移动至如图 10.96 所示的位置。

图 10.95 选择圆形

图 10.96 复制并调整矩形的位置

(33) 选择复制的矩形，在工具箱中双击【填色】，在弹出的面板中将 CMYK 设置为 50、0、100、0，单击【确定】按钮，即可为矩形改变颜色，效果如图 10.97 所示。

(34) 使用同样的方法设置其他文字图形或文字，完成后的效果如图 10.98 所示。

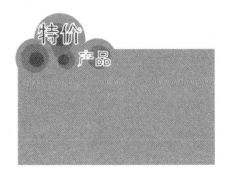
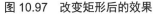

图 10.97　改变矩形后的效果　　　　　　　　图 10.98　完成后的效果

(35) 至此，特价吊牌就制作完成了，在菜单栏中选择【文件】|【存储】命令，弹出【存储为】对话框，在该对话框中设置存储路径，将【文件名】设置为"特价吊牌"，将【保存类型】设置为 Adobe Illustrator(*.AI)，如图 10.99 所示。

(36) 弹出【Illustrator 选项】对话框，在该对话框中保持默认设置，单击【确定】按钮，即可将场景进行保存。在菜单栏中选择【文件】|【导出】命令，弹出【导出】对话框，在该对话框中将【文件名】设置为"特价吊牌"，将【保存类型】设置为 TIFF，如图 10.100 所示。

图 10.99　【存储为】对话框　　　　　　　　图 10.100　【导出】对话框

(37) 单击【保存】按钮，弹出【TIFF 选项】对话框，保持默认设置，单击【确定】按钮，即可将图片导出。

思考与练习

1. 如何导出 TIFF 格式？
2. 在【打印】对话框中【颜色管理】下拉列表中选择不同的选项，有什么区别？

第 11 章 项目指导——常用文字效果

文字是人类用来交流的符号系统，是记录思想和事件的书写形式。本章将介绍如何制作常用文字效果，通过本章的学习，可以使读者将文字更加形象生动地展示出来。

11.1 制作标签文字

本节将介绍如何制作标签文字，效果如图 11.1 所示，其具体操作步骤如下。

(1) 按 Ctrl+N 组合键，在弹出的对话框中将【名称】设置为"标签文字"，将【单位】设置为 pt，将【宽度】和【高度】分别设置为 222pt、126pt，如图 11.2 所示。

(2) 设置完成后，单击【确定】按钮，在工具箱中单击【文字工具】，在画板中单击，输入文字，将输入的文字选中，按 Ctrl+T 组合键打开【字符】

图 11.1 标签文字

面板，将字体设置为【汉仪菱心体简】，将字体大小设置为 72，如图 11.3 所示。

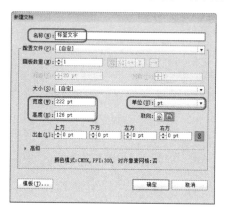

图 11.2 新建文档

图 11.3 输入文字并设置文字

(3) 确认该文字处于选中状态，在该文字上右击，在弹出的快捷菜单中选择【创建轮廓】命令，如图 11.4 所示。

(4) 再在该对象上右击，在弹出的快捷菜单中选择【取消编组】命令，然后再选择单个文字对象，右击，在弹出的快捷菜单中选择【释放复合路径】命令，如图 11.5 所示。

(5) 将另外一个文字对象也释放复合路径，在工具箱中单击【转换锚点工具】，在画板中对文字进行调整，效果如图 11.6 所示。

(6) 在工具箱中将【填色】的 CMYK 值设置为 23、99、5、0，并将描边设置为无，在工具箱中单击【钢笔工具】，在画板中绘制一个如图 11.7 所示的图形。

图 11.4　选择【创建轮廓】命令

图 11.5　选择【释放复合路径】命令

图 11.6　调整文字后的效果

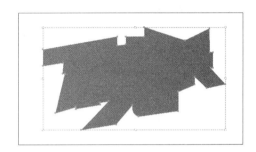

图 11.7　绘制图形

(7) 使用【选择工具】选中所绘制的图形并右击，在弹出的快捷菜单中选择【排列】|【置于底层】命令，如图 11.8 所示。

(8) 执行该操作后即可将其置入底层，调整排列顺序后的效果如图 11.9 所示。

图 11.8　选择【置于底层】命令

图 11.9　调整顺序后的效果

(9) 选中调整排放顺序后的对象，按 Ctrl+C 组合键进行复制，按 Ctrl+V 组合键粘贴，确认复制后的对象处于选中状态，将其颜色的 RGB 值设置为 4、25、89、0，如图 11.10 所示。

(10) 在该对象上右击，在弹出的快捷菜单中选择【排列】|【置于底层】命令，并在画板中调整其位置，调整后的效果如图 11.11 所示。

(11) 在画板中选中文字对象，在【外观】面板中将【不透明度】设置为 30%，如图 11.12 所示。

(12) 确认该对象处于选中状态，按 Ctrl+C 组合键进行复制，按 Ctrl+V 组合键进行粘贴，将不透明度设置为 100%，在画板中调整其位置，调整后的效果如图 11.13 所示。

（13）在画板中选中如图 11.14 所示的图形，并将其 CMYK 值设置为 0、0、0、0。

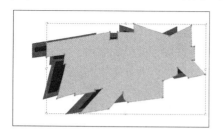

图 11.10　调整图形的颜色

图 11.11　调整位置后的效果

图 11.12　设置不透明度

图 11.13　调整图形位置后的效果

（14）在画板中选中"秒"的黑色部分，将其 CMYK 值设置为 0、0、100、0，调整颜色后的效果如图 11.15 所示。

图 11.14　选中图形并设置其颜色值

图 11.15　设置图形的颜色

（15）使用相同的方法创建其他文字，创建后的效果如图 11.16 所示。

（16）按 Ctrl+S 组合键，在弹出的对话框中指定保存路径，如图 11.17 所示，然后单击【保存】按钮，再在弹出的对话框中单击【确定】按钮即可。

图 11.16　创建其他文字后的效果

图 11.17　指定保存路径

11.2 制作炫彩缤纷的文字

本节将介绍如何制作炫彩缤纷的文字效果，效果如图 11.18 所示。其具体操作步骤如下。

(1) 按 Ctrl+N 组合键，在弹出的对话框中将【名称】设置为"炫彩缤纷的文字"，【单位】设置为【像素】，【宽度】和【高度】分别设置为271px、203px，如图 11.19 所示。

(2) 设置完成后，单击【确定】按钮，在工具箱中单击【矩形工具】，在画板中绘制一个矩形，按Ctrl+F9 组合键，在弹出的面板中将【类型】设置为【径向】，左侧色标的模式设置为 CMYK，左侧色标的 CMYK 值设置为 70、55、49、1.4，右侧色标

图 11.18 炫彩缤纷的文字

的模式设置为 CMYK，右侧色标的 CMYK 值设置为 83、74、59、25，描边设置为无，在工具箱中单击【渐变工具】，在画板中调整渐变条的长度，如图 11.20 所示。

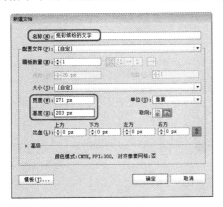

图 11.19 新建文档

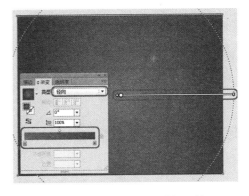

图 11.20 设置渐变并进行调整

(3) 在工具箱中单击【文字工具】，在画板中单击，输入文本，选中输入的文本，在【字符】面板中将字体设置为【方正粗圆简体】，字体大小设置为 80，垂直缩放设置为 85，如图 11.21 所示。

(4) 将描边颜色的 CMYK 值设置为 3、16、17、0，【粗细】设置为 9pt，如图 11.22 所示。

(5) 选中该文本，按 Ctrl+C 组合键进行复制，按 Ctrl+V 组合键进行粘贴，将描边设置为无，填色的 CMYK 值设置为 4、64、90、0，如图 11.23 所示。

(6) 在画板中选择带有描边的文字，按 Shift+F6 组合键打开【外观】面板，在该面板中单击【添加新效果】按钮，在弹出的下拉菜单中，选择【Illustrator 效果】中的【风格化】|【投影】命令，如图 11.24 所示。

(7) 在弹出的对话框中将【不透明度】、【X 位移】、【Y 位移】、【模糊】分别设置为 21、-8、8、7，如图 11.25 所示。

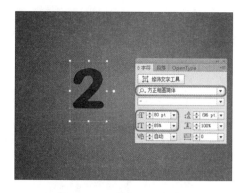

图 11.21　输入文字并进行设置

图 11.22　设置描边

图 11.23　复制文字并设置其填色和描边

图 11.24　选择【投影】命令

（8）设置完成后，单击【确定】按钮，在画板中选中所有文字，按 Ctrl+C 组合键进行复制，按 Ctrl+V 组合键进行粘贴，将复制后的文字更改为 0，在【字符】面板中将垂直缩放设置为 100，调整其颜色和位置，调整后的效果如图 11.26 所示。

图 11.25　设置投影参数

图 11.26　复制文本并进行设置

（9）选中带有描边的 0 字，在【外观】面板中单击【投影】，在弹出的对话框中将【不透明度】、【X 位移】、【Y 位移】、【模糊】分别设置为 31、-4、4、4，如图 11.27所示。

（10）设置完成后，单击【确定】按钮，使用同样的方法创建其他文字，并对其进行相应的设置，效果如图 11.28 所示，对完成后的场景进行保存即可。

图 11.27　设置投影参数

图 11.28　创建其他文字后的效果

11.3　制作艺术文字

本节将介绍如何制作艺术文字效果，效果如图 11.29 所示。其具体操作步骤如下。

(1) 按 Ctrl+N 组合键，在弹出的对话框中将【名称】设置为"艺术文字"，【单位】设置为【毫米】，【宽度】和【高度】分别设置为 297mm、210mm，如图 11.30 所示。

(2) 设置完成后，单击【确定】按钮，将文档模式设置为 RGB，在工具箱中单击【圆角矩形工具】，在画板中单击，在弹出的对话框中将【宽度】、【高度】、【圆角半径】分别设置为 280mm、192mm、20mm，如图 11.31 所示。

图 11.29　艺术文字

图 11.30　新建文档

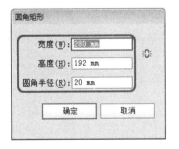

图 11.31　设置圆角矩形参数

(3) 设置完成后，单击【确定】按钮，在画板中调整该圆角矩形的位置，在工具箱中单击【网格工具】，在圆角矩形上单击鼠标添加网格点，如图 11.32 所示。

(4) 在画板中选中不同的网格点，为其设置不同的颜色，效果如图 11.33 所示。

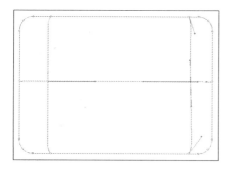

图 11.32 添加网格点

图 11.33 设置网格点的颜色

(5) 在工具箱中单击【钢笔工具】，在画板中绘制一个如图 11.34 所示的图形。

(6) 将绘制的图形取消描边，并使用钢笔工具再绘制其他图形，绘制后的效果如图 11.35 所示。

图 11.34 绘制图形

图 11.35 绘制图形后的效果

(7) 在工具箱中单击【星形工具】，在画板中单击，在弹出的对话框中将【半径 1】、【半径 2】、【角点数】分别设置为 4、0.5、4，如图 11.36 所示。

(8) 设置完成后，单击【确定】按钮，在画板中调整其位置，使用相同的方法创建其他星形对象，创建后的效果如图 11.37 所示。

图 11.36 设置星形参数

图 11.37 绘制星形后的效果

(9) 在菜单栏中选择【文件】|【置入】命令，在弹出的对话框中选择随书附带光盘中的 "CDROM\素材\Cha11\雪花.png" 文件，如图 11.38 所示。

(10) 单击【置入】按钮，在画板中调整其位置，调整后的效果如图 11.39 所示。

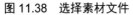

图 11.38　选择素材文件

图 11.39　调整对象的位置

(11) 对导入的素材文件进行复制，并在画板中调整其位置和大小，效果如图 11.40 所示。

(12) 在工具箱中单击【文字工具】，在画板中单击，输入文字，选中输入的文字，在【字符】面板中将字体设置为【方正粗倩简体】，字体大小设置为 115pt，如图 11.41 所示。

图 11.40　复制图像并进行调整

图 11.41　输入文字并进行设置

(13) 在选中的文字上右击，在弹出的快捷菜单中选择【创建轮廓】命令，如图 11.42 所示。

(14) 在工具箱中单击【转换锚点工具】，在画板中对文字进行调整，调整后的效果如图 11.43 所示。

图 11.42　选择【创建轮廓】命令

图 11.43　调整文字后的效果

(15) 在工具箱中单击【星形工具】，在画板中单击，在弹出的对话框中将【半径1】、【半径2】、【角点数】分别设置为 6、3、5，如图 11.44 所示。

(16) 设置完成后，单击【确定】按钮，使用选择工具调整星形的位置，调整后的效果如图 11.45 所示。

图 11.44　设置星形参数

图 11.45　调整星形的位置

(17) 在工具箱中单击【钢笔工具】，在画板中绘制两个如图 11.46 所示的图形。

(18) 将文字对象和图形的颜色更改为白色，效果如图 11.47 所示，对完成后的场景进行保存即可。

图 11.46　绘制图形

图 11.47　调整颜色后的效果

第 12 章　项目指导——制作产品包装

产品包装是消费者对产品的视觉体验，是产品个性的直接和主要传递者，是企业形象定位的直接表现。好的包装设计是企业创造利润的重要手段之一。本章将介绍如何制作产品包装，效果如图 12.1 所示。

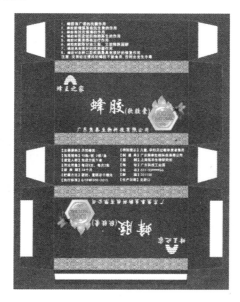

图 12.1　产品包装

12.1　制作 Logo

在制作产品包装之前，首选要制作包装上的 Logo。其具体操作步骤如下。

(1) 按 Ctrl+N 组合键，在弹出的对话框中将【名称】设置为"Logo"，【单位】设置为【像素】，【宽度】和【高度】分别设置为 85px、63px，【颜色模式】设置为 CMYK，如图 12.2 所示。

(2) 设置完成后，单击【确定】按钮，在工具箱中单击【钢笔工具】，在画板中绘制一个如图 12.3 所示的图形，将其填充颜色的 CMYK 值设置为 100、100、100、100，取消描边，在画板中调整其位置。

(3) 再使用【钢笔工具】在画板中绘制一个图形，将其填充颜色的 CMYK 值设置为 100、100、100、100，取消描边，在画板中调整其位置，效果如图 12.4 所示。

(4) 选中第二次绘制的图形，按 Ctrl+C 组合键进行复制，按 Ctrl+V 组合键进行粘贴，并在画板中调整其形状和位置，效果如图 12.5 所示。

(5) 再按 Ctrl+V 组合键，再次粘贴该图形，将其调整到其他图形的下方，然后调整其形状，使用【钢笔工具】在画板中绘制一个图形，将其填充为红色，效果如图 12.6 所示。

图 12.2　新建文档　　　　　　　　　　图 12.3　绘制图形并进行设置

图 12.4　绘制图形　　　　　　　　　　图 12.5　复制图形

(6) 选中绘制的图形和其下方的黑色图形并右击，在弹出的快捷菜单中选择【编组】命令，如图 12.7 所示。

图 12.6　绘制图形　　　　　　　　　　图 12.7　选择【编组】命令

(7) 选中成组后的对象，按 Shift+F6 组合键，在弹出的【外观】面板中单击【添加新效果】按钮，在弹出的下拉菜单中选择【路径查找器】|【相减】命令，如图 12.8 所示。

(8) 使用相同的方法绘制其他图形，并在画板中调整其位置，效果如图 12.9 所示。

(9) 在工具箱中单击【文字工具】，在画板中单击，输入文字，选中输入的文字，在【字符】面板中将字体设置为【方正行楷简体】，字体大小设置为 18pt，如图 12.10 所示。

(10) 在画板中选中所有的对象并右击，在弹出的快捷菜单中选择【编组】命令，如

图 12.11 所示，对完成后的场景进行保存即可。

图 12.8 选择【相减】命令

图 12.9 绘制其他图形后的效果

图 12.10 输入文字并进行设置

图 12.11 指定保存路径

12.2 制作包装宣传标志

下面将介绍如何制作产品包装上的宣传标志。其具体操作步骤如下。

(1) 按 Ctrl+N 组合键，在弹出的对话框中将【名称】设置为"包装宣传标志"，【单位】设置为【像素】，【宽度】和【高度】分别设置为 108px、93px，如图 12.12 所示。

(2) 设置完成后，单击【确定】按钮，在工具箱中单击【多边形工具】，在画板中绘制一个多边形，在【变换】面板中将【宽】和【高】分别设置为 74px、64px，如图 12.20 所示。

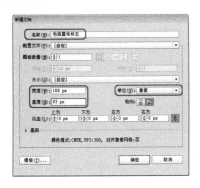

图 12.12 新建文档

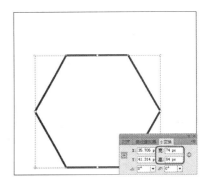

图 12.13 绘制多边形并设置其大小

(3) 选中绘制的多边形，在【渐变】面板中将【类型】设置为【径向】，左侧渐变滑块设置为白色，在 72.53%位置处添加一个渐变滑块，并将其 CMYK 值设置为 13、8、82、0，最右侧的渐变滑块的 CMYK 值设置为 10.6、30.5、81、0，如图 12.14 所示。

(4) 继续选中该对象，在工具箱中单击【渐变工具】，在画板中调整渐变条的位置，调整后的效果如图 12.15 所示。

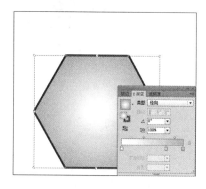

图 12.14　设置渐变参数

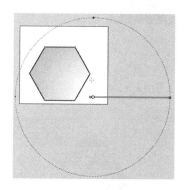

图 12.15　调整渐变条后的效果

(5) 将该图形的描边取消，在工具箱中单击【多边形工具】，在画板中绘制一个多边形，在【变换】面板中将【宽】和【高】分别设置为 75.48、65.368，如图 12.16 所示。

(6) 在【渐变】面板中将左侧渐变滑块的位置调整至 20.88%处，将 CMYK 值设置为 7、4、33.6、0，将中间渐变滑块的位置调整至 80.77%，将右侧渐变滑块的 CMYK 值设置为 12、16、82.4、0，如图 12.17 所示。

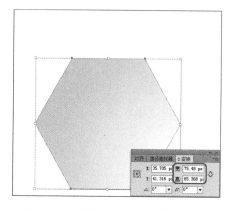

图 12.16　绘制多边形并设置其大小

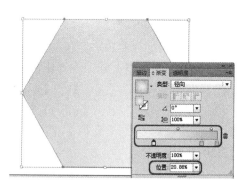

图 12.17　调整渐变参数

(7) 在工具箱中单击【渐变工具】，在画板中调整渐变条的位置和大小，调整后的效果如图 12.18 所示。

(8) 选中最上面的多边形，按 Ctrl+C 组合键进行复制，按 Ctrl+V 组合键进行粘贴，在【变换】面板中将【宽】和【高】分别设置为 72.545、62.822，在画板中调整其位置，效果如图 12.19 所示。

(9) 在画板中选中除最底部多边形外的其他两个多边形并右击，在弹出的快捷菜单中选择【编组】命令，如图 12.20 所示。

(10) 在【外观】面板中单击【添加新效果】按钮，在弹出的下拉菜单中选择【路径查找器】|【相减】命令，如图 12.21 所示。

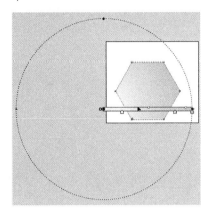

图 12.18　调整渐变的大小和位置

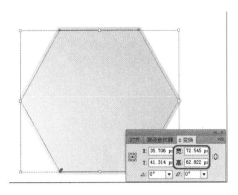

图 12.19　复制图形并设置其大小

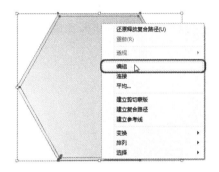

图 12.20　选择【编组】命令

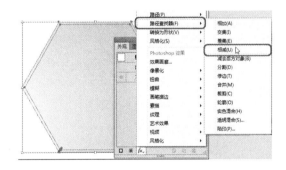

图 12.21　选择【相减】命令

(11) 执行该操作后，即可将选中的组对象进行相减，效果如图 12.22 所示。

(12) 在工具箱中单击【多边形工具】，在画板中绘制一个多边形，并调整其位置和大小，如图 12.23 所示。

图 12.22　相减后的效果

图 12.23　绘制多边形

(13) 在工具箱中单击【转换锚点工具】，在画板中调整多边形的形状，调整后的效果如图 12.24 所示。

(14) 在【渐变】面板中将【位置】为 20.88%处的渐变滑块调整至 0%处，将其 CMYK 值设置为 13.28、7.81、82、0，将中间的渐变滑块删除，将右侧的渐变滑块的 CMYK 值设置为 8.59、41.41、78.52、0，并使用【渐变工具】调整渐变的大小和位置，效果如图 12.25 所示。

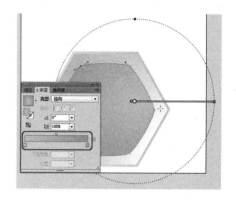

图 12.24　调整图形形状后的效果　　　　　图 12.25　设置渐变参数

(15) 根据前面所介绍的方法再在该图形的上方创建一个轮廓，并为其填充相应的渐变，效果如图 12.26 所示。

(16) 使用【钢笔工具】在画板中绘制一个如图 12.27 所示的图形。

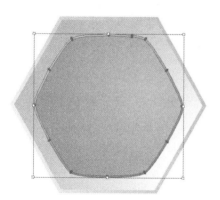

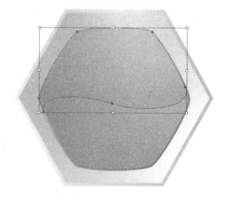

图 12.26　创建轮廓后的效果　　　　　图 12.27　绘制图形

(17) 在【渐变】面板中将左侧渐变滑块的 CMYK 值设置为 13、8、82、0，将右侧渐变滑块的 CMYK 值设置为 9、55、87、0，并使用【渐变工具】调整渐变的大小和位置，调整后的效果如图 12.28 所示。

(18) 使用【钢笔工具】在画板中绘制一个如图 12.29 所示的图形。

(19) 在【渐变】面板中将左侧渐变滑块的 CMYK 值设置为 0、0、0、0，将右侧渐变滑块的 CMYK 值设置为 13、8、82、0，并将其位置设置为 74.18%，使用【渐变工具】调整渐变的大小和位置，如图 12.30 所示。

(20) 使用【钢笔工具】在画板中绘制一个图形，在【渐变】面板中将【角度】设置为-174.4°，并使用【渐变工具】调整其大小和位置，效果如图 12.31 所示。

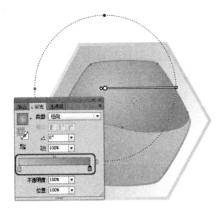

图 12.28 设置渐变并进行调整

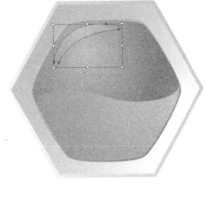

图 12.29 绘制图形

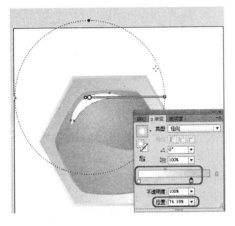

图 12.30 设置渐变参数并调整其大小和位置

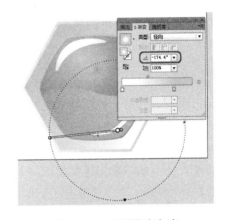

图 12.31 设置渐变角度

(21) 在工具箱中单击【文字工具】，在画板中单击，输入文字，选中输入的文字，在【字符】面板中将字体设置为【方正粗圆简体】，字体大小设置为 18，字符字距设置为-50，文字的填色的 CMYK 值设置为 60、76、100、40，如图 12.32 所示。

(22) 选中该文字，按 Ctrl+C 组合键进行复制，按 Ctrl+V 组合键进行粘贴，选中粘贴后的文字并右击，在弹出的快捷菜单中选择【创建轮廓】命令，如图 12.33 所示。

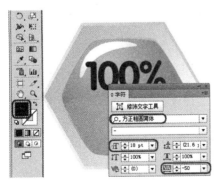

图 12.32 输入文字并进行设置

图 12.33 选择【创建轮廓】命令

(23) 确认该对象处于选中状态，在菜单栏中选择【对象】|【复合路径】|【建立】命令，如图 12.34 所示。

(24) 在【渐变】面板中将【类型】设置为【线性】，【角度】设置为-70.4°，左侧渐变滑块的 CMYK 值设置为 8、34、85、0，右侧渐变滑块的 CMYK 值设置为 36、96、91、2.3，并将其位置设置为 82.42%，使用【渐变工具】调整渐变的大小和位置，效果如图 12.35 所示。

图 12.34　选择【建立】命令

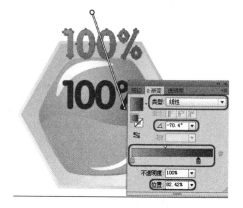

图 12.35　设置渐变参数并调整渐变位置和大小

(25) 设置完成后，使用【选择工具】在画板中调整其位置，调整后的效果如图 12.36 所示。

(26) 在工具箱中单击【文字工具】，在画板中单击，输入文字，选中输入的文字，在【字符】面板中将字体设置为【方正宋黑简体】，字体大小设置为 10，字符间距设置为-25，如图 12.37 所示。

图 12.36　调整文字的位置

图 12.37　输入文字并进行设置

(27) 选中该文字并右击，在弹出的快捷菜单中选择【创建轮廓】命令，如图 12.38 所示。

(28) 按 Ctrl+8 组合键，创建复合路径，为其填充与 100%文字相同的渐变颜色，并使用【渐变工具】调整渐变的大小，效果如图 12.39 所示。

(29) 使用同样的方法再创建一个相同的文字，并为其填充渐变，在画板中调整其位置，效果如图 12.40 所示。

图 12.38　选择【创建轮廓】命令

图 12.39　设置渐变颜色并调整渐变的大小

(30) 根据前面所介绍的方法创建其他多边形和矩形，并为其填充相应的颜色，效果如图 12.41 所示。

图 12.40　创建文字并调整其位置

图 12.41　绘制其他图形并进行相应的设置

(31) 使用【选择工具】在画板中选择如图 12.42 所示的图形。

(32) 按 Ctrl+C 组合键进行复制，按 Ctrl+V 组合键进行粘贴，选中复制后的图形，在【外观】面板中将【混合模式】设置为【柔光】，【不透明度】设置为 51，如图 12.43 所示。

图 12.42　选择图形

图 12.43　设置混合模式和不透明度

(33) 设置完成后，在画板中调整其位置，然后在画板中选择如图 12.44 所示的图形。

提　示

在选择图 12.44 所示的图形之后，如果绘制一个新的图形，则新绘制的图形会应用之前选择的图形的渐变颜色。

(34) 在工具箱中单击【椭圆工具】，在画板中绘制一个正圆，并使用【渐变工具】在画板中调整渐变的位置和大小，调整后的效果如图 12.45 所示。

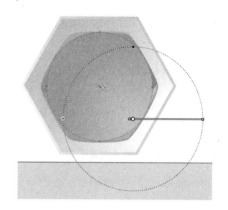

图 12.44 选择图形

图 12.45 绘制正圆并调整渐变的大小和位置

(35) 选中该图形，在【外观】面板中将【混合模式】设置为【柔光】，如图 12.46 所示。

(36) 在工具箱中单击【椭圆工具】，在画板中绘制一个椭圆形，旋转其角度，在【渐变】面板中将【角度】设置为 10°，左侧渐变滑块的 CMYK 值设置为 0、0、0、0，右侧渐变滑块的 CMYK 值设置为 13、8、82、0，并将其位置设置为 74.18%，使用【渐变工具】在画板中调整其位置和大小，如图 12.47 所示。

图 12.46 设置混合模式

图 12.47 设置渐变并进行调整

(37) 根据前面所介绍的方法绘制其他对象，并对其进行相应的设置，效果如图 12.48 所示。

(38) 按 Ctrl+O 组合键，在弹出的对话框中选择随书附带光盘中的 "CDROM\素材\Cha12\蜜蜂.ai" 文件，如图 12.49 所示。

(39) 单击【打开】按钮，打开的素材文件如图 12.50 所示。

(40) 按 Ctrl+C 组合键进行复制，切换至【包装宣传标志】文档窗口中，按 Ctrl+V 组合键进行粘贴，在画板中调整其位置，效果如图 12.51 所示，对完成后的场景进行保存即可。

图 12.48　绘制其他对象后的效果

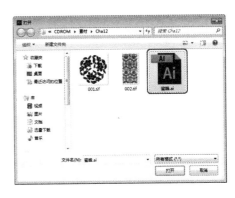

图 12.49　选择素材文件

图 12.50　打开的素材文件

图 12.51　粘贴后的效果

12.3　制作包装盒

在前面的两个小节中，我们讲解了如何制作 Logo 和包装宣传标志，接下来将介绍如何制作包装盒。其具体操作步骤如下。

(1) 按 Ctrl+N 组合键，打开【新建文档】对话框，设置【名称】为"包装盒"，将【宽度】和【高度】分别设置为 595px、736px，如图 12.52 所示。

(2) 设置完成后，单击【确定】按钮，在工具箱中单击【矩形工具】，在画板中绘制一个矩形，将其填充的 CMYK 值设置为 72、64、60、14，取消描边，如图 12.53 所示。

(3) 再次使用【矩形工具】在画板中绘制一个矩形，并调整其位置，如图 12.54 所示。

> **提示**
>
> 为了使读者更好地查看所绘制的矩形，在此我们将矩形填充为白色。

(4) 在【渐变】面板中将【类型】设置为【径向】，左侧渐变滑块的 CMYK 值设置为 26、100、100、0，如图 12.55 所示。

(5) 位置 50% 处添加一个渐变滑块，将其 CMYK 值设置为 0、97、87、0，如图 12.56 所示。

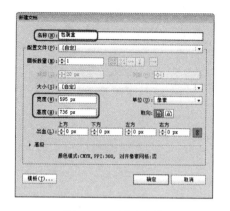

图 12.52 新建文档

图 12.53 设置矩形的填充颜色和描边

图 12.54 绘制矩形

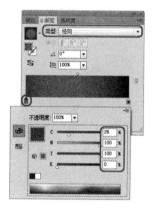

图 12.55 设置左侧渐变滑块的颜色值

(6) 将右侧渐变滑块的 CMYK 值设置为 31、100、100、2，设置完成后，即可为选中的矩形填充渐变颜色，效果如图 12.57 所示。

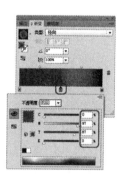

图 12.56 添加一个渐变滑块并设置其参数

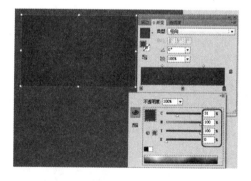

图 12.57 设置右侧渐变滑块的颜色值

(7) 按 Ctrl+F10 组合键，在弹出的【描边】面板中将【粗细】设置为 0.567pt，如图 12.58 所示。

(8) 在工具箱中单击【钢笔工具】，在画板中绘制图形。绘制完成后使用【转换锚点工具】对绘制的图形进行调整，效果如图 12.59 所示。

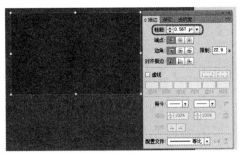

图 12.58　设置描边粗细

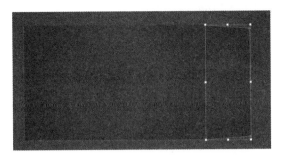

图 12.59　绘制图形

(9) 选中新绘制的图形，在【渐变】面板中将【类型】设置为【线性】，左侧渐变滑块的 CMYK 值设置为 26、100、100、0，50%位置处的渐变滑块删除，右侧渐变滑块的 CMYK 值设置为 0、97、87、0，如图 12.60 所示。

(10) 选中填充渐变后的图形，对其进行复制，在复制后的对象上右击，在弹出的快捷菜单中选择【变换】|【对称】命令，如图 12.61 所示。

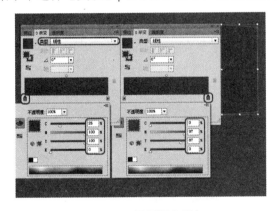

图 12.60　设置渐变颜色

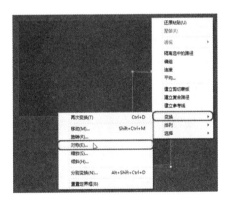

图 12.61　选择【对称】命令

(11) 在弹出的对话框中选中【垂直】单选按钮，如图 12.62 所示。

(12) 设置完成后，单击【确定】按钮，镜像完成后，在画板中调整其位置，调整后的效果如图 12.63 所示。

图 12.62　设置镜像参数

图 12.63　调整图形的位置

(13) 在工具箱中单击【矩形工具】，在画板中绘制一个矩形，并调整其位置，效果如

图 12.64 所示。

(14) 选中绘制的矩形，在【渐变】面板中将【角度】设置为 90°，设置后的效果如图 12.65 所示。

图 12.64　绘制矩形并调整其位置

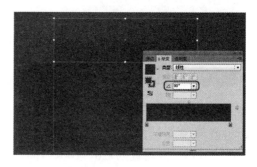

图 12.65　设置渐变角度

(15) 在工具箱中单击【钢笔工具】，在画板中绘制图形。绘制完成后使用【转换锚点工具】对绘制的图形进行调整，在【渐变】面板中将【角度】设置为 180°，将如图 12.66 所示的渐变滑块的位置设置为 56%。

(16) 确认该图形处于选中状态，对其进行复制，在复制后的对象上右击，在弹出的快捷菜单中选择【变换】|【对称】命令，如图 12.67 所示。

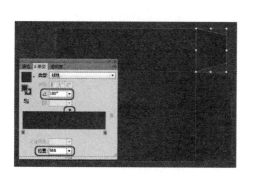

图 12.66　设置渐变参数

图 12.67　选择【对称】命令

(17) 在弹出的对话框中选中【垂直】单选按钮，将【角度】设置为 90°，如图 12.68 所示。

(18) 设置完成后，单击【确定】按钮，在画板中调整该图形的位置，调整后的效果如图 12.69 所示。

(19) 在工具箱中单击【钢笔工具】，在画板中绘制图形。绘制完成后使用【转换锚点工具】对绘制的图形进行调整，将其填充颜色设置为白色，取消描边，效果如图 12.70 所示。

(20) 对白色的图形进行复制，并将其进行镜像，调整其位置，效果如图 12.71 所示。

(21) 在画板中选中除灰色矩形外的其他对象，如图 12.72 所示。

(22) 对选中的对象进行复制，并在画板中调整其位置，调整后的效果如图 12.73 所示。

图 12.68　选中【垂直】单选按钮

图 12.69　调整图形的位置

图 12.70　绘制图形并填充颜色后的效果

图 12.71　复制并镜像后的效果

图 12.72　选择图形对象

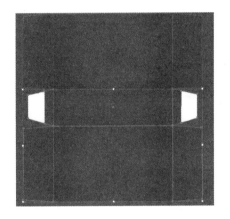

图 12.73　复制对象

(23) 在工具箱中单击【矩形工具】，在画板中绘制一个矩形，并将其填充为白色，效果如图 12.74 所示。

(24) 选中绘制的白色矩形，对其进行复制，并调整其位置，效果如图 12.75 所示。

(25) 在工具箱中单击【钢笔工具】，在画板中绘制图形。绘制完成后使用【转换锚点工具】对绘制的图形进行调整，效果如图 12.76 所示。

(26) 在【渐变】面板中将【类型】设置为【线性】，【角度】设置为 90°，左侧渐变滑块的 CMYK 值设置为 26、100、100、0，右侧渐变滑块的 CMYK 值设置为 0、100、100、0，如图 12.77 所示。

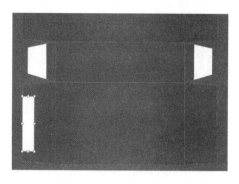

图 12.74 绘制矩形

图 12.75 复制图形后的效果

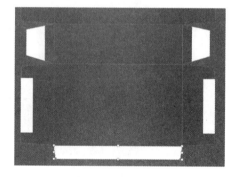

图 12.76 绘制图形

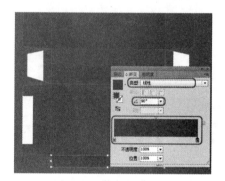

图 12.77 设置渐变参数

(27) 在【描边】面板中将【粗细】设置为 0.567pt，描边颜色设置为黑色，如图 12.78 所示。

(28) 在工具箱中单击【钢笔工具】，在画板中绘制图形。绘制完成后使用【转换锚点工具】对绘制的图形进行调整，将其填充颜色设置为白色，效果如图 12.79 所示。

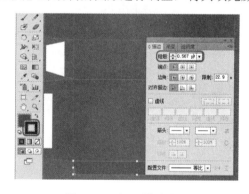

图 12.78 设置描边参数

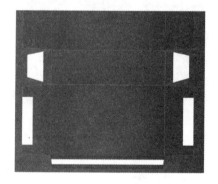

图 12.79 绘制图形

(29) 在菜单栏中选择【文件】|【置入】命令，在弹出的对话框中选择随书附带光盘中的 "CDROM\素材\Cha12\001.tif" 素材文件，如图 12.80 所示。

(30) 单击【置入】按钮，选中导入的图像，在【外观】面板中单击【添加新效果】按钮，在弹出的下拉菜单中选择【路径】|【轮廓化对象】命令，如图 12.81 所示。

图 12.80　选择素材文件

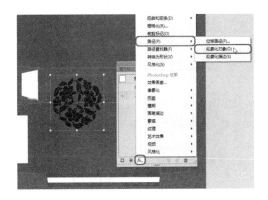

图 12.81　选择【轮廓化对象】命令

(31) 在该对象上右击，在弹出的快捷菜单中选择【取消编组】命令，继续选中该对象，随意为其指定一种颜色，在【外观】面板中单击【填色】右侧的下三角按钮，在弹出的下拉菜单中选择【新建色板】按钮，如图 12.82 所示。

(32) 在弹出的对话框中将 CMYK 值设置为 28、100、100、1，如图 12.83 所示。

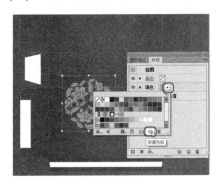

图 12.82　单击【新建色板】按钮

图 12.83　设置 CMYK 值

(33) 设置完成后，单击【确定】按钮，在【填色】下拉列表中选择新建的颜色，将【不透明度】设置为 60%，如图 12.84 所示。

(34) 设置完成后，在画板中对其进行复制并调整位置，如图 12.85 所示。

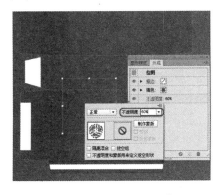

图 12.84　设置不透明度

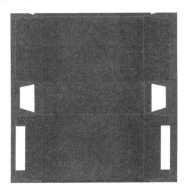

图 12.85　复制图形后的效果

(35) 根据前面所介绍的方法添加其他对象，并前面所制作的 Logo 和包装宣传标志添加至该文档中，对其进行相应的调整，效果如图 12.86 所示。

(36) 根据前面所介绍的方法创建文字，并对其进行相应的设置，效果如图 12.87 所示，对完成后的场景进行保存即可。

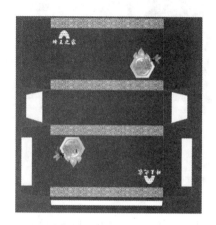

图 12.86　添加对象后的效果

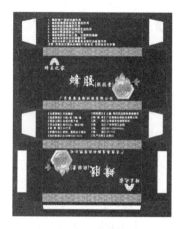

图 12.87　创建其他文本后的效果

第13章 项目指导——
企业 VI 设计

VI 是一个企业形象的视觉识别，在品牌营销的今天，对于一个现代企业来说，没有 VI 设计就意味着它的形象已淹没于商海之中，让人辨别不清；而一个好的 VI 设计可以使企业的形象更容易让人铭记，从而达到推广、宣传的效果。本章将介绍企业 VI 的制作，其中包括企业 Logo、名片、档案袋等。通过本章的学习，可以使读者对企业 VI 设计有个简单的认识。

13.1 制作 Logo

下面将介绍如何制作企业 VI 中的 Logo，效果如图 13.1 所示。其具体操作步骤如下。

(1) 按 Ctrl+N 组合键，在弹出的对话框中将【名称】设置为"Logo"，【单位】设置为【毫米】，【宽度】和【高度】分别设置为 210mm、159mm，【颜色模式】设置为 CMYK，如图 13.2 所示

(2) 设置完成后，单击【确定】按钮，在工具箱中单击【钢笔工具】，在画板中绘制一个如图 13.3 所示的图形。

图 13.1 Logo 效果

图 13.2 新建文档

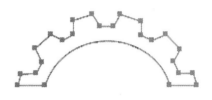

图 13.3 绘制图形

(3) 使用【选择工具】选中该对象，将其填色的 CMYK 值设置为 27、100、100、0，取消描边，效果如图 13.4 所示。

(4) 对该图形进行复制，选中复制后的对象并右击，在弹出的快捷菜单中选择【变换】|【对称】命令，如图 13.5 所示。

图 13.4 设置填色和描边

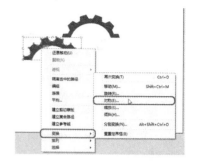

图 13.5 选择【对称】命令

(5) 打开【镜像】对话框，在该对话框中选中【水平】单选按钮，如图 13.6 所示。

(6) 单击【确定】按钮，在画板中调整镜像后的对象的位置，效果如图 13.7 所示。

图 13.6 选中【水平】单选按钮

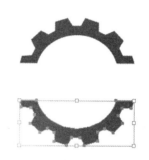

图 13.7 调整图形的位置

(7) 在工具箱中选择【文字工具】T，在画板中单击，输入文字，选中输入的文字，在【字符】面板中将字体设置为 Bookman Old Style Bold，字体大小设置为 69，字符间距设置为 200，如图 13.8 所示。

(8) 设置完成后，在画板中调整其位置，并将其填色的 CMYK 值设置为 0、91、81、0，如图 13.9 所示。

图 13.8 输入文字并进行设置

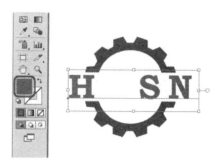

图 13.9 调整其位置并设置其填充颜色

(9) 在工具箱中选择【椭圆工具】T，在画板中绘制一个正圆，如图 13.10 所示。

(10) 在【渐变】面板中将【类型】设置为【径向】，左侧渐变滑块的 CMYK 值设置为 4、45、100、0，右侧渐变滑块的 CMYK 值设置为 13、96、100、0，如图 13.11 所示的渐变滑块的位置设置为 39.78%。

图 13.10　绘制正圆

图 13.11　设置渐变颜色

（11）在工具箱中选择【渐变工具】 ，在画板中对圆形的渐变进行调整，效果如图 13.12 所示。

（12）在工具箱中选择【钢笔工具】，在画板中绘制三个如图 13.13 所示的图形，并将其填充为白色。

图 13.12　调整渐变

图 13.13　绘制图形

（13）在画板中选中所绘制的正圆，按 Ctrl+C 组合键对其进行复制，按 Ctrl+V 组合键进行粘贴，在画板中调整其位置，如图 13.14 所示。

（14）框选正圆和其下方的对象并右击，在弹出的快捷菜单中选择【建立剪切蒙版】命令，如图 13.15 所示。

图 13.14　复制对象并调整其位置

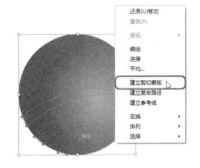

图 13.15　选择【建立剪切蒙版】命令

（15）执行该操作后，即可建立剪切蒙版，效果如图 13.16 所示。

(16) 使用【选择工具】 ![选择工具] 调整正圆的位置，调整后的效果如图 13.17 所示。

图 13.16　建立剪切蒙版后的效果

图 13.17　调整对象的位置

(17) 在工具箱中选择【文字工具】 T ，在画板中单击，输入文字，选中输入的文字，在【字符】面板中将字体设置为【汉仪综艺体简】，字体大小设置为 48，字符间距设置为 200，并调整其位置，如图 13.18 所示。

(18) 使用相同的方法创建其他文字，并对其进行相应的设置，效果如图 13.19 所示，对完成后的场景进行保存即可。

图 13.18　输入文字并进行设置

图 13.19　输入文字后的效果

13.2　制　作　名　片

本节将介绍如何制作名片，其中包括制作名片的正面和背面，效果如图 13.20 所示。通过本节学习，读者可以了解制作名片的方法。

图 13.20　名片效果

13.2.1　制作名片的正面

本例来介绍一下名片正面的制作方法，其具体操作步骤如下。

(1) 按 Ctrl+N 组合键，在弹出的【新建文档】对话框中将【名称】设置为"名片"，【宽度】和【高度】分别设置为 97mm、61mm，如图 13.21 所示。

(2) 设置完成后，单击【确定】按钮，在画板中新建一个空白文档，在工具箱中单击【矩形工具】，在画板中绘制一个矩形，将其填色的 CMYK 值设置为 30、24、23、0，取消描边，如图 13.22 所示。

图 13.21　新建文档

图 13.22　绘制矩形

(3) 再使用【钢笔工具】在画板中绘制一个矩形，将其填充颜色设置为白色，并在画板中调整其位置和大小，效果如图 13.23 所示。

(4) 选中绘制的矩形，在【外观】面板中单击【添加新效果】按钮，在弹出的下拉菜单中选择【风格化】|【投影】命令，如图 13.24 所示。

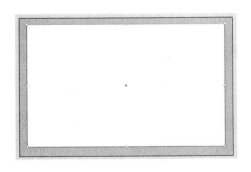

图 13.23　绘制矩形

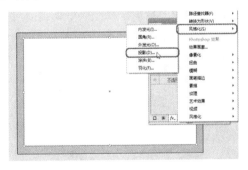

图 13.24　选择【投影】命令

(5) 在弹出的对话框中将【不透明度】、【X 位移】、【Y 位移】、【模糊】分别设置为 50、1、1、1，如图 13.25 所示。

(6) 设置完成后，单击【确定】按钮，即可为选中的图形添加投影效果，效果如图 13.26 所示。

(7) 按 Ctrl+O 组合键，在弹出的对话框中选择随书附带光盘中的"CDROM\场景\Cha13\Logo.ai"文件，如图 13.27 所示。

(8) 单击【打开】按钮，在打开的文档中选择如图 13.28 所示的对象。

图 13.25　设置投影参数

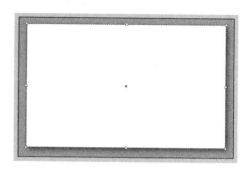

图 13.26　添加投影后的效果

图 13.27　选择素材文件

图 13.28　选择对象

(9) 按 Ctrl+C 组合键对其进行复制，返回至【名片】场景中，按 Ctrl+V 组合键进行粘贴，并在粘贴的对象上右击，在弹出的快捷菜单中选择【编组】命令，如图 13.29 所示。

(10) 编组完成后，在画板中调整该对象的大小和位置，调整后的效果如图 13.30 所示。

图 13.29　选择【编组】命令

图 13.30　调整对象的位置和大小

(11) 在工具箱中选择【矩形工具】，在画板中绘制一个矩形，并将其填充颜色的 CMYK 值设置为 33、100、100、1，如图 13.31 所示。

(12) 使用相同的方法绘制其他矩形，并调整其位置和大小，效果如图 13.32 所示。

图 13.31　绘制图形

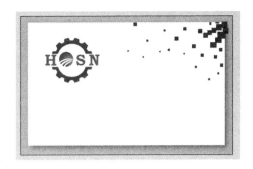

图 13.32　绘制其他矩形后的效果

(13) 再次使用【矩形工具】在画板中绘制一个如图 13.33 所示的矩形。

(14) 在画板中选中所有的红色矩形并右击，在弹出的快捷菜单中选择【建立剪切蒙版】命令，如图 13.34 所示。

图 13.33　绘制矩形

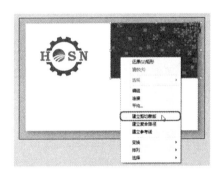

图 13.34　选择【建立剪切蒙版】命令

(15) 继续选中该对象，在【外观】面板中将【不透明度】设置为 70%，如图 13.35 所示。

(16) 在工具箱中选择【直线段工具】，在画板中绘制一条直线，将其描边的 CMYK 值设置为 40、100、100、5，将描边粗细设置为 2.5，如图 13.36 所示。

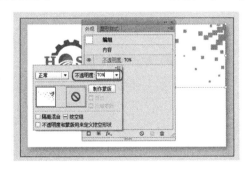

图 13.35　设置不透明度

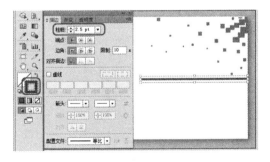

图 13.36　绘制直线并进行设置

(17) 在工具箱中选择【文字工具】，在画板中单击，输入文字，选中输入的文字，在【字符】面板中将字体设置为【汉仪综艺体简】，字体大小设置为 12，将字符间距设置为 200，在画板中调整其位置，效果如图 13.37 所示。

(18) 使用同样的方法输入其他文字，并在画板中调整其位置，效果如图 13.38 所示。

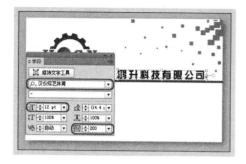

图 13.37　输入文字

图 13.38　输入其他文字后的效果

(19) 在工具箱中选择【矩形工具】，在画板中绘制一个矩形，如图 13.39 所示。

(20) 在工具箱中选择【转换锚点工具】，在画板中对矩形进行调整，并将其填色的 CMYK 值设置为 33、100、100、1，效果如图 13.40 所示。

图 13.39　绘制矩形

图 13.40　调整矩形并设置其填充颜色

(21) 对调整后的图形进行复制，在复制后的图形上右击，在弹出的快捷菜单中选择【变换】|【对称】命令，如图 13.41 所示。

(22) 在弹出的对话框中选中【水平】单选按钮，如图 13.42 所示。

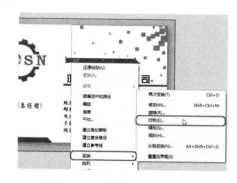

图 13.41　选择【对称】命令

图 13.42　选中【水平】单选按钮

(23) 单击【确定】按钮，在对该图形进行一次垂直镜像，将其填色的 CMYK 值设置为 0、56、91、0，在画板中调整其大小和位置，然后使用【转换锚点工具】对其进行调整即可，效果如图 13.43 所示。

(24) 至此，按 Ctrl+S 组合键进行保存，在弹出的对话框中指定保存路径，如图 13.44

所示。设置完成后，单击【保存】按钮，在弹出的对话框中单击【确定】按钮即可。

图 13.43　镜像图形并调整后的效果

图 13.44　指定保存路径

13.2.2　制作名片的背面

本例来介绍一下名片背面的制作方法，其具体操作步骤如下。

(1) 在菜单栏中选择【窗口】|【画板】命令，在弹出的面板中单击【新建画板】按钮，如图 13.45 所示。

(2) 新建画板后，在画板中选择如图 13.46 所示的对象。

图 13.45　单击【新建画板】按钮

图 13.46　选择对象

(3) 对选中的对象进行复制，在画板中调整其位置，调整后的效果如图 13.47 所示。

(4) 选择粘贴后的白色矩形，将其填色的 CMYK 值设置为 33、100、100、1，如图 13.48 所示。

(5) 在"Logo.ai"文档中选择所有的对象，将其复制到【名片】文档中，并调整其大小和位置，效果如图 13.49 所示。

(6) 将 Logo 中白色的对象填充红色，为其他对象填充白色，效果如图 13.50 所示。

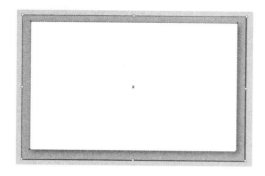

图 13.47 复制图形并进行调整

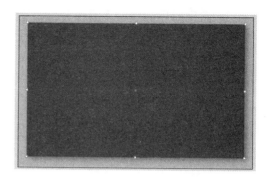

图 13.48 设置填充颜色

图 13.49 复制对象

图 13.50 设置后的效果

13.3 制作档案袋

下面将通过两个小节来介绍如何制作档案袋，效果如图 13.51 所示。

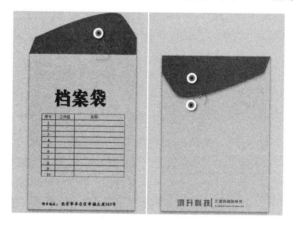

图 13.51 档案袋效果

13.3.1 制作档案袋正面

下面将介绍如何制作档案袋的正面，其具体操作步骤如下。

(1) 按 Ctrl+N 组合键，在弹出的对话框中将【名称】设置为"档案袋"，【宽度】和【高度】分别设置为 267mm、385mm，如图 13.52 所示。

(2) 设置完成后，单击【确定】按钮，在工具箱中选择【矩形工具】，在画板中绘制一个矩形，并将其填充颜色的 CMYK 值设置为 23、18、17、0，如图 13.53 所示。

图 13.52　新建文档

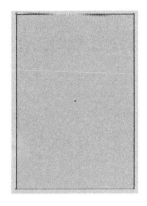

图 13.53　绘制矩形并设置填充颜色

(3) 再次使用【矩形工具】在画板中绘制一个矩形，将其填色的 CMYK 值设置为 17、26、43、0，如图 13.54 所示。

(4) 选中绘制的矩形，在【外观】面板中单击【添加新效果】按钮，在弹出的下拉菜单中选择【风格化】|【投影】命令，如图 13.55 所示。

图 13.54　绘制矩形并设置填充颜色

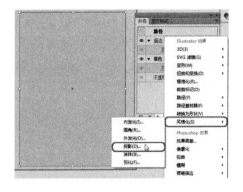

图 13.55　选择【投影】命令

(5) 在弹出的对话框中将【不透明度】、【X 位移】、【Y 位移】、【模糊】分别设置为 50、0、3、2，如图 13.56 所示。

(6) 设置完成后，单击【确定】按钮，即可为选中的图形添加投影效果，如图 13.57 所示。

(7) 在工具箱中选择【文字工具】，在画板中输入文字，选中输入的文字，将其填充颜色设置为黑色，然后在【字符】面板中将字体设置为【汉仪超粗宋简】，字体大小设置为 100pt，如图 13.58 所示。

(8) 在工具箱中选择【矩形工具】，在画板中绘制一个矩形图形，将填色设置为无，并将其【描边】的填充颜色设置为黑色，【粗细】设置为 2pt，设置后的效果如图 13.59

所示。

图 13.56　设置投影参数

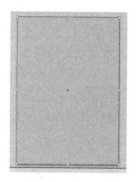

图 13.57　添加投影效果

图 13.58　输入文字并进行设置

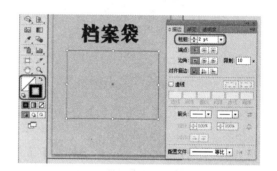

图 13.59　绘制矩形并进行设置

（9）在工具箱中选择【直线段工具】 ，在画板中绘制直线，并将其【描边】的填充颜色设置为黑色，【粗细】设置为 2pt，设置后的效果如图 13.60 所示。

（10）使用【文字工具】在画板中输入文字和数字，然后选中输入的文字和数字，在【控制】面板中将字体设置为【Adobe 宋体 Std L】，大小设置为 21pt，设置后的效果如图 13.61 所示。

图 13.60　绘制直线

图 13.61　输入文字

（11）在工具箱中选择【矩形工具】 ，在画板中绘制一个矩形，将填色的 CMYK 值设置为 37、99、100、3，取消描边，然后在工具箱中单击【直接选择工具】 ，选中矩形图形的锚点，在控制面板中选择【将所选锚点转换为平滑】按钮 ，并调整图形，调整后的效果如图 13.62 所示。

(12) 选中绘制的图形，在【外观】面板中单击【添加新效果】按钮fx，在弹出的下拉菜单中选择【风格化】|【投影】命令，如图 13.63 所示。

图 13.62　绘制图形并进行设置

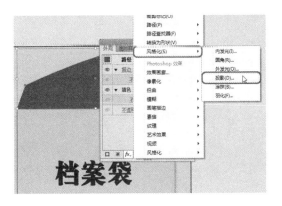

图 13.63　选择【投影】命令

(13) 在弹出的对话框中将【不透明度】、【X 位移】、【Y 位移】、【模糊】分别设置为 50、0、3、2，如图 13.64 所示。

(14) 设置完成后，单击【确定】按钮，执行该操作后，即可为选中的对象添加投影效果，效果如图 13.65 所示。

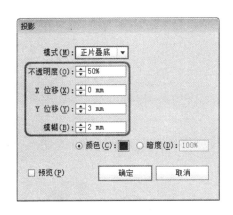

图 13.64　设置投影参数

图 13.65　添加投影效果

(15) 在画板中按住 Shift 键选择如图 13.66 所示的两个对象。

(16) 在选择的对象上右击，在弹出的快捷菜单中选择【排列】|【置于底层】命令，如图 13.67 所示。

(17) 在工具箱中选择【椭圆工具】，按住 Shift 键在画板中绘制一个正圆，并将其颜色填充为白色，如图 13.68 所示。

(18) 在【外观】面板中单击【添加新效果】按钮fx，在弹出的下拉菜单中选择【风格化】|【投影】命令，如图 13.69 所示。

(19) 在弹出的对话框中将【不透明度】、【X 位移】、【Y 位移】、【模糊】分别设置为 75、2.47、2.47、1.76，如图 13.70 所示。

(20) 设置完成后，单击【确定】按钮，执行该操作后，即可为选中的对象添加投影效果，效果如图 13.71 所示。

图 13.66　选择对象

图 13.67　选择【置于底层】命令

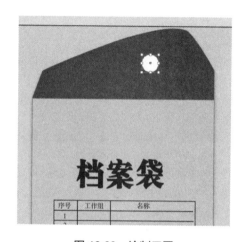

图 13.68　绘制正圆

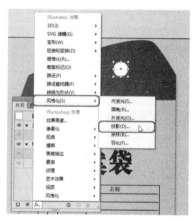

图 13.69　选择【投影】命令

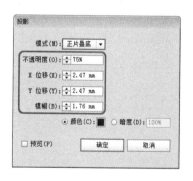

图 13.70　设置投影参数

图 13.71　添加投影后的效果

(21) 使用同样的方法，在画板中绘制两个正圆，并将两个正圆填充颜色的 CMYK 值分别设置为 60、54、51、1 和 91、87、87、78，设置后的效果如图 13.72 所示。

(22) 在菜单栏中选择【窗口】|【画笔】命令，在弹出的【画笔】面板中选择【剪切此

处】画笔，使用【画笔工具】在画板中绘制一个线段，将其描边的 CMYK 值设置为 56、49、45、0，如图 13.73 所示。

图 13.72　绘制正圆后的效果

图 13.73　绘制图形

(23) 在【外观】面板中单击【添加新效果】按钮 $fx_.$ ，在弹出的下拉菜单中选择【风格化】|【投影】命令，如图 13.74 所示。

(24) 在弹出的对话框中将【不透明度】、【X 位移】、【Y 位移】、【模糊】分别设置为 75、2.47、2.47、1.76，如图 13.75 所示。

图 13.74　选择【投影】命令

图 13.75　设置投影参数

(25) 设置完成后，单击【确定】按钮，即可添加投影效果，效果如图 13.76 所示。

(26) 在工具箱中单击【文字工具】，在画板中单击，输入文字，并对其进行设置，效果如图 13.77 所示。

图 13.76　添加投影后的效果

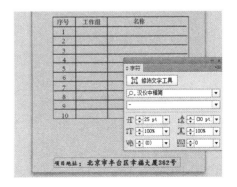

图 13.77　输入文字并进行设置

13.3.2　制作档案袋的背面

本例来介绍一下档案袋背面的制作方法，其具体操作步骤如下。

(1) 在菜单栏中选择【窗口】|【画板】命令，在弹出的面板中单击【新建画板】按钮，如图 13.78 所示。

(2) 新建画板后，在画板中选择如图 13.79 所示的对象。

图 13.78　单击【新建画板】按钮

图 13.79　选择对象

(3) 对选中的对象进行复制，在画板中调整其位置，调整后的效果如图 13.80 所示。

(4) 在画板中选择粘贴后的红色图形并右击，在弹出的快捷菜单中选择【排序】|【置于顶层】命令，如图 13.81 所示。

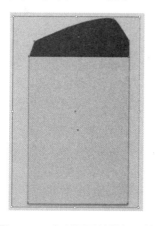

图 13.80　复制图形并进行调整

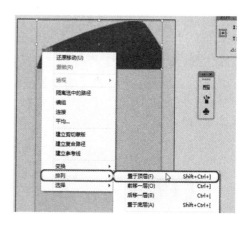

图 13.81　选择【置于顶层】命令

(5) 将其置于顶层后，再对该图形进行水平和垂直镜像，在画板中调整其位置，效果如图 13.82 所示。

(6) 在画板中选择圆形的纽扣，对其进行复制，并调整其位置，效果如图 13.83 所示。

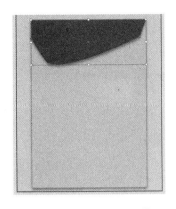

图 13.82　调整图形后的效果

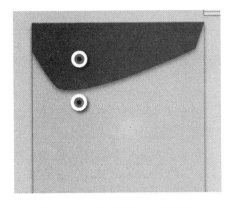

图 13.83　复制图形并进行调整

(7) 使用【画笔工具】在画板中绘制如图 13.84 所示的对象，并将其描边的 CMYK 值设置为 71、64、61、15。

(8) 根据前面所介绍的方法绘制其他图形，并创建文字，效果如图 13.85 所示。

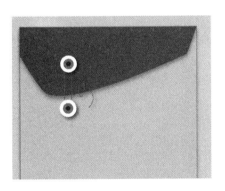

图 13.84　绘制图形后的效果

图 13.85　输入文字后的效果

第14章 项目指导——制作 手机宣传海报

本案例将介绍怎样在 Illustrator 中通过使用椭圆工具、矩形工具绘制和文字工具制作一个手机宣传海报，其效果如图 14.1 所示。

(1) 启动 Illustrator 软件，在菜单栏中选择【文件】|【新建】命令，打开【新建文档】对话框，在该对话框中将【名称】设置为"手机宣传该报"，【预设】设置为【自定】，【宽度】设置为 240mm，【高度】设置为 330mm，如图 14.2 所示。

(2) 设置完成后单击【确定】按钮，即可新建一个空白的文档，在工具箱中选择【矩形工具】，在文档窗口中绘制一个矩形，如图 14.3 所示。

(3) 在工具箱中选择【使用工具】，在文档窗口中选择绘制的矩形，在工具箱中双击【填色】缩略图，打开【拾色器】对话框，在该对话框中设置 C:56%、M:100%、Y:43%、K:2%，如图 14.4 所示。

图 14.1　手机宣传海报

(4) 设置完成后单击【确定】按钮，即可为绘制的矩形填颜色，然后选择绘制的矩形，在选项栏中将【描边】设置为【无】，如图 14.5 所示。

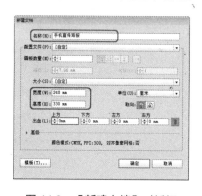

图 14.2　【新建文档】对话框

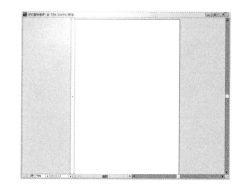

图 14.3　绘制矩形

(5) 使用同样的方法，在左侧再绘制一个矩形，并将其颜色值设置为(C:0%、M:0%、Y:100%、K:0%)，如图 14.6 所示。

(6) 使用同样的方法绘制其他的就行并填充不同的颜色，完成后的效果如图 14.7 所示。

(7) 选择绘制的全部矩形，右击，在弹出的快捷菜单中选择【编组】命令，如图 14.8 所示。

(8) 在工具箱中选择【椭圆工具】，在文档窗口中按 Shift 键的同时单击，绘制一个正圆，并将其颜色值设置为(C:93%、M:70%、Y:12%、K:0%)，如图 14.9 所示。

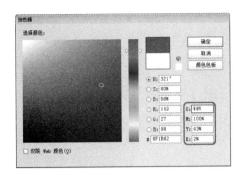

图 14.4　填充渐变

图 14.5　选择素材文件

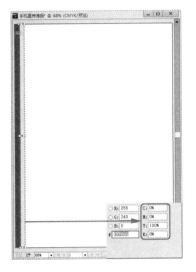

图 14.6　绘制矩形

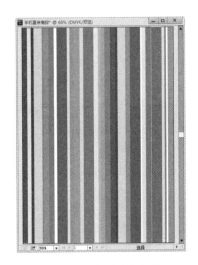

图 14.7　完成后的效果

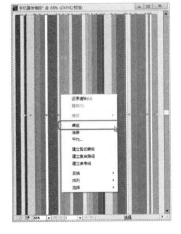

图 14.8　选择【编组】命令

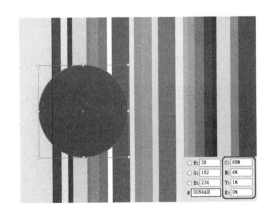

图 14.9　绘制正圆

(9) 确认正圆处于选择状态下，在选项栏中将【描边】设置为白色，【描边粗细】设置为 8pt，如图 14.10 所示。

(10) 绘制完成后在工具箱中选择【矩形工具】▣，颜色随意，【描边】设置为无，在页面窗口中绘制一个矩形，如图 14.11 所示。

图 14.10　添加素材

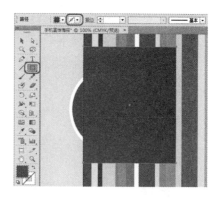

图 14.11　绘制矩形

(11) 使用【选择工具】▶选择绘制的正圆和矩形，右击，在弹出的快捷菜单中选择【建立剪切蒙版】命令，如图 14.12 所示。

(12) 执行完该命令后即可为正圆创建剪切蒙版，效果如图 14.13 所示。

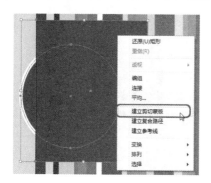

图 14.12　选择【建立剪切蒙版】命令

图 14.13　创建剪切蒙版后的效果

(13) 使用同样的方法，绘制一个正圆，将其填充颜色值设置为(C:20%、M:18%、Y:14%、K:0%)，将【描边】设置为白色，【描边粗细】设置为8pt，如图 14.14 所示。

(14) 使用同样的方法，绘制其他的圆，如图 14.15 所示。

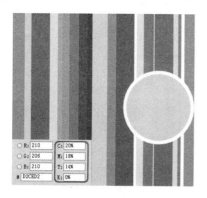

图 14.14　绘制圆

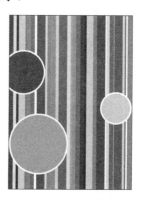

图 14.15　绘制其他的圆

(15) 绘制完成后使用【选择工具】 ⬆ 选择绘制的一个正圆，在菜单栏中选择【效果】|【风格化】|【投影】命令，如图 14.16 所示。

(16) 打开【投影】对话框，在该对话框中将【X 位移】设置为 2.47mm，【Y 位移】设置为 2.47mm，【模糊】设置为 1.76mm，如图 14.17 所示。

图 14.16 选择【投影】命令

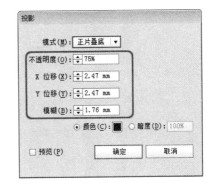

图 14.17 【投影】对话框

(17) 设置完成后单击【确定】按钮，即可为其添加投影效果，如图 14.18 所示。

(18) 使用同样的方法，为其他的连个圆设置投影效果，完成后的效果如图 14.19 所示。

图 14.18 设置阴影

图 14.19 设置阴影后的效果

(19) 在工具箱中选择【直线段工具】 ⟋ ，在文档窗口中单击鼠标并进行拖动，链接两个圆的中心点，如图 14.20 所示。

(20) 至合适的位置后释放鼠标，【描边】颜色设置为白色，【描边粗细】设置为 8t，效果如图 14.21 所示。

(21) 使用同样的方法，绘制另一条线段，链接其他圆的中心点，如图 14.22 所示。

(22) 按 Shift 键的同时选择绘制的两条直线段，右击，在弹出的快捷菜单中选择【排列】|【后移一层】命令，如图 14.23 所示。

图 14.20 链接中心点

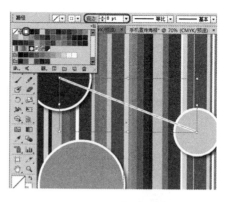

图 14.21 设置描边

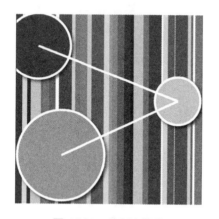

图 14.22 绘制直线段

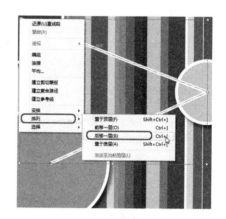

图 14.23 选择【后移一层】命令

(23) 执行完该命令后即可向下移动一个图层，使用同样的方法，将其移动到圆的下方，如图 14.24 所示。

(24) 继续选择两条直线段，在菜单栏中选择【效果】|【风格化】|【投影】命令，在弹出的对话框中保持默认设置，单击【确定】按钮，即可为其添加投影效果，如图 14.25 所示。

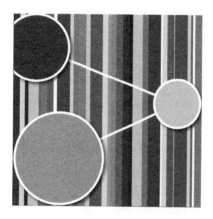

图 14.24 移动完成后的效果

图 14.25 设置投影后的效果

(25) 在工具箱中选择【钢笔工具】，在文档窗口中绘制如图 14.26 所示的形状。

(26) 使用同样的方法，绘制形状，并将其填充颜色值设置为(C:96%、M:66%、Y:6%、K:0%)，如图 14.27 所示。

图 14.26 绘制形状

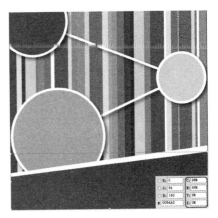

图 14.27 绘制形状

(27) 在菜单栏中选择【文件】|【置入】命令，在弹出的对话框中选择随书附带光盘中的"CDROM\素材\Cha14\手机 1.png"素材文件，如图 14.28 所示。

(28) 单击【置入】按钮，在空白位置单击，即可将选择的素材文件置入当前文档中，缩放至合适的大小，并将其调整至合适的位置，如图 14.29 所示。

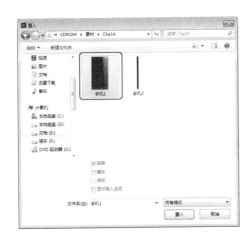

图 14.28 【置入】对话框

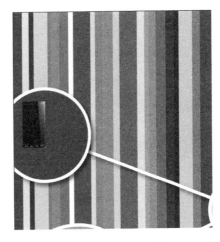

图 14.29 导入素材

(29) 使用同样的方法，导入"手机 2.png"素材文件，并调整其大小及位置，如图 14.30 所示。

(30) 在工具箱中选择【文字工具】，在手机素材的下方单击鼠标并输入文字：以旧换新，按 Ctrl+T 组合键，在【字符】面板中将【字体】设置为【文鼎 CS 大黑】，将【字体大小】设置为 32pt，将颜色设置为白色，如图 14.31 所示。

(31) 选择"手机 1.png"素材文件，按 Alt 键的同时进行拖曳，至第 2 个圆处释放鼠标，将其缩放至合适的大小，并输入"0 元购机"，将【字体】设置为【文鼎 CS 大黑】，将【字体大小】设置为 30 pt，将颜色设置为(C:6%、M:45%、Y:93%、K:0%)，如图 14.32 所示。

图 14.30　置入素材

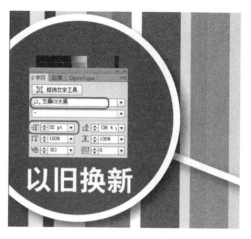

图 14.31　输入文字

(32) 使用同样的方法，导入随书附带光盘中的"礼盒.ai"素材文件，并将其调整至合适的位置，如图 14.33 所示。

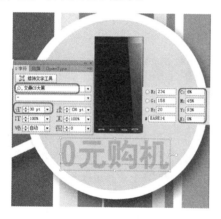

图 14.32　输入文字

图 14.33　导入素材

(33) 使用同样的方法，输入文字"进店有礼、欢乐送不停"，并将其颜色设置为白色，大小设置为 36pt，其他均为默认，如图 14.34 所示。

(34) 按 Shift 键的同时选择导入的素材文件，在菜单栏中选择【效果】|【风格化】|【投影】命令，打开【投影】对话框，在该对话框中将【不透明度】设置为 60%，将【X 位移】设置为 2mm，将【Y 位移】设置为 2mm，将【模糊】设置为 2mm，如图 14.35 所示。

(35) 设置完成后单击【确定】按钮，效果如图 14.36 所示。

(36) 在工具箱中选择【文字工具】　，输入"五一鼎讯惊爆礼"，将其颜色值设置为(C:12%、M:47%、Y:92%、K:0%)，在选项栏中将【描边】设置为白色，将【描边粗细】设置为 3pt，将【字体】设置为【方正超粗黑简体】，分别设置字体大小，效果如图 14.37 所示。

图 14.34　输入文字

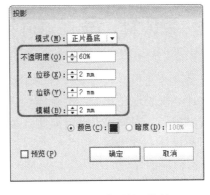

图 14.35　【投影】对话框

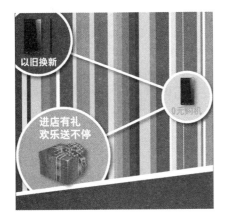

图 14.36　完成后的效果

图 14.37　输入文字

(37) 设置完成后将其旋转角度，并使用同样的方法输入其他的文字，如图 14.38 所示。

(38) 使用同样的方法，在宣传单的下方输入地址、电话、E-mail 等信息，将颜色设置为白色，如图 14.39 所示。

图 14.38　调整文字角度

图 14.39　输入文字

(39) 至此，手机宣传单就制作完成了，保存场景及效果即可。

第 15 章　项目指导——产品设计

产品设计是指将人的某种目的或需要转换为一个具体的物理或工具的过程。一个好的产品设计不仅表现在功能上的优越性，而且便于制造，生产成本低，从而使产品的综合竞争力得以增强。本章将根据前面所介绍的知识来制作一个红酒瓶的产品设计，效果如图 15.1 所示。通过本章的学习，可以使读者对前面所介绍的知识进行巩固。

(1) 按 Ctrl+N 组合键，在弹出的对话框中将【名称】设置为"红酒"，【单位】设置为【毫米】，【宽度】和【高度】分别设置为 216mm、366mm，【颜色模式】设置为 CMYK，如图 15.2 所示。

(2) 设置完成后，单击【确定】按钮，在工具箱中选择【矩形工具】，在画板中绘制一个矩形，如图 15.3 所示。

(3) 使用【选择工具】选中该对象，在【渐变】面板中将【类型】设置为【径向】，将【长宽比】设置为 107.6%，将左侧渐变滑块的位置设置为 50%，将右侧渐变滑块的 CMYK 值设置为 18、13、32、0，取消描边，效果如图 15.4 所示。

图 15.1　产品设计效果

(4) 在工具箱中选择【钢笔工具】，在画板中绘制一个如图 15.5 所示的图形。

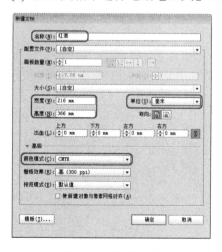

图 15.2　新建文档

图 15.3　绘制矩形

(5) 在【渐变】面板中将【类型】设置为【线性】，在左侧添加一个渐变滑块，将其 CMYK 值设置为 36.33、50、69.92、0，将其【位置】设置为 2.75%，将 50%位置处的渐变滑块调整至 47.25%，将其 CMYK 值设置为 13、11、35、0，将右侧的渐变滑块的 CMYK 值设置为 36.33、50、69.92、0，将其【位置】设置为 96.7%，然后调整渐变滑块的位置，如图 15.6 所示。

图 15.4　设置渐变颜色

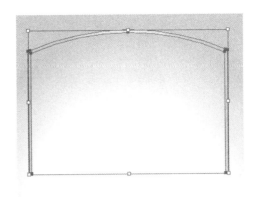

图 15.5　绘制图形

(6) 再次使用【钢笔工具】在画板中绘制一个图形，并调整其位置，效果如图 15.7 所示。

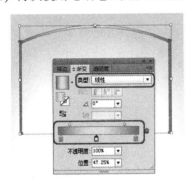

图 15.6　设置渐变参数

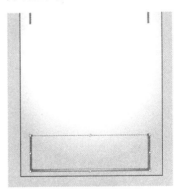

图 15.7　绘制图形并调整其位置

(7) 再次使用【钢笔工具】在画板中绘制一个如图 15.8 所示的图形。

(8) 选中绘制的图形，在工具箱中选择【网格工具】，在画板中单击添加网格，并设置其颜色，如图 15.9 所示。

图 15.8　绘制图形

图 15.9　添加网格颜色

(9) 在工具箱中选择【椭圆工具】 $\boxed{T}$，在画板中绘制一个正圆，如图 15.10 所示。

(10) 确认绘制的图形处于选中状态，将其填色的 CMYK 值设置为 37、26、23、0，填充颜色后的效果如图 15.11 所示。

图 15.10　绘制图形

图 15.11　设置填充颜色后的效果

(11) 在工具箱中选择【钢笔工具】 ✎，在画板中绘制一个如图 15.12 所示的图形。

(12) 选中绘制的图形，在【渐变】面板中将【类型】设置为【线性】，左侧渐变滑块的颜色设置为黑色，在 10.3%的位置处添加一个渐变滑块，其 CMYK 值设置为 80.08、67.19、64.45、26.95，如图 15.13 所示。

图 15.12　绘制图形

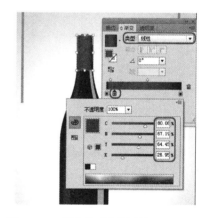

图 15.13　添加渐变滑块并设置其参数

(13) 在 19.1%的位置处添加一个渐变滑块，将其 CMYK 值设置为 92.58、87.5、88.67、79.69，上方的渐变滑块的【位置】设置为 87%，如图 15.14 所示。

(14) 在 68.84%的位置处添加一个渐变滑块，将其 CMYK 值设置为 92.58、87.5、88.67、79.69，上方的渐变滑块的【位置】设置为 19.05%，如图 15.15 所示。

(15) 在 84.67%的位置处添加一个渐变滑块，将其 CMYK 值设置为 64.84、48.05、44.14、0，上方的渐变滑块的【位置】设置为 68.42%，如图 15.16 所示。

(16) 将最右侧的渐变滑块的位置设置为 99.25%，其 CMYK 值设置为 92.58、87.5、88.67、79.69，如图 15.17 所示。

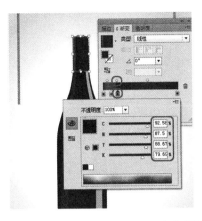
图 15.14　在 19.1%位置处添加渐变滑块

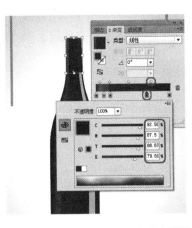
图 15.15　在 68.84%位置处添加渐变滑块并设置其颜色

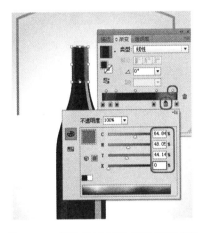
图 15.16　添加渐变滑块并设置其参数

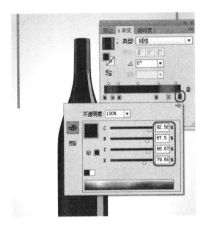
图 15.17　调整渐变滑块的位置并设置其颜色

(17) 在工具箱中选择【椭圆工具】 ，在画板中绘制一个椭圆形，并调整其位置，如图 15.18 所示。

(18) 确认该图形处于选中状态，将其 CMYK 值设置为 93、88、89、80，如图 15.19 所示。

图 15.18　绘制椭圆形

图 15.19　设置填充颜色后的效果

(19) 设置完填充颜色后，在画板中选择如图 15.20 所示的图形并右击，在弹出的快捷菜单中选择【排列】|【置于顶层】命令。

(20) 在工具箱中选择【矩形工具】，在画板中绘制一个矩形，使用【转换锚点工具】对其进行调整，效果如图 15.21 所示。

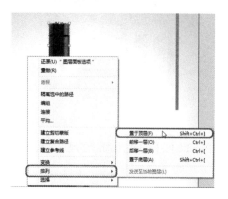

图 15.20　选择【置于顶层】命令

图 15.21　绘制矩形并进行调整

(21) 调整完成后，在画板中调整其位置，在画板中绘制瓶盖上的其他图形，效果如图 15.22 所示。

(22) 按 Ctrl+O 组合键，在弹出的对话框中选择随书附带光盘中的"CDROM\素材\Cha15\标签.ai"文件，如图 15.23 所示。

图 15.22　绘制其他图形后的效果

图 15.23　选择素材文件

(23) 单击【打开】按钮，即可将选中的素材文件打开，效果如图 15.24 所示。

(24) 选中该对象，将其复制到【红酒】文档中，并在画板中调整其位置，效果如图 15.25 所示。

(25) 在工具箱中选择【钢笔工具】，在画板中绘制一个如图 15.26 所示的图形。

(26) 选中该图形，在【渐变】面板中将【类型】设置为【线性】，左侧渐变滑块的 CMYK 值设置为 0.78、0.39、0.39、0，在 50.42% 位置处添加一个渐变滑块，其 CMYK 值设置为 6.25、1.95、1.56、0，右侧渐变滑块的 CMYK 值设置为 9.38、4.3、3.52、0，如图 15.27 所示。

(27) 在工具箱中选择【钢笔工具】，在画板中绘制如图 15.28 所示的图形。

图 15.24　打开的素材文件

图 15.25　粘贴对象后的效果

图 15.26　绘制图形

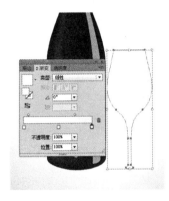

图 15.27　设置渐变颜色

(28) 在【渐变】面板中将【类型】设置为【径向】，将左侧渐变滑块的 CMYK 值设置为 76.95、70.7、68.36、36.33，在 12.49%位置处添加一个渐变滑块，将其 CMYK 值设置为 92.58、87.5、88.67、79.69，在 15.02%位置处添加一个渐变滑块，将其 CMYK 值设置为 65.63、57.03、52.34、3.13，在 16.71%位置处添加一个渐变滑块，将其 CMYK 值设置为 78.52、72.66、69.53、41.02，将 50.42%位置处的渐变滑块拖曳至 23.37%位置处，将其 CMYK 值设置为 14、9、7、0，将最右侧渐变滑块的 CMYK 值设置为 9、4、4、0，然后调整上方的渐变滑块的位置，并使用【渐变工具】在画板中调整渐变的位置和大小，效果如图 15.29 所示。

图 15.28　绘制图形

图 15.29　设置渐变参数

(29) 在工具箱中选择【钢笔工具】，在画板中绘制一个如图 15.30 所示的图形。

(30) 选中绘制的图形，在【渐变】面板中将【类型】设置为【线性】，将除左右两侧外的渐变滑块删除，将左侧渐变滑块的 CMYK 值设置为 0.78、0.39、0.39、0，在 4%位置处添加一个渐变滑块，将 CMYK 值设置为 21、15、12、0，将 50.42%位置处添加一个渐变滑块，将 CMYK 值设置为 6、2、1.6、0，在 74.5%位置处添加一个渐变滑块，将 CMYK 值设置为 12.5、8、6、0，将右侧渐变滑块的 CMYK 值设置为 9、4、4、0，然后调整上方渐变滑块的位置，如图 15.31 所示。

图 15.30　绘制图形

图 15.31　设置渐变颜色

(31) 在工具箱中选择【钢笔工具】，在画板中绘制一个如图 15.32 所示的图形。

(32) 选中绘制的图形，在【渐变】面板中对渐变进行调整，效果如图 15.33 所示。

图 15.32　绘制图形

图 15.33　设置渐变参数

(33) 再次使用【钢笔工具】在画板中绘制一个图形，并在【渐变】面板中调整渐变颜色，如图 15.34 所示。

(34) 使用【钢笔工具】在画板中绘制一个图形，并在【渐变】面板中调整渐变颜色，如图 15.35 所示。

(35) 使用【钢笔工具】在画板中绘制一个图形，如图 15.36 所示。

图 15.34 绘制图形并设置渐变颜色　　　图 15.35 绘制图形并设置渐变颜色

(36) 在【渐变】面板中将【类型】设置为【径向】，【长宽比】设置为 58.8%，除两侧外的渐变滑块删除，左侧渐变滑块的 CMYK 值设置为 42、100、100、9.4，右侧渐变滑块的 CMYK 值设置为 84.4、89、85、76，其【位置】设置为 53.18%，上方的渐变滑块的位置设置为 55.81%，使用【渐变工具】对渐变进行调整，效果如图 15.37 所示。

图 15.36 绘制图形　　　　　　　图 15.37 设置渐变并进行调整

(37) 使用相同的方法绘制酒杯中的其他图形，并对其进行相应的调整，效果如图 15.38 所示。

(38) 在工具箱中选择【椭圆工具】，使用【转换锚点工具】在画板中进行调整，效果如图 15.39 所示。

(39) 选中调整后的图形，在【渐变】面板中将【类型】设置为【径向】，【长宽比】设置为 23.3%，左侧渐变滑块的 CMYK 值设置为 69、78、100、57，在 24.73% 位置处添加一个渐变滑块，其 CMYK 值设置为 69、78、100、57，右侧的渐变滑块设置为白色，其【位置】设置为 96.7%，上方两个渐变滑块的位置都设置为 37.75%，如图 15.40 所示。

(40) 在工具箱中选择【渐变工具】，在画板中对渐变进行调整，效果如图 15.41 所示。

(41) 在【外观】面板中将【混合模式】设置为【正片叠底】，效果如图 15.42 所示。

(42) 在【图层】面板中调整该图形的排放顺序，调整后的效果如图 15.43 所示。

图 15.38 绘制其他图形后的效果

图 15.39 绘制图形并进行调整

图 15.40 设置渐变

图 15.41 调整渐变

图 15.42 设置混合模式

图 15.43 调整图形的位置

(43) 按 Ctrl+O 组合键，在弹出的对话框中选择随书附带光盘中的"CDROM\素材\Cha15\葡萄.ai"素材文件，如图 15.44 所示。

(44) 单击【打开】按钮，即可打开选中的素材文件，效果如图 15.45 所示。

(45) 对其进行复制，将其粘贴到"红酒"文档中，并在画板中调整其位置，调整后的效果如图 15.46 所示。

(46) 使用【矩形工具】绘制两个矩形，并设置其填充颜色，效果如图 15.47 所示。

图 15.44　选择素材文件

图 15.45　打开的素材文件

图 15.46　粘贴素材

图 15.47　绘制矩形并填充渐变颜色

（47）在工具箱中选择【文字工具】，在画板中单击，输入文字，选中输入的文字，将字体设置为 Brush Script Std Medium，将字体大小设置为 72，填色和描边都设置为白色，描边粗细设置为 4pt，如图 15.48 所示。

（48）对该文字进行复制，将复制后的文字的 CMYK 值设置为 81、78、68、45，取消描边，效果如图 15.49 所示。

图 15.48　输入文字并进行设置

图 15.49　复制文字并进行设置后的效果

(49) 使用相同的方法输入其他文字，并对其进行相应的设置，效果如图 15.50 所示。

(50) 在工具箱中选择【星形工具】，在画板中单击，在弹出的对话框中将【半径 1】和【半径 2】分别设置为 4mm、8mm，【角点数】设置为 5，如图 15.51 所示。

图 15.50 输入其他文字后的效果

图 15.51 设置星形参数

(51) 设置完成后，单击【确定】按钮，即可创建一个星形，将其填色设置为白色，效果如图 15.52 所示。

(52) 选中绘制的星形，在【外观】面板中单击【添加新效果】按钮，在弹出的下拉菜单中选择【扭曲和变换】|【收缩和膨胀】命令，如图 15.53 所示。

图 15.52 绘制星形

图 15.53 选择【收缩和膨胀】命令

(53) 在弹出的对话框中将【收缩】设置为-98%，如图 15.54 所示。

(54) 设置完成后，单击【确定】按钮，在画板中调整星形的大小和位置，并对其进行复制，完成后的效果如图 15.55 所示。

(55) 对完成后的场景进行保存，在菜单栏中选择【文件】|【导出】命令，如图 15.56 所示。

(56) 在弹出的对话框中指定保存路径，将【保存类型】设置为 TIFF(*.tif)，如图 15.57 所示。

(57) 单击【导出】按钮，在弹出的对话框中将【颜色模型】设置为 CMYK，【分辨率】设置为【高(300ppi)】，如图 15.58 所示。

图 15.54　设置收缩参数

图 15.55　调整后的效果

图 15.56　选择【导出】命令

图 15.57　指定保存路径和类型

(58) 设置完成后，单击【确定】按钮，即可弹出导出进度对话框，如图 15.59 所示。

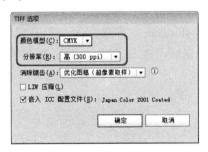

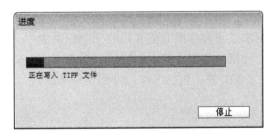

图 15.58　【TIFF 选项】对话框

图 15.59　导出进度对话框

参 考 答 案

第 1 章

(1) 答：位图在技术上被称为栅格图像，它最基本的单位是像素。像素呈方块状，因此，位图是由许许多多的小方块组成的。在保存位图图像时，系统需要记录每一个像素的位置和颜色值，因此，位图所占用的存储空间比较大。另外，由于受到分辨率的制约，位图图像包含固定的像素数量，在对其进行旋转或者缩放时，很容易产生锯齿；矢量图是由被称为矢量的数学对象定义的直线和曲线构成的，它最基本的单位是锚点和路径。矢量图像与分辨率无关，它最大的优点是占用的存储空间较小，并且可以任意旋转和缩放，却不会影响图像的清晰度

(2) 答：由 5 部分组成，分别是菜单栏、工具箱、画板、状态栏、调板组成。

第 2 章

(1) 答：Word 文字素材可通过置入、复制粘贴和拖曳 3 种方法应用到 Illustrator CC 中。置入操作步骤如下：选择菜单栏中的【文件】|【置入】命令，弹出【置入】对话框，在打开的对话框中选择文档，单击【置入】按钮，弹出【Microsoft Word 选项】对话框，选中【移去文本格式】复选框，可将 Word 文档中应用的格式去除，单击【确定】按钮，则完成 Word 文字的置入操作。复制粘贴操作步骤如下：打开素材文件，按住鼠标左键并拖曳选择一段文字，再按快捷键 Ctrl+C 将选中的文字进行复制，回到 Illustrator 软件中，在空白页面处按快捷键 Ctrl+V，则完成粘贴 Word 文档的操作。拖曳操作如下：选择素材文件，按住鼠标左键不放，将文档拖曳到任务栏中的 Illustrator 按钮，直到弹出 Illustrator 窗口，再将拖曳着的文档放到空白页面中，然后释放鼠标，弹出【Microsoft Word 选项】对话框，单击【确定】按钮，则完成拖曳文档的操作。

(2) 答：包括 3 种，分别是轮廓模式、预览模式、像素预览显示模式。

第 3 章

(1) 答：共有 11 中基本绘图工具，分别是直线段工具、弧线工具、螺旋线工具、矩形网格工具、极坐标网格工具、矩形工具、圆角矩形工具、椭圆工具、多边形工具、星形工具、光晕工具。

(2) 答：分为 4 类，书法画笔、散布画笔、图案画笔和艺术画笔。书法画笔将创建描边类似于使用钢笔带拐角的尖绘制的描边或沿路径中心绘制的描边；散布画笔可以将一个对象，如一片树叶的许多副本颜色其路径分布各处，艺术画笔可以沿路径长度均匀地拉伸画笔的形状或对象形状；图案画笔可以绘制一种图案，该图案由沿路径排列的各个拼贴组成。

(3) 答：宽度工具、变形工具、旋转扭曲工具、缩拢工具、膨胀工具、扇贝工具、晶格化工具、皱褶工具

第4章

(1) 答：复合形状由简单路径、复合路径、文本框架、文本轮廓或其他形状复合组成。

(2) 答：使用【钢笔工具】在画板中绘制轮廓，然后使用【矩形工具】创建白色矩形，将轮廓及图形覆盖，选中矩形，右击，在弹出的快捷菜单中选择【排列】|【后移一层】命令，将矩形和轮廓选中，右击，在弹出快捷菜单中选择【建立复合路径】命令，这样即可创建复合路径。

(3) 答：分割、修边、合并、裁剪、轮廓、减去后方对象 6 种按钮。

第5章

(1) 答：在工具箱中选择【雷达图工具】，在画板中绘制矩形，在弹出的对话框中将第一行第一列的数据删除，然后选择其他单元格中输入文本，输入完成后，在该对话框中单击【应用】按钮，即可完成雷达图的创建。

(2) 答：在画板中选择要进行修改的图表，在菜单栏中选择【对象】|【图表】|【类型】命令，在弹出的对话框中选择所需要的图标类型。

(3) 答：创建一种图表后，在空白处单击，再在工具箱中单击【编组选择工具】 ，选中相同颜色的颜色条和图例，在菜单栏中选择【对象】|【图表】|【类型】命令，打开【图表类型】对话框，在该对话框中选择一种图表类型，单击【确定】按钮即可在一个图表中显示不同类型的图表。

第6章

(1) 答：首先绘制一条路径，在工具箱中选择【路径文字工具】，将鼠标移至曲线边缘，当指针变成 样式时单击，出现闪烁的光标后输入文字即可创建路径文字。

(2) 答：在菜单栏中选择【文件】|【导出】命令，弹出【导出】对话框，在该对话框中选择导出路径，然后输入文件名，并在【保存类型】下拉列表中选择【文本格式(*．TXT)】选项，单击【保存】按钮，弹出【文本导出选项】对话框，在该对话框中使用默认设置即可，单击【导出】按钮，即可导出文档。

(3) 答：在画板中输入文本，然后在菜单栏中选择【文件】|【置入】命令，弹出【置入】对话框，在弹出的对话框中选择要置入的对象，单击【置入】按钮，将对象置入，对图片的大小和位置进行调整，确定置入的图片处于选择状态，在菜单栏中选择【对象】|【文本绕排】|【文本绕排选项】命令，弹出【文本绕排选项】对话框，在该对话框中设置【位移】的大小，单击【确定】按钮，然后在菜单栏中选择【对象】|【文本绕排】|【建立】命令，选择该命令后，即可创建文本绕排。

第7章

(1) 答：六种，分别是内发光、圆角、外发光、投影、涂抹和羽化。

(2) 答：【素描】滤镜组中的滤镜可以将纹理添加到图像上，常用来模拟素描和速写等艺术效果或手绘外观，其中大部分滤镜都使用黑白颜色来重绘图像。

(3) 答：在菜单栏中选择【效果】|【模糊】|【径向模糊】命令，打开【径向模糊】对话框，在该对话框中的【中心模糊】框中单击，单击点即是径向模糊的中心点。

第8章

(1) 答：单击【图层】面板右上角的 按钮，在弹出的下拉菜单中选择【轮廓化所有图层】命令，切换为轮廓模式的图层前的眼睛图标将变为 状，【图层 1】切换为轮廓模式的【图层】面板效果，按住 Ctrl 键单击 眼睛图标，可将对象切换为预览模式。

(2) 答：在菜单栏中选择【窗口】|【图层】命令，打开【图层】面板，如果要在当前选择的图层之上添加新图层，单击【图层】面板上的【新建图形样式】按钮 ，可创建一个新的图层。如果要在当前选择的图层内创建新子图层，可以单击【图层】面板上的【创建新子图层】按钮 。

(3) 答：打开【窗口】|【图形样式库】|【其他库】菜单命令，或单击【图形样式】面板中的【图形样式库菜单】按钮 ，在弹出的下拉菜单中选择【其他库】命令，在弹出的【选择要打开的库】对话框中选择要从中导入图形样式的文件，单击【打开】按钮，该文件的图形样式将导入到当前文档中，并出现在一个单独的面板中。

第9章

(1) 答：选择工具箱中的【切片工具】 ，在需要创建切片的图稿上单击并拖曳出一个矩形框，释放鼠标左键后，即可创建一个切片；选择工具箱中的【选择工具】 ，在画板中拖曳鼠标选中一个或多个对象，选择【对象】|【切片】|【建立】菜单命令，可以为每一个被选中的对象创建一个切片。

(2) 答：图像映射是一种链接功能，通过创建图像映射，能够将图像的一个或多个区域(称为热区)链接到一个 URL 地址上。当用户单击热区时，Web 浏览器会自动载入所链接的文件。

第10章

(1) 答：在菜单栏中选择【文件】|【导出】命令，在弹出的对话框中为文件指定存储路径，输入相应的文件名，将【保存类型】设置为 TIFF(*.TIF)，设置完成后，单击【保存】按钮，弹出【TIFF 选项】对话框，在该对话框中进行设置，设置完成后单击【确定】

按钮即可将文件导出。

  (2) 答：在【颜色处理】下拉列表中，若选择【让 Illustrator 确定颜色】选项，将由应用程序 Illustrator 确定颜色。若选择【让 PostScript 打印机确定颜色】选项，将由打印机确定颜色。